KB235305

景仁文化社

독도의 역사지리학적 연구

김 화 경

景仁文化社

* 이 책은 2011년 대구 경북지역 독도 연구기관 통합협의체의 지원에 의해서 연구되었음

　일본의 외무성 홈페이지 「죽도 문제」란에는 "죽도는 역사적 사실에 비추어보더라도, 또 국제법상으로도 명백하게 우리나라 고유의 영토입니다."라는 문구가 게시되어 있다. 여기에서 일본 정부가 말하는 역사적 사실이라고 하는 것은 무엇이고, 국제법이란 것은 어떤 것인가?

　그들이 말하는 역사적 사실이란 자기들이 독도를 한국보다 먼저 인지했다는 것이다. 그러면서 그 증거로 1779년에 제작된 나가쿠보 세키스이長久保赤水의 「개정 일본여지노정전도改正日本輿地路程全圖」를 들고 있다. 하지만 이러한 주장이야말로 손바닥으로 하늘을 가리는 난센스가 아닐 수 없다. 왜냐하면 독도는 울릉도에서 건너다보이는 섬이기 때문이다. 그런데도 일본이 이런 거짓말을 하는 것은, 한국 사람들이 코앞에 보이는 섬도 제대로 인지하지 못하는 바보들이었는데 반해, 일본 사람들은 보이지도 않는 곳에 있는 섬까지 인지하는 혜안을 가졌다는 것인지를 되묻지 않을 수 없다.

　또 그들이 지적한 국제법이란 "1905년 죽도를 시마네현島根縣에 편입하여, 죽도를 영유할 의사를 재확인했다."는 것을 가리킨다. 그런데 여기에 앞뒤가 맞지 않는 모순이 있다. '고유의 영토'란 말은 원래부터 가지고 있었던 땅이란 뜻이다. 이렇게 원래부터 가지고 있었다고 한다면, 그들은 무엇 때문에 독도의 영유를 다시 재확인해야만 했던가 하는 것에 대한 명확한 설명이 있어야 마땅하다. 그렇지만 이에 대한 설명도 없이 막무가내 식으로 독도의 강탈이 국제법적으로 정당했다고 주장하는 것은, 19세기에 이루어졌던 제국주의적인 영토 약탈의 미련을 21세기 된 현금까지도 버리지 못하고 있다는 사실을 온 세계에 공개하는 것이 아니고 무엇이란 말인가?

그리고 또 한 가지 언급해두고 싶은 것이 있다. 일본이 언제부터 국제법을 그렇게 신봉하며 준수했던 나라였는가를 반문하지 않을 수 없다는 것이다. 두루 알다시피 그들은 청일전쟁을 비롯하여 네 번에 걸친 전쟁을 일으켰으면서 한 번도 사전에 선전포고를 한 적이 없었다. 그러면 또 그 당시는 선전포고가 국제공법상 이행사항이 아니었다고 발뺌을 할지도 모른다. 그렇지만 떳떳하지 않았던 것만은 부정할 수 없는 사실이지 않는가?

그럼에도 불구하고 일본의 외무성은 『죽도, 죽도 문제를 이해하기 위한 10의 포인트』란 팸플릿을 만들어 선전을 하고 있을 뿐만 아니라, 이것을 9개 외국어로 번역하여 전 세계적으로 홍보를 하고 있다. 이와 같은 일본의 처사는 경제력을 앞세워 독도를 강탈하겠다는 저의를 드러낸 것이 아니고 무엇이란 말인가?

사태가 이처럼 심각한데도 우리나라 외교통상부에서는 아직껏 '조용한 외교'를 구가하고 있다. 조용한 외교의 결과는 한국을 국제법적으로 불법국가를 만들고 있는데도 말이다. 게다가 독도 문제가 무슨 화수분이라도 되는 양, 너도 나도 달려들어 연구비를 타보겠다고 달려드는 교수님들의 작태는 참으로 가관이 아닐 수 없다. 그러다 보니 안용복이 미국의 전 대통령 아이젠하워와 비교되는 웃지 않을 수 없는 촌극이 연출되기도 하였다.

이제 우리도 좀 냉정해졌으면 좋겠다. 일본의 자료 하나 읽지도 않으면서 독도를 연구한다고 떠벌이는 일은 더 이상 없었으면 한다. 또 감정에 치우치고 애국심에 호소하는 독도 연구도 그만 두는 것이 바람직할 것 같다. 그리고 독도 문제에 편승하여 한 건 챙기려는 얄팍한 연구자들도 도태되어야 마땅하다. 더욱이 우리들끼리 독도가 한국 땅이라고 외치는 행사도 이제 막을 내렸으면 한다. 그리하여 이 모든 역량을 정말로 독도가 한국의 영토란 사실을 입증하는데 쏟아붓는 것이 바람직하지 않을까? 일본 사람들의 잘못된 인식을 바로잡고, 그들의 주장이 어디에 문제가 있는지를 조목조목 반박하는 연구도 나와야만 한다.

이런 의미에서 이 책은 일본의 논자들과 토론을 하기 위해서 집필되었다는 것을 분명하게 해둔다. 한·일 간에 서로 자기네 땅이라는 주장은 하고 있었으나, 왜 자기네 땅이 되어야 하는가 하는 문제에 대한 진지한 토론은 없었다. 그도 그럴 것이 일본은 남의 나라 땅을 빼앗기 위한 논리, 곧 자기들의 독도 강탈이 정당했다는 것을 우기는데 급급했었다. 이에 반해 한국은 독도를 빼앗길지도 모른다는 위기의식에서 일본의 자료는 검토하지 않은 채, 한국 측에 유리한 자료만 나열하여 독도가 우리 땅이란 것을 주장하는데 그쳤었다.

이런 풍토에서는 처음부터 토론이 불가능했던 것은 너무도 당연했다. 하지만 분명하게 말해두고 싶은 것이 있다. 그것은 독도 문제에 관한 한 일본이라는 상대가 있다는 사실이다. 그렇기 때문에 왜 그들의 주장이 잘못 되었는가를 증명하지 않으면 안 된다. 일본 측 주장의 허구성을 입증하는 책임은 한국의 학자들에게 있다. 하지만 우리는 이것을 소홀히 해왔다. 이제부터라도 일본 측의 주장이 가지는 문제점을 하나하나 파헤쳐야 한다.

그러기 위해서는 일본 학자들의 왜곡된 연구를 철저하게 분석하고 비판하는 작업이 선행되어야 한다. 그리고 그러한 작업에서 얻어진 성과를 가지고 일본 사람들과 토론을 하는 장을 마련했으면 한다. 그래서 그 간에 발표했던 원고들을 모아, 한 권의 책으로 묶었다. 앞뒤가 유기적으로 연결되지 않는 곳도 있고 내용이 중복되는 곳도 있으며, 다소 무리하게 논리가 전개된 곳도 있을 것으로 생각된다. 하지만 같은 길을 걷고 있는 선배와 동학들의 질정叱正과 편달鞭撻을 기다려 최선의 보완을 하려고 한다는 것을 밝혀둔다.

그리고 불황 속에서도 출판을 흔쾌히 승낙해주신 경인문화사의 한 정희 사장님과 많은 시간을 내어 원고를 교정해준 김송이 님께 진심에서 우러나온 감사의 인사를 드린다. 또 어려운 여건 속에서도 묵묵히 독도 연구에 전념해준 연구 교수님들과 김미영 연구원에게도 이 자리를 빌려 고마움을 전한다.

2011년 9월
영남대학교 독도연구소에서
김 화 경

목 차

제2장 독도의 역사 지리학적 연구

제3장 한·일 양국의 교과서와 독도

제1장
일본 측 독도 영유권 주장의 허구성

제1절 반복되는 사료의 왜곡과 그 해석
-시마네현 죽도 문제 연구회 『최종보고서』의 문제점을 중심으로 한 고찰-

1. 문제의 제기

2005년 3월 16일 시마네현島根縣 의회는 2월 22일을 '죽도竹島[1]의 날'로 정하는 조례안을 통과시켰고, 동 현의 지사知事는 같은 달 25일에 이것을 공포하였다. 그리고 이와 때를 같이 하여, 동 현의 총무과 산하에 '죽도 문제 연구회'란 조직을 설치했다.[2] 이 연구회의 설치 요강 제1조에는 "죽도 문제에 관해서 국민 여론 계발啓發의 일조를 하기 위해 죽도 문제 연구회를 설치하고, 죽도 문제에 관한 역사에 대해서의 객관적인 연구, 고찰, 문제점의 정리를 행한다."고 규정하고 있다. 이와 같은 설치 목적은 우선 두 가지로 요약될 수 있다. 하나는 일본 국민들이 별로 관심을 보이지 않고 있는 죽도 문제에 대하여 여론을 불러일으키겠다는 것이고, 다른 하나는 이를 위해서 '죽도'라고 불리는 독도에 대한 역사를 객관적으로 연구·고찰하면서, 문제점을 정리하겠다는 것이었다.

그리고 이러한 목적을 달성하기 위해, 제2조에서는 다음과 같은

---

1) 독도를 일본에서는 '죽도'라고 부르고 있다. 죽도의 일본어 발음이 '다케시마'이지만, 이미 조선시대부터 죽도라고 불러왔으므로 그대로 지칭하기로 한다.

2) 이 요강은 2005년 6월 6일부터 시행하는 것으로 되어 있다.

연구 활동을 행한다는 것을 명시하고 있다.

> (1) 죽도 문제에 관한 역사에 대해서의 객관적인 연구, 고찰, 정리 등
> (2) 일한日韓 양국의 죽도에 관한 주장의 체계적 정리 및 비교 연구
> (3) 일한日韓 양국의 죽도에 관한 논점에 따른 관계 자료 및 사료史料의 정리
> (4) 연구 성과의 정리 및 발표
> (5) 앞에서 든 것 이외에, 연구회가 필요로 인정하는 연구 활동

　이러한 연구 활동의 내용을 보면 시마네현에서 주도하는 것이기는 하지만, 어느 정도 양심적인 연구가 가능할 수 있을 것이라는 기대를 갖기에 충분했다. 왜냐하면 시마네현이 '죽도의 날'을 제정하기는 하였으나, 그래도 객관적인 독도 연구를 통해서 사실을 밝히겠다는 뜻으로 받아들일 수 있기 때문이었다. 특히 여기에서 객관적인 연구·고찰을 한다는 것은 대상이 되는 독도에 대해서 자기들의 주관을 배제하고, 사실을 있는 그대로 연구하고 고찰하겠다는 의미를 나타내고 있어, 이런 기대를 가지게 하기에 충분했던 것이다.

　그래서 이 죽도 문제 연구회에서 어떤 자료들을 수집하고, 어떤 연구를 수행하는가 하는 것에 대하여 주시해온 것도 사실이다. 단지 이 연구회에서 좌장座長을 맡은 시모죠 마사오下條正男란 사람은 『죽도는 일한日韓 어느 쪽의 것인가?』[3]라고 하는 문고판의 책을 저술하였고, 그 저술의 내용이 사료史料의 한문을 제 멋대로 짜 맞추어 해석을 한 사람이었으므로,[4] 과연 객관적인 연구나 고찰이 가능할 수 있을까 하는 의심을 가졌었던 것도 부정하지는 않는다. 그렇지만 일본의 양심적인 학자들이 이미 사실을 구명하는 연구를 행한 바 있어,[5] 그 성

---

3) 下條正男, 『竹島は日韓どちらのものか』(東京, 2004, 文藝春秋) 참조.
4) 김화경, 「기죽도사략의 해설」, 『독도연구』 2(경산, 2006, 영남대독도연구소), 245~251쪽.

과를 기다려 보았다는 표현이 솔직한 심정이라고 하겠다.

그러나 아니나 다를까? 2007년 3월에 발표된『죽도 문제에 관한 조사 연구 – 최종보고서』[6]를 보는 순간, 이런 기대는 어처구니없는 망상이었다는 것을 깨달았다. 아니 너무나 순진한 기대를 했었던 것 같아서, 어느 의미에서는 부끄럽기까지 했다. 한국의 속담에 "가재는 게 편"이라는 말이 있다. 역시 시마네현의 죽도 문제 연구회는 이것을 설치한 현의 요구를 충실하게 순응한 결과물을 제출하였다고 볼 수밖에 없었다.

실제로 이 보고서에서는 여러 분야로부터 한국의 자료가 신뢰할 수 없고, 또 이런 자료에 바탕을 둔 한국 측의 주장이 타당하지 않다는 것을 주장하고 있었다. 이것을 읽고 있으면, 조선의 사관史官들이 엄밀한 검토와 고증을 거쳐 편찬한『조선왕조실록朝鮮王朝實錄』이 일본의 한 개인의 기록보다도 신빙성이 떨어지며, 한국은 일본의 영토를 불법적으로 점거하고 있는 것 같은 착각에 빠지게 된다. 그래서 본고에서는 필자가 관심을 가지고 있는 독도의 역사에 대한, 죽도 문제 연구회의 주장이 사실에 근거를 둔 것이 아니라 일본의 영유권 주장을 뒷받침하기 위한 허구에 불과하다는 것을 구명하려고 한다.

2. 사료 해석의 왜곡

우선 시모죠 마사오가 정리한 죽도 문제 연구회의 활동 결과부터

---

5) 山辺健太郎,「竹島問題の歷史的展望」,『コリア評論』7-2(東京, 1965, コリア評論社), 4~14쪽; 堀和生,「1905年日本の竹島領土編入」,『朝鮮史研究會論文集』24(東京, 1987, 綠蔭書房), 97~125쪽; 梶村秀樹,「竹島＝獨島問題と日本國家」,『朝鮮人と日本人』梶村秀樹著作集 1(東京, 1992, 明石書店), 315~357쪽.
6) 다음부터는『최종보고서』로 부르기로 한다.

간단하게 소개하기로 하겠다.

> 중간 보고서에서는, 일한日韓의 논점 정리를 행하여 지금까지의 일한 쌍
> 방의 문제점을 지적하고, 최종 보고서에서는『죽도기사竹島紀事』,『기죽도사
> 략磯竹島事略』등, 죽도 문제에 관련된 기본 문헌을 수록할 수가 있었다. 더
> 욱이 2006년 11월 상순, 울릉도의 현지조사를 통해, 울릉도에 대한 일한 쌍
> 방의 지리적 인식의 차이를 명확하게 하는 것과 함께, 문헌 비판에 근거를
> 둔 다음의 사항을 확인하였다.
> ① 태정관太政官 지령의 "죽도 외 1도는 우리나라本邦와 관계가 없다(竹島他一
>   島, 本邦之關係なし)."는 말 가운데에는, 현재의 죽도는 포함되지 않는다.
> ② 지도상과 문헌상의 우산도于山島는, 전부 금일의 죽도와는 관계가 없고,
>   우산도를 독도라고 한 것은 안용복安龍福의 증언부터 시작하였다.[7]

여기에서 시마네현의 죽도 문제 연구회가 중점적으로 다룬 것이
(1) 태정관 문서의 "문의한 죽도 외 1도 건에 대하여 우리나라와 관
계가 없다는 것을 주지할 것"[8]이라는 지령문 안의 "1도一島"란 말의
해석과, (2) 안용복 활동의 왜곡 내지는 폄하貶下였다는 사실을 확인
할 수 있다. 다시 말해 일본 측의 독도 영유권 주장에 가장 문제가
되는 것이 태정관 문서와 안용복의 활동이라고 보아도 좋을 것 같다.
따라서 연구회라는 것을 만들어 연구를 한 것이 결국은 이 두 문제
를 일본 측의 입장에 유리한 해석을 하는 것이었다고 볼 수밖에 없다.
  그래서 먼저 (1) "죽도 외 1도 우리나라와 관계가 없다."는 태정관
문서에 대한 시모죠下條의 견해부터 소개하기로 한다.

---

7) 下條正男,「竹島の日條例から二年」,『竹島問題に關する調査研究－最終報告書』
   (松江, 2007, 竹島問題研究會), 1~2쪽.
8) "伺之趣竹島外一嶋之義本邦關係無之義ト可相心得事."라고 되어 있는 원문
   을, 시모죠는 "竹島他一島, 本邦關係なし."라고 옮겨 적고 있다. 왜 '外'가
   '他'로 바뀌었는지 자세하게 알 수는 없지만, 원문을 이렇게 임의로 바꾸는
   것이 바람직하지 않을 것이다.

태정관이 "관계없다."고 한 것은, 전해의 10월 16일, 시마네현 참사參事인 사카이 지로境二郎가 내무경內務卿 오쿠보 도시미치大久保利通에 대해, 「일본 해 내의 죽도 외 1도 지적 편찬의 방침에 관한 질의」를 제출하고 있었던 것에 기인한다. 시마네현은, 죽도竹島(울릉도)와 송도松島(독도)를 "산인山陰 일대의 서부에 펜 듯이 붙여야만 한다."고 하면서, 울릉도와 현재의 죽도(독도)를 시마네현의 지적에 편입해야 하는지 어떤지, 질의를 하고 있었다. "우리나라 여기 관계가 없다."는, 그것에 대한 태정관의 판단이다. 나이토 세이쮸內藤正中 씨는, 그 "죽도 타 1도竹島他一島" 안에, 현재의 죽도(독도)가 포함되어 있다고 하였다.

그렇지만 지적 편찬에 관한 질의의 전말을, 『공문록公文錄』과 『태정류전太政類典』에서 확인하여 보면, 시마네현이 질의를 한 "죽도 타 1도"와, 태정관이 판단한 "죽도 타 1도"에는 차이가 있다. 『공문록』에 첨부된 시마네현 제출의 『기죽도 약도』에는, 현재의 죽도(독도)와 기죽도(현재의 울릉도)가 그려져 있어, 시마네현에서는 울릉도와 죽도를 일본 령으로 인식하고 있었다.

그런데 태정관이 "관계가 없다."고 한 "죽도 타 1도"를, 『공문록』과 『태정류전』에 수록된 관련 문서에서 보면, 울릉도에 해당하는 죽도와 "돗토리번鳥取藩 요나고米子의 오야 집안大谷家 (사람들이) 표류하여 도착한" 송도에 관한 기록이 있을 뿐으로, 현재의 죽도에 관해서는 아무 것도 적혀 있지 않은 것이다.

결론부터 말한다면, 태정관이 "관계가 없다."라고 한 "죽도 타 1도"는, 두 개의 울릉도를 가리키고 있으며, 현재의 죽도와는 관계가 없었던 것이다. 이것은 당시, 사용되고 있던 지도에 기인起因하고 있다. 거기에는, 실재하지 않는 죽도(아루고노토 섬: Argonaut island)와 송도(다쥬레 섬: Dagelet island)의 두 섬이 그려져 있기 때문이다. 그 원인은, 시볼트(Philipp Franz von Siebold)가 서구에 전한 「일본도日本圖」에 있다. 시볼트의 「일본도」에는, 동경東經 129도 50분에 위치하는 죽도와, 동경 130도 56분의 송도가 그려져 있다. 그렇지만 현재의 죽도는 동경 131도 5분에 위치하며, 당시는 '리양코로도(Liancourt island)'이라고 불렸던 암초였다. 동경 129도 59분의 죽도와, 동경 131도 56분의 송도는, 처음부터 "우리나라 여기 관계가 없다."였던 것이다.

태정관 지령으로부터 3년 후, 태정관이 "타 1도"라고 한 송도(다쥬레 섬)는, 울릉도였던 것이 판명되었다. 1880년, 외무성이 아마키함天城艦을 송도에 파견하여, 측정조사를 명령했기 때문이다. 측량을 끝낸 아마키함은 "송도. 한국 사람들 이것을 울릉도라고 칭한다.”라고 보고하여, 송도는 한국의 울릉도라는 것이 확인되었다.[9]

이와 같은 시모죠 마사오의 논리는 한 마디로 자기 마음대로 사료들을 짜깁기한 궤변이라고 보지 않을 수 없다. 그래서 이런 사실을 해명하기 위해, 시모죠가 전개하고 있는 견해를 순서에 따라 항목별로 다시 그 내용을 정리한다면 다음과 같다.

⑦ 시마네현에서 처음에 지적 편찬을 위해서 편입 여부를 물은 “죽도 타 1도 竹島他一島”는 울릉도와 독도(죽도)이다.

⑭ 시마네현이 질의를 하면서 첨부한 지도에 이들 두 섬이 그려져 있는 것으로 보아, 시마네현은 울릉도와 독도(죽도)를 일본 령으로 인식하고 있었다.

⑭ 그러나 태정관은 이 지도는 보지 않고, 시볼트가 잘못된 작성한 지도, 곧 실재하지 않는 죽도(아루고노토 섬)와 현재의 울릉도인 송도(다쥬레 섬)가 그려져 있는 지도를 보고, “우리나라와 관계가 없다.”라고 했다.

⑭ 이런 사실은 외무성이 아마키함을 송도에 파견하여 측정조사를 하게 하였는데, 그때에 아마키함의 보고에 “송도, 한국 사람들 이것을 울릉도라고 칭한다.”라고 보고하였다는 것이다.

위와 같은 시모죠 마사오의 논리대로라면, 태정관의 우대신이었던 이와쿠라 도모미岩倉具視가 “문의한 죽도 외 1도 건에 대하여 우리나라와 관계가 없다는 것을 주지할 것”이라고 한 지령문은 독도가 한국 령임을 인정한 것이었다고 볼 수 있다. 따라서 그가 제시한 견해는 아래와 같은 문제점을 지니고 있어, 도저히 납득을 할 수 없다고 하겠다.

먼저 시모죠는 울릉도와 죽도의 편입 여부를 질의하는 문서를 제

---

9) 下條正男, 앞의 글, 2쪽.

출하면서, 시마네현이 첨부한 지도에 이들 두 섬이 그려져 있다는 사실을 가지고, 시마네현은 이 섬들을 일본 령으로 인정하고 있었다고 주장했다. 만약에 시마네현이 이런 확신을 가지고 있었다면, 왜 지적 편찬에의 포함 여부를 내무성에 문의했겠는가 하는 의문이 제기된다.

일본 사람들은 메이지 헌법明治憲法에 근거하여 설치한 해군의 수로부水路部에서 편찬한 『조선수로지朝鮮水路誌』 속에 기록한 독도(리앙코르도: Liancourt island)는 영토를 표시하는 것이 아니라, 단지 해로海路를 표시하는 데 지나지 않는다고 주장하고 있다. 그러면서 관할 여부를 묻는 지도에 첨부되었다는 사실 하나만 가지고 시마네현이 일본의 영토로 인정했다고 볼 수는 없을 것이다.

다음으로 그는 당시 태정관의 우대신 이와쿠라 도모미가 시마네현에서 질의서를 제출하면서 첨부했던 지도를 보지 않고, 엉터리 지도를 가져다 놓고 위의 지령문을 썼다는 해괴한 논리를 전개했다. 환언하면 당시의 태정관 우대신은 울릉도를 죽도와 송도라는 두 개의 이름으로 불렀다는 사실을 알지 못하고 있었던 바보였다는 것이다. 그래서 시모죠 마사오라는 희대의 걸출한 학자가 출현하여, 이렇게 태정관의 우대신이 저지른 명청한 잘못을 바로잡아, 독도가 일본의 영토였다는 것을 밝혀낸다는 것이다.

그런데 정말로 당시 태정관의 우대신이었던 이와쿠라 도모미는 그가 지적한 것처럼, 이렇게 지도 한 장를 제대로 분별하지 못하는 사람이었을까 하는 문제를 따져보지 않을 수 없다. 이 문제의 해명을 위해서 먼저 지령안의 원문부터 제시하기로 한다.

<자료 1>
別紙內務省伺日本海內竹嶋外一嶋地籍編纂之件 右ハ元祿五年朝鮮人入嶋以來

舊政府該國ト往復之末遂ニ本邦關係無之相聞候段立候上ハ伺之趣御聞置左之通
御指令相成可然哉 此段相伺候也
　御指令按
　伺之趣竹島外一嶋之義本邦關係無之義ト可相心得事

明治十年三月二十九日(印)

별지 내무성의 질의 일본해 내 죽도 외 1도 지적 편찬의 건.
위右[10]는 겐로쿠元祿 5년(숙종 18, 1692) 조선인이 입도한 이래 구 정부幕府
와 해국該國(조선)이 (문서를) 주고받은 결과 마침내 우리나라와 관계가 없다
고 들은 것을 주장한 이상, 문의 내용에 대하여 아래左와 같이 지령을 작성
해야 하지 않을까를 문의합니다.
지령안
문의한 죽도 외 1도에 대하여 우리나라와 관계가 없다는 것을 주지할 것.

메이지 10년(1877) 3월 29일(인)[11]

시마네현이 죽도 외 1도를 지적의 편찬에 넣어야 할 것인가 어떤
가를 질의한 것에 대해, 태정관의 우대신 이와쿠라 도모미는 1692년
에 구 정부였던 막부와 조선 조정 사이에 '죽도(울릉도) 도해'를 둘러
싸고 벌어졌던 문제를 해결할 때에 죽도가 우리나라, 곧 일본과 관계
가 없다고 했으므로, "문의한 죽도 외 1도에 대하여 우리나라와 관계
가 없다는 것을 주지할 것"이라는 결론을 내린 것으로 되어 있다.
그런데 시모죠 마사오는 여기에서 말하는 "죽도 외 1도"는 실재하
지 않는 죽도(아루고노토 섬)와 울릉도를 가리키는 송도(다쥬레 섬)이기
때문에, 현재의 독도와는 관계가 없다는 것이다. 그가 지적한 것처럼

---

10) 원문이 세로로 되어 있어 '우右'라고 하였으나, 이 글은 가로로 쓰기 때문에
　　'위'라고 하였고, 뒤에 '좌左'를 '아래'라고 번역하였음을 밝혀둔다.
11) 이것도 필자가 해석을 하면, 자의적인 것이 되었다는 비판을 받을 소지가 있
　　어, 송병기가 편역編譯한 원문과 해석을 그대로 옮겨 적으면서, 단지 일본의
　　연호 '원록元祿'을 '겐로쿠'로, '명치'를 '메이지'로 바꾸었다는 것을 밝혀둔
　　다. 송병기 편, 『독도영유권자료선』(춘천, 2004, 한림대출판부), 155~156쪽.

태정관의 우대신 이와쿠라 도모미가 이처럼 실재하지 않는 죽도(아루고노토 섬)를 "죽도 외 1도(송도)"라고 하는, 멍청한 결정을 내린 사람이었다는 사실을 증명하기 위해서는, 이러한 결정을 내리는 과정에서 어떻게 해서 시볼트의 잘못된 지도를 참조하게 되었는가 하는 명확한 증거를 제시해야 한다. 그럼에도 불구하고 그런 증거는 제시하지 않고, "죽도 외 1도"의 '죽도'를 실재하지 않는 섬이라고 주장한다는 것은 시모죠 마사오란 사람이 정상적인 사고를 하는 사람인지 되묻지 않을 수 없다.

게다가 시마네현 참사인 사카이 지로가 제출했던 「일본해 내의 죽도 외 1도 지적 편찬의 방침에 관한 질의」를 받은 내무경內務卿 오쿠보 도시미치大久保利通의 대리 내무 소보內務少輔 마에시마 히소카前島密가 우대신 이와쿠라 도모미에게 올린 문서를 보면, 그가 왜 그런 결정을 내렸는가 하는 것을 유추할 수 있다.

> <자료 2>
> 죽도의 소할所轄의 건에 대하여 시마네현으로부터 별지別紙의 문의가 있었기에 조사한 바, 당해 섬의 건은 겐로쿠元祿 5년(숙종 18, 1692) 조선인이 섬에 들어온 이래 별지 서류의 적채摘採한 바와 같이, 겐로쿠 9년(숙종 22, 1696) 1월 제1호 구 정부舊政府의 평의評議의 지의旨意에 의하여, 제2호 역관譯官에게 준 달서達書, 제3호 해국該國에서 온 공간公簡, 제4호 우리나라의 회답 및 구상서口上書 등과 같았다. 즉 겐로쿠 12년(숙종 25, 1699)에 이르러 각각 (문서의) 왕복이 끝났으며 우리나라는 관계가 없다고 들었지만, <u>판도版圖의 취사取捨는 중대한 사건</u>이므로 별지 서류를 첨부하여 만일의 경우에 대비하여 이를 문의합니다.[12]

내무경의 대리가 태정관의 우대신에게 죽도의 관할 여부를 결정해 달라는 취지에서 올린 질의서는, 밑줄을 그은 곳에서 보는 것처럼

---

12) 송병기 편, 앞의 책, 144~145쪽.

"판도의 취사는 중대한 사건"이기 때문이었다. 그래서 죽도(울릉도)가 일본과 관계가 없다는 것을 알 수 있는, 과거의 네 개 문서를 첨부했던 것이다. 이들 네 개의 문서가 어떤 내용이었는가를 간단하게 인용한다면 아래와 같다.

<자료 3>

(1) 부속문서 제1호: … 앞으로 요나고정米子町 사람의 도해를 중지한다는 분부였다. … 위와 같은 경위로 도해하여 어채魚採를 해온 것으로써 조선의 섬을 일본이 빼앗은 것도 아니며, 일본인이 거주한 적도 없다. 도정道程 건에 관하여 문의하였더니, ① 호키伯耆로부터는 160리 정도 떨어져 있으며, 조선쪽으로는 40리 정도 떨어져 있다고 한다. 그러니 조선국의 울릉도이지 않겠는가? … ② (막부의) 위광威光 또는 무위武威를 내세워 억지를 부리려 해도 말이 되지 않는 것을 주장하는 것은 소용없는 일이다. 죽도 건은 원래 확실하지 않으며, 해마다 가지도 않았다. 이국인이 도해하므로 앞으로 도해하지 않도록 분부하라고 사가미노카미相模守로부터 지시가 있었다. 이하 생략.13)

(2) 부속문서 제2호: 앞의 카미께서 죽도의 일로 두 번이나 귀국에 사자를 보냈으나, 사사使事가 끝나기 전에 불행하게도 일찍 세상을 뜨셨습니다. 이로 말미암아 사자를 소환召還하고 불일간에 배에 올라 입관入觀(謁見)하였을 때에 죽도의 지상地狀과 방향 등에 대하여 물으셔서 사실에 의거하여 상세히 대답하였습니다. 인하여 ③ 그곳이 우리나라와는 너무 멀고 귀국과는 가까운 까닭으로 두 나라 사람들이 뒤섞여서 필시 몰래 통하고 사사로이 교역하는 폐단이 있을 것이라 하고 즉시 영令을 내려 영구히 사람이 들어가서 고기잡이를 못하게 하라고 하셨습니다. 이하 생략.14)

(3) 부속문서 제3호: … 울릉도가 우리 땅임은 『여지도輿地圖』에도 실려 있는 바이고, 문적文跡도 소연昭然하여 그곳과는 멀고 이곳과는 가까운 것을 막론하고서라도 강계疆界가 자별自別합니다. ④ 귀주貴州에서 이미 울

---

13) 송병기 편, 앞의 책, 145~147쪽.
14) 송병기 편, 앞의 책, 148쪽.

> 릉도와 죽도는 하나의 섬이고 이름은 둘이라는 사실을 알고 있으니 이름이 비록 다르더라도 그곳이 우리 땅임은 마찬가지 사실입니다. 이하 생략.15)

(4) 부속문서 제4호 첨부 구상서口上書: … 마침 게이부 타이후刑部大輔가 참부參府(에도에 올라감)하는 시기였으므로, 동무東武에 다음과 같이 아뢰었습니다. ⑤ "죽도는 조선국이 수년간 버려두었습니다. 그 후 점검해야 할 시기인데도 번번이 신경을 쓰지 않았기 때문에 자연히 일본의 속도屬島인 것처럼 되어 왔습니다. 이에 저쪽에서 요구해온 바가 지당하다고 여겨지기는 합니다만, 원래가 조선 땅이 틀림없으며 『여지도』에도 분명히 있습니다. 성신을 바탕으로 통교하고 있으므로 이를 잘 헤아려 일본인의 도해를 금지해주신다면, 성신을 다하는 것으로 더할 나위 없이 황송하게 여기겠습니다."라고, 나에게 은밀히 요청한 대로 로츄老中에게 예의를 갖추어 성심껏 아뢰었습니다. 그랬더니 곧바로 (쇼군將軍에게까지) 보고되어 양해가 있었으며 말씀하시기를, "인교隣交의 바탕은 우호에 있으므로 앞으로 일본인의 도해를 중지한다."고 지시하였습니다. 마침 (조선의) 역관을 초빙할 것이라 아뢰어 두었기 때문에, 역관이 일본에 왔을 때 위의 취지를 면담하는 자리에서 자세히 전달하라고 분부하셨습니다. 이에 전해 역관에게 구두로 전달하였던 것입니다. 이하 생략.16)

질의서에 첨부된, 이상과 같은 문서들을 통해서 왜 막부가 요나고의 오야大谷·무라카와村川 두 집안으로 하여금 울릉도에 도해를 하지 못하도록 했는가 하는 것을 알 수 있다. 바꾸어 말하면 울릉도의 소속을 둘러싸고 벌어졌던 조선 조정과 막부와의 외교 교섭 과정에서, 막부가 울릉도에 도해를 금지했던 이유와 그 배경을 짐작할 수 있다는 것이다.

먼저 막부가 울릉도를 조선의 영토로 인정했던 중요한 이유의 하나가 밑줄 친 ①과 ③에 명시되어 있다. 곧 울릉도가 조선에 더 가깝

---

15) 송병기 편, 앞의 책, 148쪽.
16) 송병기 편, 앞의 책, 152~153쪽.

기 때문에, 조선의 땅으로 인정을 한다는 것이었다. 말하자면 당시에 섬의 영유권을 결정하는 한·일 간의 관습법은 어느 쪽에 지리상의 거리가 더 가까운가 하는 문제를 가지고 그 소속을 결정했다는 것이다.17) 만약에 이와 같은 관습법을 오늘날의 독도 문제에 적용하는 경우에는 그 영유권의 소재가 어디에 있는가 하는 것은 너무도 자명하게 된다.

그리고 울릉도가 일본의 땅이라는 주장이 사리에 맞지 않는다는 것을 명시한 곳이 밑줄 친 ②이다. 이곳에서는 "(막부의) 위광威光 또는 무위武威를 내세워 억지를 부리려 해도 말이 되지 않는 것을 주장하는 것은 소용없는 일"이란 것을 명백하게 밝혔다. 이것은 막부가 지니고 있는 '범하기 어려운 위엄威光'이나 '무력의 위엄武威'으로 울릉도가 자기네 땅이라고 억지를 부리려고 해도 사리에 맞지 않는 주장을 하는 것은 소용이 없다는 사실을 솔직하게 인정한 것이다. 이러한 그들 선조의 진솔한 태도를 다시 발휘하여 독도가 일본의 영토라는 궤변을 거두어들이는 것도 문제 해결의 하나의 방법이 될 수 있다는 것을 일깨워둔다.

또 울릉도 쟁계(죽도 일건)의 발단은 밑줄 친 ④에서 알 수 있는 것처럼, 대마도 도주島主가 울릉도의 두 개의 이름, 곧 조선에서는 울릉도라 하고 일본에서는 죽도라고 부르고 있던 사실을 이용하여 자기네 땅이라고 주장하면서 조선 어부들의 출어出漁를 금지해달라는 요청을 한 데서 기인되었다. 쉽게 말해 그 문제 발단의 장본인이 대마도 도주였다. 그런데도 그가 작성한 구상서의 밑줄 친 ⑤에서 보는 바와 같이, 마침 에도에 올라가는 게이부 타이후刑部大輔가 노력을 하여 막부의 도해 금지령이 내려졌다는 것을 강조하고 있다. 원래 대마

---

17) 이 관습법에 대해서는 이 책의 제2장 제2절에서 논의하기로 한다는 것을 밝혀둔다.

도 도주는 임진왜란 때에 조선과 강화를 주선하면서 막부의 관인官印을 위조했던 적이 있었다. 이것으로 미루어보아, 대마도 도주는 말을 바꾸어 사실의 왜곡을 일삼던 사람들의 후손이었다고 해도 좋을 것 같다. 그러므로 그는 막부로부터 죽도 도해의 금지령이 내려진 것이 자기의 공이라는 것을 은근히 강조하였는지도 모른다.

이렇게 볼 때, 시마네현의 질의를 받았던 내무성에서 그 질의에 답변을 하기 위하여 준비하였던 그 간의 문서들이 '죽도(울릉도) 도해 금지령'과 관련을 가지는 것들이었음을 확인할 수 있다. 특히 시모죠도 인정하고 있는 것처럼, 시마네현에서 질의를 하면서 첨부했던 지도에도 울릉도(죽도)와 독도(송도)가 분명하게 그려져 있었다. 그렇다면 태정관의 우대신인 이와쿠라 도모미가 이와 같은 자료들을 도외시하고, 확실하지 않은 지도를 가져다 놓고 "죽도(울릉도) 외 1도는 우리나라와 관계가 없다."는 결정을 내렸다고 주장하는 것은 언어도단이라고 하지 않을 수 없다.

게다가 시모죠는 단순히 이런 지도를 첨부한 것 그 자체를 가지고 시마네현이 이 두 섬을 일본 령으로 인식하고 있었다고 하는, 말도 되지 않는 억지를 부리고 있다. 하지만 일본 령으로 인식을 하였다면, 내무성에 편입 여부를 질의할 이유가 없었을 것이다. 바꾸어 말하면 일본의 땅을 일본의 지적에 편입하는데, 그 등재 여부를 물어야 할 이유가 없다고 하겠다. 그러므로 그 편입을 문의했다는 것은 울릉도 쟁계(죽도 일건)를 통해서 한국의 영토로 인정했던 것을 어떻게 하면 좋겠는가 하는 것을 상부 기관에 문의했다고 보아야 한다.

그러나 시모죠는 문의 그 자체를 일본 땅의 인정이라는 논리를 전개하고 있다. 그러니 사리를 따지지 않고 자기네에게 유리한 쪽으로만 해석을 하여, 그것을 바탕으로 터무니없는 주장을 하는 것이 시모죠라는 사람이라고 할 수 있다. 하기야 그렇기 때문에 시마네현의 죽도 문제 연구회에서 좌장을 맡고 있는지도 모르지만, 이런 사람이 사실을 제대로 밝힐 수 없다는 것은 너무도 자명한 이치이다.

여기에서 특히 막부가 '죽도(울릉도) 도해 금지령'을 내리면서, 울릉도뿐만 아니라 독도에 대해서도 그 소속 여부를 호키노카미伯耆守에게 문의했던 사실이 있었음을 상기할 필요가 있다. 이런 사실은 죽도 문제 연구회가 새롭게 발굴한 자료라고 공개한 『기죽도사략』[18]이란 책에 기록되어 있다. 여기에 실린 호키노카미의 의견서는 다음과 같다.

<자료 4>
1. 죽도竹嶋(울릉도) 외에 송도松嶋(독도)라고 하는 섬이 있어, 이나바국因幡國 호키국伯耆國에 부속하는 섬이냐고 물은 일에,
   위 건에 송도는 두 곳에 속하지 않습니다. 죽도에 도해渡海하는 길에 있는 섬입니다.
1. 죽도에서 이나바국 호키국으로부터 거리道程가 얼마나 되느냐고 물은 일에, 이나바국에서 죽도에는 도해하지 않습니다. 호키국으로부터 뱃길로 160리[19] 정도에 있습니다.
1. 죽도에서 조선국朝鮮國에의 거리가 얼마나 되느냐고 물은 일에,
   해상의 거리는 알지 못하지만, 대개 40리 정도에 있다고 도사공[船頭]들은 같이 말합니다.

12월 25일 마쯔타이라 호키노카미[20]

---

18) 이 책은 본 연구소에서 발간하는 『독도연구』 2호에 원문이 실려 있고, 이번 3호에는 그 탈초문脫草文을 실었다는 것을 밝혀둔다.
19) '리里'는 거리를 헤아리는 단위로 36쵸町(3.9273킬로미터)에 상당한다. 옛날에는 300보, 곧 지금의 6쵸町의 거리였다(新村出, 『廣辭苑』(東京, 1983, 岩波書店), 2501쪽).
20) "伯耆守江段段相尋候付 又又書付差出候覺
   1. 竹嶋之外松嶋与申嶋 因幡國伯耆國江附屬之嶋二候哉之事, 右, 松嶋兩國江附屬二而ハ無御座候, 竹嶋江渡海之筋二在之嶋二而御座候
   1. 竹嶋江因幡國伯耆國より道程何程有之候哉之事 因幡國より竹嶋江渡海ハ不

　이것을 보면, 당시에 에도 막부에서는 울릉도에 도해 금지령을 내리면서 울릉도와 독도가 일본의 땅인가 아닌가를 가장 관계가 깊은 호키주의 태수에게 물어보았다. 그리고 이 물음에 대해 호키주 태수는 이들 두 섬이 자기 주뿐만 아니라, 이나바주因幡州에도 속하지 않는다는 사실을 정직하게 보고했다는 것을 알 수 있다. 적어도 그 당시의 지방 관리들은 자기 지방의 이익을 위해서 다른 나라의 영토를 탐내지는 않았다는 것도 좋은 교훈이 된다고 하겠다.

　물론 대마도의 경우는 이와는 달리, 기회만 있으면 울릉도를 자기네 것으로 만들려는 시도를 했었다. 바로 그런 시도의 하나가 울릉도 쟁계(죽도일건)였다. 안용복安龍福과 박어둔朴於屯을 납치해 간 것을 기회로 삼아 이런 시도를 하였으나, 그 결과는 도리어 일본 사람들의 울릉도 도해를 금지하는 정반대의 결말을 가져왔다. 시모죠 마사오도 이러한 대마도 도주의 전례를 밟으려고 하는 것이 아닐까 하는 의구심을 자아내게 하기에 충분한 논리를 전개하고 있다.

　여하간 태정관의 우대신 이와쿠라 도모미가 "죽도 외 1도는 우리나라와 관계가 없다."고 한 지령안을 내리기 위해서 이와 같은 과거의 고문서, 곧 <자료 3>과 <자료 4>와 같은 것들을 당연히 참조하였을 것이다. 그런데도 그런 것들을 보지 않고 다른 지도를 가져와 보았기 때문에, 섬 이름의 혼란이 야기되었다고 하면서, 분명하게 "죽도 외 1도"라고 한 것을 죽도와 송도는 한 섬의 두 이름이라고 하는 것은 삼척동자三尺童子도 웃을 수밖에 없는 황당한 논리의 전개임을 지적하지 않을 수 없다.

　　仕候. 伯耆國より船路百六拾里程有之候.
1. 竹嶋より朝鮮國江道程何程在之候哉之事. 海上道程難知候, 凡四十里餘茂可在御座哉与, 船頭共申候.
　　十二月　二十五日　松平　伯耆守."(中村元起, 『磯竹島事略』(松江, 2007, 竹島問題研究會), 16쪽)

3. 안용복 활동의 폄하와 사료의 조작

다음으로 시모죠 마사오는 "지도상과 문헌상의 우산도于山島는, 전부 금일의 죽도와는 관계가 없고, 우산도를 독도라고 한 것은 안용복安龍福의 증언부터 시작하였다."[21]라는 견해를 제시하였다. 이와 같은 그의 견해는 거짓말을 일삼는 안용복의 증언에 바탕을 둔, 한국 정부의 독도 영유권 주장이 허구에 불과하다는 것을 강조하기 위한 의도에서 마련된 것이 분명하다. 우선 이러한 의도가 드러나는 시모죠의 견해부터 소개한다면 아래와 같다.

   (1) 한국의 역사교과서는, ㉠ 신경준이 개찬한 『동국문헌비고』의 분주分注를 근거로, 독도를 울릉도의 부속 섬이라고 하고, ㉡ 안용복의 공술을 역사의 사실로 가르치고 있는 것이다. 하지만 그것은 날조된, 거짓의 역사이다. 그것을 실증하는 문헌이, 최종보고서에 수록한 『기죽도사략』이다. 막부 관계자가 편수한 『기죽도사략』에는, 울릉도에의 도해 금지가 결정하는 경위도 기록되어 있으며, 안용복의 증언이 위증이었다는 사실을 확인할 수가 있다.

   (2) 안용복이 오키도隱岐島에 밀항하여 온 것은 1696년 5월 20일. 그렇지만 대마번對馬藩으로부터의 요청을 받아, 에도막부가 울릉도에의 도해 금지를 돗토리번鳥取藩에 명한 것은 4개월 정도 전인 1월 28일. 돗토리번 요나고米子의 오야·무라카와 두 집안에 주어졌던 '도해면허'가 막부에 반환된 것은 2월 9일이다.

   한국의 역사 교과서가 가르치고 있는 것과 같은, 안용복이 울릉도에서 "일본의 어민들과 조우遭遇하여, 일본에 건너와 우리 영토인 것을 확인하는" 일은 없었던 것이다. 안용복은, 에도막부의 지시를 받은 돗토리번에 의해 8월 6일, 가로타나加露灘로부터 추방되었다. 막부의 도해 금지 조치와 안용복의 밀항 사건과는, 전혀 관계가 없었던 것이다.

---

21) 下條正男, 앞의 글, 2쪽.

(3) 그런데 강원도에 착안着岸한 안용복은, 돗토리번에 소송을 하여, 울릉도
와 우산도를 조선 령으로 했다고 거짓 증언을 하고 있다. 안용복의 위증
은, 그 후의 일한 관계를 크게 뒤틀리게 하는 것으로 되는 것이다. 안용
복의 허언으로부터, 울릉도였던 우산도가 "왜의 이른 바 송도이다."라고
되어, 신경준의 인용문까지도 개찬하여 『동국문헌비고』의 분주를 날조
했기 때문이다.22)

여기에서 시모죠 마사오가 지적한 것처럼, 한국 측에서는 정말로
㉠에서와 같이 신경준이 개찬한 『동국문헌비고』의 분주分注를 근거
로 하여 독도를 우산도라고 주장하고 있으며, 또 ㉡에서와 같이 안용
복의 증언이 위증이어서 한국의 역사교과서에서는 날조되고 위조된
역사를 가르치고 있을까 하는 의문이 제기된다. 만약 이러한 시모죠
의 지적이 사실이라면, 한국 정부는 남의 나라 유부녀와 처녀들을 군
인들의 성性 노리개로 삼았던 '종군 위안부從軍慰安婦' 문제를 있지도
않은 사실의 왜곡이라고 호도하는 일본 정부보다 더 나쁜 역사의 왜
곡을 자행하고 있다고 보아도 좋을 것이다. 그렇지만 이런 주장이 사
실이 아니라면, 시모죠는 또 다시 남의 나라 역사를 왜곡하는 범죄를
저지르고 있다는 것을 명심해야 하지 않을까 한다.

여하간 그가 지적하고 있는 것과 같이 안용복은 실제로 위증을 일
삼는 거짓말쟁이였는가 하는 문제부터 살펴보기로 한다. 시모죠 마
사오가 그를 거짓말쟁이로 모는 이유는 안용복이 1696년에 울릉도에
건너가서 일본 사람들과 만났다고 하는 증언, 곧 『숙종실록肅宗實錄』
숙종 22년 9월 무인戊寅(25일) 조에 안용복이 울릉도에서 왜인들과 조
우하여 이들을 뒤쫓아 오키도까지 갔다는 기사가 죽도 문제 연구회
의 최종보고서에 수록한 『기죽도사략』에 의해 거짓으로 밝혀졌기 때
문이라는 것이다.

---

22) 下條正男, 앞의 글, 4쪽.

그런데 그 근거란 것이 단락 (2)에서 언급하고 있는 것처럼, 안용복이 오키도에 밀항하여 온 것이 1696년(숙종 22) 5월 20일인데, 이미 그보다 4개월 정도 앞선 1월 28일에 돗토리번에 울릉도 도해 금지를 명하였고, 그 명령에 따라 요나고米子의 오야·무라카와 두 집안에 주어졌던 도해 면허가 반환된 것이 2월 9일이라는 것이다. 그렇지만 이러한 주장의 타당성 여부를 검토한 나이토 세이쮸內藤正中는 다음과 같은 견해를 피력한 바 있다.

『기죽도사략』에 기록되어 있는 것은, 죽도 도해 금지의 일과 돗토리번이 막부에 도해 면허를 반납했다고 하는 것뿐이다. 그러나 그것은, 그 해부터 일본인의 죽도 도해가 금지되었다고 하는 것을 의미하는 것은 아니다.

요나고의 오야·무라카와 두 집안이 돗토리번으로부터 도해 금지의 일을 통고받고, 청원서를 제출한 것은 8월 1일이다. 이것은 『최종보고서』에 수록되어 있는 돗토리번의 『어용인일기御用人日記』의 관계기사가 분명하게 밝히고 있다. 1월 28일에 막부가 죽도 도해를 금지한 것을, 오야·무라카와 두 집안은 알지 못하고 있었기 때문에, 혹은 예년과 같이 3월에 죽도에 출범하고 있었을지도 모른다. 시모죠下條 씨뿐만 아니라, 대부분의 논자들이 막부의 금지령이 내려지면 곧바로 그것이 실시된 것이라고 생각하고 있기 때문에, 1696년(겐로쿠元祿 9)에는 일본인은 죽도에 도해하지 않았을 것이라고 말하고 있다.

죽도 도해 금지령은, 죽도 도해를 하고 있는 것은 돗토리번의 관계자에게만 한정되어 있었으므로, 돗토리번에만 통지하면 좋다고 막부는 생각하고 있었으며, 그것도 번주藩主가 귀향했을 때에 관계되는 오야·무라카와 두 집안에게 전달하면 좋다고 보았던 것이다. 그 때문에 안용복이 번에 항의 방문한 것에 대처하기 위해서, 번주가 돗토리에 돌아온 8월 1일이 되어 전달된 것이라고 생각한다.[23]

---

23) 內藤正中,「竹島問題補遺 – 島根縣竹島問題研究會最終報告書批判」,『北東アジア文化研究』26(松江, 2007, 鳥取短期大學北東アジア文化總合研究), 11~12쪽; 이 논문은 후지와라 다카오(藤原隆夫)가 한국어로 번역하여 본 『독도연구』 3호에 실었음을 밝혀둔다.

이와 같은 나이토의 연구에 의하면, 오야·무라카와 두 집안이 막부가 죽도에의 도해를 금지했다는 사실을 안 것은 1696년 8월 1일이었다는 것이다. 이런 추정은 이들 두 집안이 이 조치에 대한 청원서를 제출한 것이 같은 해 8월 1일이라는 데 근거를 두고 있다. 실제로 『어용인일기』 8월 1일 조에는 오야·무라카와 집안에 죽도 도해 제금制禁을 명령했다는 것이 기록되어 있다.[24)

그러나 시모죠는 이와 같은 자료는 제시하지 않았을 뿐만 아니라, 안용복과 관련된 여러 상황을 고려하지 않고 있다. 그리하여 단순한 날짜의 순서만을 가지고, 안용복이 울릉도에서 왜인들을 조우할 수 없다고 주장하였다. 이것은 미리 안용복을 거짓말쟁이로 만들겠다는 전제를 세우고, 여기에 자료를 대입한 결과라고 보지 않을 수 없다. 실제로 시모죠는 『숙종실록』 숙종 22년(1696) 9월 무인戊寅(25일) 조에 안용복이 '울릉 우산 양도 감세장鬱陵于山兩島監稅'이라는 실재하지 않는 관직을 사칭하였다고 하면서,[25) "안용복이 말하는 바의 우산도가 장래 일조日朝의 영토 인식을 혼란시키는 원흉이 되어, 현재의 죽도 문제를 논하는 위에서의 핵심어(key word)로도 되는 것이다."[26)라고 하여, 그가 마치 오늘날 한일 간에 첨예한 대립을 보이고 있는 독도의 영유권 문제를 불러일으킨 장본인으로 간주하였다. 이렇게 볼 때, 시모죠가 선입견을 가지고 독도 문제를 논하였다는 사실은 부정할 수 없을 것이다.

그리고 시모죠가 안용복이 '울릉 우산 양도 감세'라고 사칭하였다고 한 것은, 실재는 '울릉 자산 양도 감세장鬱陵子山兩島監稅將'[27)이라고

---

24) 三田淸人, 「鳥取縣立博物館所藏竹島(鬱陵島)·松島(竹島/獨島)關係資料」, 『竹島問題に關する調査研究－最終報告書』(松江, 2007, 竹島問題硏究會), 42쪽.
25) 下條正男, 앞의 책, 65쪽.
26) 下條正男, 앞의 책, 66쪽.
27) "假稱鬱陵子山兩島監稅."(『肅宗實錄』 肅宗 22年 9月 壬戌(25日)條)

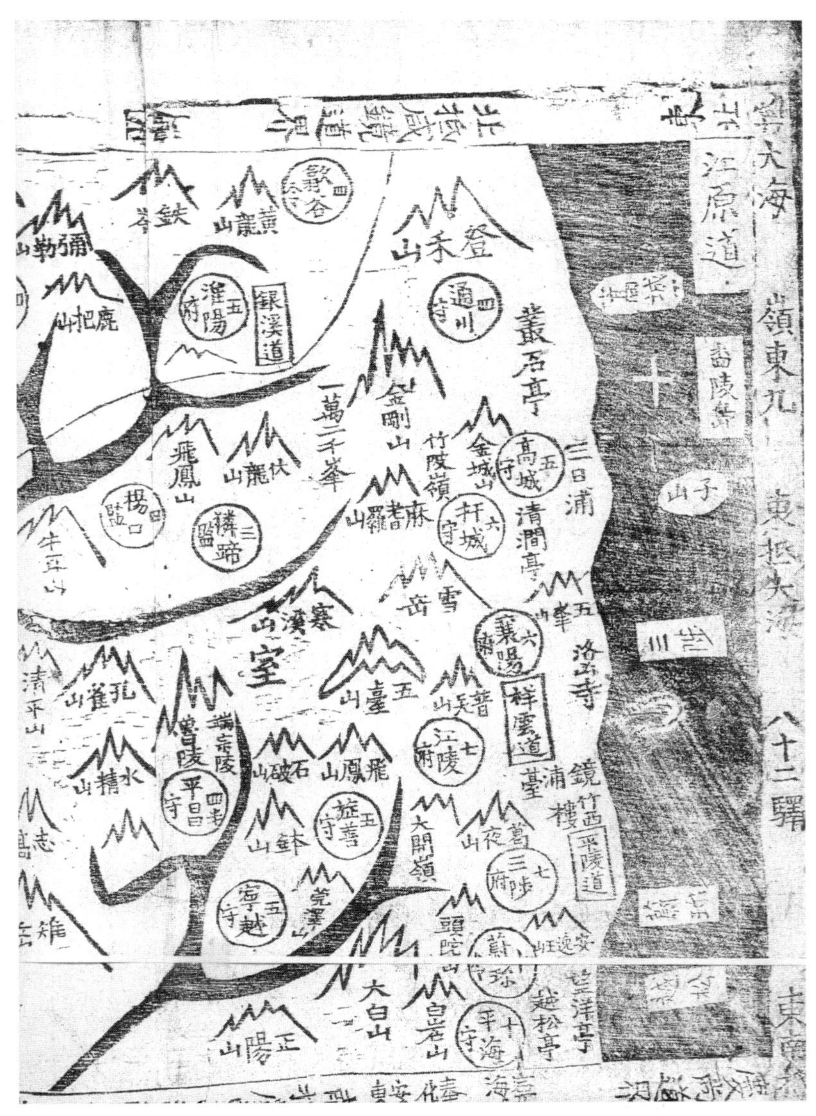

〈지도 1〉 「천하도」의 강원도 지도

한 것이었다. 여기에서 그가 '자산도子山島'라고 한 것을 '우산도于山島'라고 한 것처럼 옮겨 적은 것도 재고되어야 마땅하다. 왜냐하면 안용복이 독도에 '자산도'라는 명칭을 붙인 것은, 그 나름의 특별한 의미가 있었다고 볼 수 있기 때문이다. 다시 말해 그는 '자산도'란 이름을 '소우산'이라고 하였으며,[28] 또 그 후에 위에서 제시한 「천하도天下圖」와 같은 지도[29]에서 '우산'이라고 하지 않고 '자산'이라고 방각한 지도들이 만들어졌으므로, 함부로 '우산'이라고 바꾸어서는 안 된다는 것을 지적해둔다.

이 문제는 어찌되었든, 이렇게 사료를 임의로 변개한 시모죠가 ㉠에서 한국의 역사 교과서가 신경준이 개찬한 『동국문헌비고』의 분주를 근거로 하여 독도를 울릉도의 부속 섬이라고 가르치고 있다고 하는 지적은 사실일까 하는 문제를 해명하기 위해, 이 부분에 대한 그의 언급을 좀 더 자세히 살펴보기로 한다.

그 논거로 하고 있는 것이, 1770년에 편찬된 『동국문헌비고』이다. 그 분주에는, "여지지輿地志에 이르기를, 울릉 우산 모두 우산국의 땅이다. 우산은 곧 왜의 이른 바 송도松島이다."라고 되어 있어, "울릉도와 우산도 모두 우산국의 땅으로, 우산도는 일본의 송도다."라고 기록되어 있다.

그런데 『동국문헌비고』는, 신경준申景濬의 『강계지疆界誌』를 저본底本으로 하고 있었다. 그래서 저본의 『강계지』를 보면, 해당 개소個所에는 "여지지에 이르기를, 일설에 우산 울릉 본래 한 섬"이라고 인용되어 있고, 『동국문헌비고』의 분주에 인용된 『여지지』와는 문장을 달리하고 있었던 것이다. 더욱이 신경준의 『강계지』에 인용된 『여지지』를, 원전인 유형원柳馨遠의 『동국여지지東國輿地志』에서 확인하여 보면, 거기에는 "일설에 우산 울릉 본래 한 섬"이라고 되어 있던 것이다.

이 사실은, 『동국문헌비고』에서 "우산도는 왜의 이른 바 송도이다."라고 한 분주는, 유형원의 『동국여지지』에서 유래한 것이 아니라, 『동국문헌비고』에서 날조되어 있었다라고 하는 것이다. 독도를 울릉도의 부속 섬이라고 하

---

28) 김정원 역, 「겐로쿠(元祿) 9(병자)년 조선 배 착안 한 권의 각서」, 『독도연구』 1(경산, 2005, 영남대독도연구소), 293쪽.
29) 김정원 소장 『천하도』 중의 강원도 지도 참조.

면서, 6세기 이래 한국 측의 영토라고 하는 근거는 붕괴되어 버렸던 것이
다.30)

　여기에서 시모죠는 사료의 전체적인 문맥을 이해하려고 하지 않
고, 자신의 논리 전개에 필요한 부분만을 인용하고 있다는 사실을 확
인할 수 있다. 우선 『동국문헌비고』의 분주는 신경준의 『강계지』를
저본으로 한 것인데, 이 책의 해당 개소에, "여지지에 이르기를 일설
에 우산 울릉 본래 한 섬"이라고 인용되어 있고, 『동국문헌비고』의
분주에 인용된 『여지지』와는 문장을 달리하고 있다는 것은 새빨간
거짓말이라고 하지 않을 수 없다. 이 부분의 원문을 그대로 인용한다
면 아래와 같다.

<자료 5>
　내가 살피건대, 여지지에 이르기를, "일설에는 우산과 울릉은 본래 한 섬
이라고 하나, 여러 지도와 책[圖志]들을 상고하면 두 섬이다. 하나는 왜倭가
이른 바 송도인데, 대개 이 두 섬은 다 우산국(의 땅)이다."라고 하였다.31)

　이것을 보면, 신경준이 "일설에 우산·울릉 본래 한 섬"이라고 한
유형원의 『동국여지지』를 살펴본 것은 사실이다. 하지만 이런 기록
에 의문을 가지고 "여러 지도와 책들을 상고하면 두 섬"이었다는 것
이고, 그 중의 하나는 "왜가 이른 바 송도인데, 대개 이 두 섬은 다
우산국(의 땅)이다."라는 것이다. 그러므로 신경준이 유형원의 잘못
된 기록을 고쳤다고 보아야 마땅하다.
　그런데도 시모죠는 『강계지』의 "여지지에 이르기를, 일설에 우산·

---

30) 下條正男, 앞의 글, 3쪽.
31) 이 부분의 원문은 "愚按 輿地志云 一說于山·鬱陵本一島 而考諸圖志 二島也.
　一則倭所謂松島 而蓋二島 俱是于山國也"이다(송병기, 앞의 책, 97쪽).

울릉 본래 한 섬"이라고 한 부분만 인용하고, 그 다음의 "여러 지도와 책[圖志]들을 상고하면 두 섬이다. 하나는 왜가 이른 바 송도인데, 대개 이 두 섬은 다 우산국(의 땅)이라고 하였다."라고 하는 부분은 인용하지 않은 채, 『동국문헌비고』의 문장과 다르다는 것을 지적하였다.

이와 같은 시모죠의 사료 변개는 바로 역사 왜곡의 한 단면을 보여준다고 해도 무방할 것이다. 그는 여기에서만 그런 것이 아니고, 그의 저서 『죽도는 일한日韓 어느 쪽의 것인가?』라는 저서에서도 똑같은 사료의 조작을 행하고 있어 독도 문제에 관한 사료 조작의 대가大家 내지는 역사 왜곡의 대가라고 부를 만한, 걸출한 인물이라고 하지 않을 수 없다.

그래서 그의 사료 조작의 실례를 하나 더 소개하기로 한다.

조선시대의 태종 17(1417)년 2월, 조선 정부는 울릉도에 건너가는 것을 전면적으로 금하면서, 울릉도에 사람이 살지 않게 하는 공도 정책空島政策을 취하기로 했다. 이 공도 정책은 원칙적으로 19세기 말까지 계속되었다.

울릉도로부터 섬사람들을 데리고 나오면서, 섬에 건너가는 것을 엄금한 것은, '가왜假倭(왜구倭寇를 가장하는 사람들: 인용자 주)'의 존재가 있었기 때문이다.

고려시대 말기부터 왜구가 조선 반도 각지를 습격하고 있었는데, 그 왜구 가운데에는 왜인을 가장하는 사람도 있었다. 오늘날 왜구라고 하면, 일본인에 의한 만행을 생각하게 되지만, 사실은 반드시 그런 것은 아니다. ㉮ 『세종실록』의 세종 28년(1446) 10월 임술壬戌 조에, 중추부 판사中樞府判事 이순몽이 "왜인은 12명에 지나지 않습니다. 그런데 본국의 백성이 왜인의 복장을 하고 무리를 이루어 난을 일으킨다."라고 상소하고 있는 것처럼, 후세에 왜구로 불리는 자들 중에는 일본인 행세를 하는 조선 반도 출신자들이 많이 포함되어 있었던 것이다.

울릉도도 예외는 아니다. ㉯ 『태종실록』의 태종 16년(1416) 9월 경인庚寅 조에 "혹시 왜를 빌려서 도적질을 했다."라고 기록되어 있는 것처럼, 과거에 울릉도의 섬사람이 왜구를 가장해서 건너편의 강원도와 경상도를 습격

<u>하면서, 약탈행위를 했던 적이 있었다.</u> 조선 정부에서는 그 역사적 사실을 바탕으로 해서, 왜구와 왜구 행세를 하는 사람들을 미연에 방지하기 위해서는 섬으로부터 섬사람들을 데리고 나와 일본 사람들과의 접촉을 끊는 것이 가장 유효한 방법이라고 생각했던 것이다.[32]

여기에서 시모죠가 인용한 『세종실록』과 『태종실록』의 해석이 거의 사료 조작에 가깝다는 사실을 지적하지 않을 수 없다. 먼저 밑줄을 그은 ㉮에서 말하고 있는 『세종실록』에 실려 있는 이순몽李順蒙의 상소문 내용은 아래와 같다.

<자료 6>
　신이 듣자옵건대, 전 왕조(고려왕조)의 말기에 왜구가 흥행하여 백성들이 살 수가 없게 되었습니다. 그러나 그 간의 왜인들은 1·2명에 지나지 않았습니다. 그런데 본국의 백성들이 거짓으로 왜인의 옷을 입고서 무리를 만들어 난을 일으켰으니, 이것도 또한 거울로 삼아 경계해야 하는 일입니다.[33]

이 상소문을 통해서 고려가 망하고 조선이 건국되는 사이에 나라의 기강은 해이해졌고, 민심의 동요도 극심했다는 것을 알 수 있다. 그런데 밑줄을 그은 ㉮는 두 부분으로 나누어 해석을 해야 한다. 그 이유는 전반부가 고려 때의 상황을 서술한 것이고, 후반부는 조선 초기의 상황을 서술하는 것이기 때문이다. 다시 말해 "전 왕조(고려왕조)의 말기에 왜구가 흥행하여 백성들이 살 수가 없게 되었습니다. 그러나 그 간의 왜인들은 1·2명에 지나지 않았습니다."라고 하는 것은 고려 말의 정황을 말한 것이고, "그런데 본국의 백성들이 거짓으로 왜인의 옷을 입고서 무리를 만들어 난을 일으켰으니, 이것도 또한 거울

---

32) 下條正男, 앞의 책, 22~23쪽.
33) "臣聞前朝之季, 倭寇興行, 民不聊生, 然其間倭人不過一二, 而本國之民, 假著倭服, 成黨作亂, 是亦鑑也."(『世宗實錄』 世宗 28年 10月 壬戌(28日)條)

로 삼아 경계해야 하는 일입니다."라고 하는 것은 본국, 곧 조선 초
기의 정황을 말했다는 것이다.

그러나 시묘죠 마사오는 고려 말과 조선 초의 상황을 하나로 연결
시켜 자기 논리를 전개하고 있다. 곧 "왜인은 12명에 지나지 않았습
니다. 그런데 본국의 백성이 왜인의 복장을 하고 무리를 이루어 난을
일으켰습니다."라고 하는, 이상한 해석을 하였다. 그리고 그는 "그 간
에 왜인은 1·2명에 지나지 않았습니다."라고 해석해야 하는 것을 "왜
인은 12명에 지나지 않았습니다."라는 해석을 하고 있어, 한문 해독
의 능력 그 자체를 의심하게 만들기도 한다.

위에서 인용한 이순몽의 상소문으로부터 고려 말에는 왜구가 발호
가 심했었는데, 그들 중에는 조선 사람들이 왜인을 가장하고 도적질
을 하는 무리들이 얼마간 존재했었다는 것을 확인할 수 있다. 그리고
이런 폐습이 조선에까지 이어져 그 시대의 사람들도 그런 짓을 하는
무리들이 있다는 것을 거울로 삼아 경계해야 한다[鑑戒]는 의미로 보
는 것이 올바른 해석이지 않을까 한다.

다음으로 시모죠가 예로 들고 있는 밑줄을 그은 ㉯의 『태종실록』
태종 16년(1416) 9월 2일 경인庚寅 조의 기록은 다음과 같다.

<자료 7>
옛날에 방지용方之用이란 자가 있어 열다섯 가구를 거느리고 (무릉도武陵
島에) 들어가서 때로는 왜인을 가장하여 도둑질을 했다고 합니다.34)

이것은 방지용이란 사람이 열다섯 가구를 거느리고 무릉도, 곧 울
릉도에 들어가 살면서 왜구를 가장하여 도둑질을 했다는 내용이다.

---

34) "昔有方之用者率十五家入居, 時或假倭爲寇."(『太宗實錄』 太宗 16年 9月 庚
寅(2日)條)

그런데도 시모죠는 방지용이라는 주어를 빼고 "때로는 왜인을 가장하여 도둑질을 하였다."는 부분만 인용한 다음, 많은 조선 사람들이 왜구로 가장했다는 투로 사료를 왜곡하고 있다.

시모죠가 이 글에서 주어를 생략한 이유를 정확하게 알 수는 없다. 그렇지만 아마 왜인을 가장하여 도적질을 하는 무리들이 많았다는 사실을 강조하기 위해서 이와 같은 사료의 조작을 행한 것이 아닌가 한다. 사실 그는 "왜구와 왜구 행세를 하는 사람들을 미연에 방지하기 위해서는 사람들을 섬으로부터 데리고 나와 일본 사람들과의 관계를 끊는 것이 가장 유효한 방법이라고 생각했던 것이다."라고 하여, 왜구와 왜구 행세를 하는 조선 사람들을 같은 비중으로 다루고 있다.

물론 조선 사람들 가운데에도 먹고살기가 힘들어 왜구로 가장을 하여 노략질을 하던 사람들도 있었다는 것을 부정하지는 않는다. 하지만 실록의 몇 구절을 토대로 하여 이런 주장을 하는 것은 사료의 왜곡을 뜻한다고 보아도 무방하지 않을까 한다. 그리고 시모죠 마사오의 견해와 같이 왜인을 가장한 '가왜假倭'로 인해서, 섬사람들을 데리고 나온 뒤에 수토 정책을 실시했다는 주장에는 쉽게 동의할 수 없다. 왜냐하면 실록에서 이 '가왜'에 대한 기록이 그렇게 많지 않기 때문이다. 그것도 세조 2년 3월 정유丁酉(28일) 조35)의 기록과, 선조 25년 7월 경신庚申(3일) 조,36) 동 31년 4월 무오戊午(4일) 조,37) 동 32년 6

---

35) "且前朝之時, 契丹來侵, 最先(鄕) [嚮]導, 又詐爲倭形, 始起於江原道, 蔓延于
　　慶尙道, 至遣將以討平之."(『世祖實錄』 世祖 2年 3月 丁酉(28日)條)
36) "德馨曰 朝鮮八道兵馬强盛, 而曾不數旬, 乃至於此, 疑其爲假倭而云. 上曰 假
　　倭之言, 人假稱爲倭之云乎, 抑與倭同心之謂乎. 頃者祖摠兵咨文, 亦有不軌之
　　心之語, 以此見之, 則可知 其疑之也."(『宣祖實錄』 宣祖 25年 7月 庚申(3日)條)
37) "兵曹啓曰 唐官吳宗道在順天, 捕得倭二名, 被擄假倭我國人一名, 令其家丁,
　　押送經理, 提督, 昨日推問之後, 還爲逢授其家丁, 拘留於南大門內松峴人家,
　　而夜來其假倭逃亡."(『宣祖實錄』 宣祖 31年 4月 戊午(4日)條)

월 병오丙午(29일) 조[38]의 기록이 전부이다.

이와 같은 사실로 미루어 볼 때, 시모죠는 가능한 한 당시에 조선 정부에서 울릉도에 대해 수토 정책을 실시한 까닭이 왜구 때문만이 아니라, '가왜' 때문이었다는 것을 강조하려고 했다는 것을 알 수 있다. 그렇지만 이러한 그의 의도는 사료를 제대로 검토하지 않고 자기의 논리에 맞는 몇 구절만 자의로 골라내어 해석함으로써, 의도적인 왜곡을 하고 있음을 그대로 드러냈다고 하겠다.

여하간 시모죠는 한국의 역사 교과서에서 "신경준이 개찬한 『동국문헌비고』의 분주分注를 근거로, 독도를 울릉도의 부속 섬이라고 하고, 안용복의 진술을 역사의 사실로써 가르치고 있는 것이다. 하지만 그것은 날조된, 거짓의 역사"라는 사실을 증명하기 위해서 몇 가지의 사료 조작을 자행하였다. 먼저 안용복의 도일과 관련을 가지는 주변의 기록이나 상황들을 고려하지 않고, 『기죽도사략』에 기록된 단순한 사건 날짜의 순서에만 집착한 해석을 함으로써, 안용복을 거짓말 쟁이로 몰았다. 하지만 이런 사실은 나이토 세이쮸의 연구에 의해, 사실일 수 없다는 것이 밝혀졌다. 그리고 신경준이 『동국여지지』의 분주를 개찬하였다고 하는 시모죠의 주장은 사료를 제대로 검토하지 않고, 한국 측의 주장이 마치 날조된 것과 같이 보이게 하기 위해서 이루어진 사료의 왜곡이란 사실을 해명하였다.

이처럼 사료 자체를 왜곡하여 한국의 역사 교과서에서 날조된, 거짓의 역사를 가르친다고 하는 시모죠의 주장은, 일본 측의 독도 영유권에 대한 주장이 거짓이라는 것을 스스로 증명해준다고 보아도 좋을 것이다. 이렇게 말하는 이유는 시모죠가 인용한 사료들은 있는 그

---

38) "經理都監啓曰　水兵守備李應昌所獲假倭二名, 昨日來到, 經理批下孫中軍, 會同陪臣査勘云, 臣喜招來盤問, 則乃昌原, 梁山等地居民也."(『宣祖實錄』 宣祖 32年 6月 丙午(29日)條)

대로가 아니라, 그의 편의에 의해 재단되고 왜곡되었다는 사실이 구명되었기 때문이다. 이를테면 안용복이 현재의 독도를 '자산도'라고 한 것을 '우산도'라고 했다고 하는 것이라든지, 신경준의 『강계지』를 제대로 읽지도 않고 개찬 운운하는 것이 그러한 예에 속한다고 할 수 있다.

따라서 죽도 문제 연구회의 좌장을 맡고 있는 시모죠 마사오의 이런 논리로 일본의 독도에 대한 영유권을 주장하는 것은 설득력이 없다는 것을 입증하였다고 보아도 좋지 않을까 한다. 곧 사료를 조작하여 자기들의 주장이 정당하다고 하는 시모죠 류의 주장은 도저히 용납될 수 없는 거짓말이라고 하지 않을 수 없다는 것이다.

4. 고찰의 의의

이제까지 시마네현에서 설치하여 시한적으로 운영했던 죽도 문제 연구회의 최종보고서 안에서, 이 연구회의 좌장을 맡고 있던 시모죠 마사오란 사람이 쓴 「죽도의 날 조례로부터 2년」이란 권두언卷頭言에 해당되는 글의 허구성을 살펴보았다. 사실을 잘 모르거나, 독도 문제에 별로 관심이 없는 사람들이 이 글을 읽는다면, 한국이 독도에 대하여 영유권을 주장하고 있는 것은 사리에 맞지 않는다고 생각할지도 모른다.

그러나 그렇다고 해서 역사적인 사실을 왜곡하거나 사료를 조작·재단하는 것은 학자로서 할 일이 아니란 사실을 일깨우기 위해서 시모죠가 왜곡한 자료의 한 단면을 고찰하였다. 그리하여 얻은 결과를 간단하게 요약하면 다음과 같다.

우선 이 연구회에서 집중적으로 조명한 것들 중의 하나가 태정관

太政官 문서에 들어 있는 "죽도 외 1도는 우리나라와 관계가 없다."는 것이었다. 그리고 또 다른 하나가 한국이 오늘날 독도를 가리키는 '우산도'가 울릉도에 부속된 섬이라고 하는 주장은 안용복의 증언에 바탕을 둔 것이지만, 이것은 안용복의 허언虛言과 그것을 믿고 사료를 개찬한 신경준 때문이라는 것이었다. 그러니까 말을 바꾸면, 태정관의 지령안과 우산도(독도)가 울릉도의 부속 섬이라고 하는 한국의 주장이 그들의 영유권 주장에 가장 문제가 된다는 것을 나타낸다고 보지 않을 수 없다. 그래서 이것들에 대한 시모죠의 주장이 어떤 모순을 지니고 있는가 하는 것을 밝혔다.

우선 시모죠는 사료를 자기 마음대로 고친다는 사실을 확인하였다. 그는 태정관의 지령안에서 "죽도 외 1도"라고 한 것을 "죽도 타 1도"라고 하였다. 이것은 의미상으로 보아 크게 차이가 없는 것일지는 모르지만, 역사적 사실을 구명하는데 있어, 임의로 이렇게 글자를 바꾸는 것은 바람직한 일이 아님은 두 말할 나위도 없을 것이다.

그리고 『숙종실록』에 안용복이 '울릉 자산 양도 감세장'이라고 했었다는 기록을 '울릉 우산 양도 감세'라고 사칭하였다고 하여, 안용복이 '자산도子山島'라고 불렀던 것을 '우산도于山島'라고 한 것처럼 옮겨 적은 것도 재고되어야 마땅하다. 왜냐하면 안용복이 독도에 '자산도'라는 명칭을 붙인 것은, 그 나름의 특별한 의미가 있기 때문이다. 다시 말해 그는 '자산도'란 이름을 '소우산'이라고 하였고, 그 후에 「천하도天下圖」에서와 같이 '우산'이라고 하지 않고 '자산'이라고 방각한 지도들이 만들어졌으므로, 함부로 '우산'이라고 바꾸어서는 안 된다는 것을 지적해둔다.

다음으로 일본의 독도 영유권 주장에 방해가 된다고 하여, 태정관에서 내린 지령안 속의 "죽도 외 1도"를 "존재하지 않은 죽도(아르고노트 섬)와 현재의 울릉도"라고 하는 어불성설의 해석을 한 것은 사료를 조작한 사실의 왜곡이었다는 것을 구명하였다. 이 사실의 구명에는 내무성에서 첨부한 자료들과 지도들을 도외시하고 이와쿠라 도모미가 일부러 엉터리 지도를 참조했다는 것은 언어도단의 논리이기 때문이었다.

또 안용복을 거짓말쟁이로 몰기 위해서『기죽도사략』의 단순한 사건 날짜에만 얽매인 듯한 논리의 전개는 많은 무리가 뒤따른다는 사실도 아울러 살펴보았다. 특히 이 문제의 해명을 위해서는 나이토 세이쮸의 연구를 그대로 인용하였다. 나이토는 일본의 고문서에 정통하고, 그 논리에 무리가 없었기 때문이었다. 마지막으로 시모죠는 신경준이『동국여지지』를 개찬하였다고 주장하고 있으나, 이것은『강계고』에 기록된 앞부분만을 인용하고 뒷부분은 인용하지 않은 것이었으므로 사료를 왜곡했다는 사실을 밝혀낼 수 있었다.

이렇게 볼 때, 시모죠 마사오란 사람은 어떤 사실을 객관적으로 연구하는 사람이 아니라, 여러 자료들을 자기 마음대로 재단하여 적당하게 짜깁기를 하는 재단사와 같은 일을 하는 사람이라고 하지 않을 수 없다고 하겠다. 따라서 이런 사람이 독도 문제를 객관적으로 연구한다는 것은 처음부터 불가능했을지도 모른다. 그럼에도 불구하고 일본의 시마네현이 죽도 문제 연구회란 것을 만들어 시모죠를 좌장으로 앉힌 것은 역사적 사실을 구명하겠다는 것이 아니고, 사실을 왜곡하는 일을 획책했다고 할 수밖에 없다는 것을 지적해둔다.

제2절 독도 강탈을 둘러싼 궤변의 허구성
-죽도 문제 연구회의 메이지 시대 자료에 대한 연구를 중심으로 한 고찰-

1. 문제의 제기

일본의 시마네현이 '죽도 문제 연구회'란 것을 설치하기 위하여 그 요강을 만들어 시행에 옮긴 것이 2005년 6월 6일이었다. 이 요강에 입각해서 설치된 동 연구회의 좌장은 시모죠 마사오下條正男가 맡았고, 부좌장은 스기하라 다카시杉原隆가 맡았다. 그리고 처음부터 연구회원으로 참여한 사람은 후니스기 리키노부船杉力修를 비롯한 7명이었다.[1]

이렇게 만들어진 동 연구회로부터 2006년 3월에 중간보고서[2]가 나왔고, 2007년 3월에는 최종 보고서[3]가 제출되었다. 전자가 주로 독도와 관련을 가진 자료 및 사료의 정리에 치중한 것이었다고 한다면,[4] 후자는 동 연구회에 참가한 연구위원들과, 그 설치의 취지에 찬

---

1) 竹島問題研究會, 「竹島問題研究會設置要綱」, 『竹島問題に關する調査研究-中間報告書』(松江, 2007, 竹島問題研究會), 274쪽.
2) 본래의 이름은 『竹島問題に關する調査研究-中間報告書』이다.
3) 본래의 이름은 『竹島問題に關する調査研究-最終報告書』이다.
4) 중간보고서에도 위원에 의한 연구 레포트라고 하여, 다음과 같은 5편의 글이 실려 있다.
   ① 內田文惠, 村上家古文書「元祿九(丙子)年朝鮮舟着岸一卷之覺書」讀み下し.
   ② 谷口博繁, 鳥取藩政資料から見た竹島問題(安龍福の來藩の記錄).

성을 하여 참여한 쯔카모도 다카시塚本孝5)의 연구 결과를 취합한 것이었다고 할 수 있다.

이와 같은 그들의 연구 결과에 대해서는 이미 몇 편의 비판적인 논고가 발표된 바 있다. 특히 일본의 나이토 세이쮸內藤正中는 중간보고서의 문제점을 지적한 「시마네현 죽도 보고서에 이의 있음」6)이란 글을 비롯하여, 최종보고서에 대해서는 「죽도 문제 보유－시마네현 죽도 문제 연구회 최종 보고서 비판」7)이란 논문을 발표하여, 독도 문제에 끊임없는 관심을 표시해오고 있다. 또 최장근崔長根은 「독도 영유권의 일본적 논리 계발의 유형－죽도 문제 연구회를 사례로」8)

---

③ 船杉力修, 繪圖·地圖からみる竹島 － 韓國側の史料を事例として －.

④ 杉原隆, 日本·韓國間の漂流の歷史と竹島問題.

⑤ 福原裕二, 竹島/獨島關係史·資料目錄.

5) 일본의 국회도서관 참사관인 그는 일찍부터 독도를 자국의 영토라고 주장하던 사람들 가운데 한 사람으로 다음과 같은 논고들이 있다.

   ① 「サンフランシスコ條約と竹島」, 『レファレンス』 389(東京, 1983, 國立國會圖書館調査立法考査局)

   ② 「竹島關係旧鳥取藩文書および繪圖(上)」, 『レファレンス』 411(東京, 1985, 國立國會圖書館調査立法考査局)

   ③ 「竹島關係旧鳥取藩文書および繪圖(下)」, 『レファレンス』 412(東京, 1985, 國立國會圖書館調査立法考査局)

   ④ 「平和條約と竹島(再論)」, 『レファレンス』 518(東京, 1994, 國立國會圖書館調査立法考査局)

   ⑤ 「竹島領有權問題の經緯」, 『調査と情報』 244(東京, 1994, 國立國會圖書館調査及び立法考査局)

6) 內藤正中, 「島根縣竹島報告書に異議あり」, 『鄕土石見(71)』(石見, 2006, 石見鄕土硏究懇談會), 2~12쪽.

7) 內藤正中, 「竹島問題補遺-島根縣竹島問題研究會最終報告書批判」, 『北東アジア研究』 26(鳥取, 2007, 鳥取短期大學北東アジア研究所), 1~24쪽. 이 논문은 영남대학교 독도연구소에서 간행하는 『獨島研究』 3, 37~80쪽에 번역을 하여 실었음을 밝혀둔다.

8) 최장근, 「독도 영유권의 일본적 논리 계발의 유형－죽도문제연구회를 사례

라는 논고를 통해서 연구회의 인적 구성과 그 활동 상황을 간략하게 정리한 바 있고, 필자도「끝없는 위증僞證의 연속 – 시마네현 죽도 문제 연구회 최종 보고서의 문제점」9)이란 글을 통해서 동 연구회의 좌장인 시모죠 마사오의「죽도의 날 조례로부터 2년」10)이라는 글이 지니고 있는 문제점을 집중적으로 검토한 바 있다. 또 호사카 유지保坂祐二는「竹島 문제 연구회 최종 보고서의 문제점 – 태정관 지령문을 중심으로」11)란 논문을 발표했다. 그는 이 글에서 태정관 문서에 나오는 "죽도 외 1도는 우리나라와 관계가 없다."라는 문구에 대해, 동 연구회에서 행한 왜곡된 해석을 철저하게 분석하였다.

그러나 아직까지 동 연구회의 최종 보고서가 안고 있는 문제점을 전체적으로 검토한 논문은 나오지 않고 있다. 그래서 그들이 최종 보고서에서 제시한 메이지 시대明治時代에 나온 독도에 대한 자·사료에 대한 해석의 문제점들을 보다 심도 깊게 고찰하기로 한다. 이들 자료를 고찰하는 이유는, 동 연구회의 연구위원들이 자기 나라 자료들의 자의적인 해석을 통해서 사리에 맞지 않는 추론을 하고 있기 때문이다. 다시 말해 일본이 독도를 강탈했다는 엄연한 역사적 사실을 호도하기 위해 갖가지 방법을 동원하여 거짓말을 일삼고 있다는 것을 해명하겠다는 것이다.

로」,『일어일본학』36(서울, 2007, 일본어일본문학회), 409~430쪽.

9) 김화경,「끝없는 위증의 연속 – 시마네현 죽도문제연구회 최종보고서의 문제점」,『독도연구』3(경산, 2007, 영남대학교 독도연구소), 1~36쪽. 이 책의 제1장 제1절에 '반복되는 일본 측의 사료 왜곡과 그 해석'으로 제목을 바꾸어 실었다.

10) 下條正男,「竹島の日から二年」,『竹島問題に關する調査硏究-中間報告書』(松江, 2007, 竹島問題硏究會), 3~8쪽.

11) 호사카 유지,「다케시마 문제연구회 최종보고서의 문제점」,『독도=다케시마 논쟁』(서울, 2008, 보고사), 225~251쪽.

2. 대한제국의 「칙령 제41호」의 죽도, 석도문제

　일본이 독도를 자국의 영토로 편입한 조처가 국제법적으로 정당했다는 사실을 증명하기 위해서는, 우선 독도가 임자가 없는 섬이었다는 것이 전제되지 않으면 안 된다. 이런 전제를 염두에 두고, 그들은 1905년 1월 28일의 내각회의에서 다음과 같은 결정을 하였다.

　　<자료 1>

　　별지 내무대신이 논의를 요청한 무인도 소속에 관한 건을 심사함에, 우右12)는 ㉠ 북위 37도 9분 30초, 동경 131도 55분, 오키도隱岐島에서 떨어져 서북으로 85리에 있는 무인도는 다른 나라에서 이를 점령했다고 인정할만한 형적이 없고, 재작년(메이지明治 36년) 우리나라 사람 나카이 요사부로中井養三郎라는 자가 어사漁舍를 지어 인부를 데리고 가서 고기잡이하는 도구를 갖추어 강치 잡이에 착수하였는데, 이번에 영토 편입과 함께 대여를 출원하였는바, 이 계제에 소속 및 섬 이름을 확정할 필요가 있음으로 당해 섬을 죽도竹島라고 이름 붙이고 지금부터 시마네현 소속 오키도사隱岐島司의 소관으로 하려고 한다고 함으로, 그리하여 심사하건대 ㉡ 메이지 36년 이래 나카이 요사부로란 자가 당해 섬에 이주하여 어업에 종사한 일은 관계 서류에 의해 명백한 바이어서 국제법상 점령의 사실이 있는 것으로 인정하여 이를 우리나라 소속으로 하고 시마네현 소속 오키도사의 소관으로 하여도 지장이 없을 것으로 생각하여, 이에 논의를 청한 대로 결정을 하는 것이 옳다고 인정한다.13)

---

12) 원문이 세로로 쓰여 있기 때문에, 이렇게 우右라고 적었다.

13) "別紙 內務大臣 請議 無人島所屬ニ關スル件ヲ審査スルニ右ハ北緯三十七度九分三十秒東經百三十一島五十分隱岐島ヲ距ル西北八十五里ニ在ル無人島ハ他國ニ於テ之ヲ占領シタルト認ムヘキ形跡ナク一昨三十六年本邦人中井養三郎ナル者ニ於テ漁舍ヲ構ヘ人夫ヲ移シ獵具ヲ備ヘテ海驢獵ニ着手シ今回領土編入並ニ貸下ヲ出願セシ所此際所屬及島名ヲ確定スルノ必要アルヲ以テ該島ヲ竹島ト名ケ自今島根縣所屬隱岐島司ノ所管ト爲サントスト謂フニ在リ依テ審査スルニ明治三十六

이와 같은 내각회의의 결정은 당시에 내무대신이었던 요시카와 아키마사芳川顯正의 「무인도 소속에 관한 건」이라는 요청을 받아들여 행해졌다. 그런데 밑줄을 그은 ㉠에서 보는 것처럼 그들이 독도를 자국의 영토로 편입한 것은 다른 나라에서 이를 점령했다고 인정할만한 형적이 없다는 것이었다. 그들은 이것을 국제법상에서 주인이 없는 땅을 먼저 점령한, 이른바 '무주지 선점無主地先占'에 해당된다고 떠벌리고 있다. 이렇게 무주지를 선점한 근거로 ㉡에서는 나카이 요사부로라는 자기 나라 사람이 1903년부터 독도에 이주를 하여 어업에 종사했다는 사실이 국제법적으로 점령에 해당된다는 이유를 들었다.

그러나 이러한 그들의 주장이야말로 명백한 거짓말이었다. 왜냐하면 독도는 이미 대한제국이 1900년 10월 25일에 칙령 제41호로 이 섬을 울도 군수의 관할로 한다는 사실을 관보에 게재하여 내외에 널리 알렸기 때문이다.

<자료 2>
울릉도를 울도로 개칭하고 도감島監을 군수로 개정한 건
제1조 울릉도를 울도鬱島라 개칭하여 강원도에 부속하고, 도감을 군수로 개정하여 관제 중에 편입하고, 군 등郡等은 5등으로 할 것.
제2조 군청 위치는 태하동으로 정하고, 구역은 울릉 전도와 죽도, 석도石島를 관할할 것.[14]

이 칙령을 통해서 당시의 대한제국 정부는 울도 군수가 관할하는 지역이 울릉전도와 죽도, 그리고 오늘날의 독도인 석도임을 명확하

年以來中井養三郎ナル者カ該島ニ移住シ漁業ニ從事セルコトハ關係書類ニ依リ明ナル所ナレハ國際法上占領ノ事實アルモノト認メ之ヲ本邦所屬トシ島根縣所屬隱岐島司ノ所管ト爲シ差支無之儀ト思考ス依テ請議ノ通閣議決定相成可然ト認ム.”(『公文類聚』第29編 卷1, 1906, 竹島編入の閣議決定文)
14) 「대한제국 관보」 제1726호(1900년 10월 27일).

게 했다는 사실을 확인할 수 있다. 그렇지만 일본 사람들은 여기에서 말하는 '석도'는 '독도'가 아니라, 울릉도와 죽도 사이에 있는 '관음도觀音島'를 가리킨다고 억지 주장을 펴고 있다.

이러한 억지는 죽도 문제 연구회의 위원인 사사키 시게루佐佐木茂가 최종 보고서에 실은 「영토 편입에 관련된 제 문제와 자·사료」라는 글에서도 그대로 이어졌다. 이처럼 일본 측에서 '석도'를 '관음도'라고 우기는 것은 그들이 주장하는 죽도의 영토 편입이 한국의 독도를 강탈했다는 사실을 역설적으로 말해주는 증거가 될 수도 있다. 환언하면 칙령에서 지적한 석도가 독도라고 한다면, 한국의 영토인 독도에 자기네가 죽도라는 이름을 붙여 그것을 탈취했다는 것을 인정하는 결과를 초래하게 된다. 그러므로 그들은 석도가 독도가 아니라 관음도라는 주장을 굽히지 않고 있다. 사사키 시게루도 이러한 일본 측의 논리를 그대로 답습한 것이었다.

여기(울릉도에는 죽도와 석도라는 부속 섬이 있었다는 것: 인용자 주)에 대해, 울릉도의 현지조사에 참가한 후나스기 위원은 다음과 같은 견해를 나타내고 있다.

· 지도의 분석
『한국수산지韓國水産誌』 제3책 1909년
수록 울릉도 전도: 죽서, 서항도鼠項島(관음도)뿐.
육지측량부 발행의 5만분의 1 지형도 「울릉도」(1917년 발행)
섬의 기재가 있는 것은 죽서, 관음도, 위도(북정암), 일본입도—本立島(죽암竹岩)밖에 없다.
지형도를 보더라도, 섬島과 바위岩와의 차이는 일목요연하다.
※ 섬의 면적
죽서: 0.208㎢ 관음도: 0.07㎢(죽서의 약 3분의 1)
독도(죽도) 전도全島: 0.187㎢(동도東島 0.073㎢, 서도西島 0.089㎢)
→ 현지조사의 결과
울릉도에 부속되어 있는 암초岩礁, 섬이 분포

암초는 많이 존재하고 있으나, 섬이라고 부르는 것은 죽서, 관음도밖에 확인되지 않았다.

섬과 바위와는 경관 상에도 명확하게 구별되었다.

※ 한국 측의 주장에서 섬과 암초와는 명확하게 구분이 되지 않는다고 하는 것은 분명하게 잘못된 지적이다.

→ 현지조사의 결과, 석도는 관음도일 가능성이 높으며, 독도가 아니란 것을 알았다.

※ 석도가 독도(죽도)일 가능성은 대단히 낮다.

이처럼 칙령 제41호의 '죽도'는 '죽서'이고, '석도'는 '관음도'를 가리킨다고 생각하는 것이 타당할 것이다.[15]

이상과 같은 사사키의 주장은 사실에 바탕을 둔 것이 아니라, 후나스기 리키노부船杉力修의 견해를 근거로 한 것이었다. 이곳에서 사사키가 자기 주장의 논거論據로 이용한 후나스기란 사람은 역사지리학을 전공한 시마네 대학島根大學 법문학부의 조교수이다. 그렇기 때문에 독도 문제에 조예가 깊을지도 모르지만, 이 연구회에 참여하기 이전에 독도에 대한 논문을 발표한 적은 거의 없는 것 같다.

그런데 문맥으로 보아 후나스기가 인용했을 것이라고 생각되는 『한국수산지』에 기록된 울릉도는 3책에 있는 것이 아니라, 2집輯 제3장 경상도(남도) 제15절 울도군鬱島郡 조에 실려 있다. 그리고 그 발행연도도 1909년이 아니고 1910년이다. 이러한 이 책의 울도군 조에는 "주변에는 수많은 바위섬岩嶼들이 있다. 제일 큰 것은 북동쪽에 떠있는 죽서竹嶼라고 하는 것으로 가장 높은 곳이 424척呎이고, 이 다음의 것은 그 북쪽 곧 본 섬 북동 방향의 끝에 접하여 떠있는 서항도鼠項島이며, 북쪽 연안의 약간 중앙에 활 모양의 문으로 된 하나의 바위가 있

---

15) 佐佐木茂, 「領土編入に關わる諸問題と資·史料」, 『竹島問題に關わる調査研究 – 最終報告書』(松江, 2007, 竹島問題研究會), 58~59쪽.

어 공암孔岩이라고 이름 붙여져 대단히 뛰어나다."[16]라고 기록되어 있다.

그러나 이 책의 울도군 조에 울릉도와 죽서, 서항도가 기록되어 있다고 해서 서항도, 곧 관음도가 석도라고 우기는 것은 논리에 맞지 않는 주장이라는 것을 지적하지 않을 수 없다. 왜냐하면 이러한 주장의 타당성을 입증하기 위해서는 이 섬이 서항도로 기록되기 이전에 석도라고 불렀다는 명확한 증거가 제시되어야 마땅하다. 그리고 그뿐만이 아니라, 불과 10년 사이에 섬의 이름이 바뀐 이유도 명백하게 구명되어야 하기 때문이다. 다시 말해 대한제국 칙령 제41호가 공포된 1900년에 석도라고 명명했던 것을, 왜 『한국수산지』 2집이 발행된 1910년에 서항도라고 바꾸어 불러야만 했는가 하는 문제에 대해 명확한 해명이 있어야 한다는 것이다.

그런데도 이런 이유는 밝히지 않은 채, 시모죠 마사오를 위시한 일본의 학자들은 대한제국 칙령 제41호에 명시된 석도가 관음도라고 우기는 것은 석도가 독도가 아니란 것을 주장하기 위한, 하나의 수단에 지나지 않는다고 하겠다. 그렇지 않고서는 철저한 분석을 좋아하는 일본의 학자들이 이 문제만은 확실한 근거도 제시하지 않고 석도가 관음도라고 주장할 하등의 이유가 없을 것이다. 쉽게 말해 자기들이 강탈한 독도가 한국의 영토가 아니란 것을 주장하려고 하다 보니, 이렇게 증거도 없는 억지를 부리게 되었다고 볼 수밖에 없다고 할 수 있다.

실제로 『한국수산지』 1집 지리편의 제7장 연안沿岸 수로고시水路告示 제2,094호[17]로 아래와 같이 독도에 해당되는 '죽도'가 실려 있다.

---

16) 농상공부 수산국편 ㉡, 『한국수산지』 2(서울, 1910, 인쇄국), 707쪽.
17) 독로고시의 번호는 일본정부의 번호에 의한 것이다(농상공부 수산국편 ㉠, 『한국수산지』 1(서울, 1908, 일한인쇄주식회사), 4쪽).

일본 혼슈本州 북서안北西岸 오키 열도隱岐列島 북서방
죽도(Liancourt rock)의 정 위치
기사 메이지明治 41년 남부의 측량에 의하면 오키 열도 북서 약 80해리海里
에 있는 죽도(Liancourt rock, 두 섬 및 몇 개의 바위로 되어 있다.)의 정위치는 아래
와 같다.
위치 당해 두 섬 중의 동쪽 섬(여도女嶋)
북위北緯 37도 14분 18초. 동경 131도 52분 22초.[18]

앞에서 이미 사사키나 후나스기는 울도군 조에 독도가 기록되어
있지 않다는 것을 근거로 하여, 석도가 독도가 아니라고 주장한다는
것을 소개한 바 있다. 그러면『한국수산지』2집보다도 2년 먼저 간행
된 1집에 위에서와 같이 죽도, 곧 리앙코르도 열암(Liancourt rock)이 기
록되어 있다는 것은 무엇을 말하는가?

후나스기 리키노부는『한국수산지』에 실려 있는, 이 기록에 대해
서는 직접적인 언급을 하지 않고 있다. 하지만『조선수로지』에 기록
되어 있는 것에 대해서는 이렇게 언급하고 있다.

한국 측과 일본의 일부 연구자는, 현재의 죽도가『조선수로지』에 기재되
어 있는 것을 가지고, 일본 정부가 현재의 죽도를 조선 령으로 인식하고 있
었다고 지적하고 있지만, 만약 그렇다고 한다면 나호도카 곶串까지 조선 령
이 되어 버린다. 하지만 그러한 역사적 사실은 없다. 또 조선국의 동한東限
은 울릉도로 하고 있으며, 현재의 죽도는 속도가 아니라, 단독의 바위로 기
록되어 있는 것이다. 이러한 것으로부터 수로부水路部, 나아가서는 일본 정
부는 죽도를 조선 령이라고는 인식하고 있지 않았던 것을 알 수 있다.[19]

그러나 후나스기의 이와 같은 언급도 역시 허구에 지나지 않는다

---

18) 농상공부 수산국편 ㉠, 앞의 책, 110~111쪽.
19) 船杉力修,「繪圖・地圖からみる竹島」Ⅱ,『竹島問題に關する調査硏究－最終報
告書』(松江, 2007, 竹島問題硏究會), 154~155쪽.

고 할 수 있다. 그 이유는 『조선수로지』에는 조선국의 동한, 곧 동쪽 끝을 울릉도로 한다는 기록은 찾아볼 수가 없기 때문이다. 또 후나스기가 독도에 해당되는 리앙코르도 열암이 『조선수로지』에서 울릉도의 속도로서가 아니라, 단독으로 기록되었다는 것[20]을 언급하면서도, 위에서 제시한 것처럼 『한국수산지』에 독도에 해당되는 죽도가 기재되어 있다는 것을 지적하지 않은 것도 그 저의가 의심스럽다고 하지 않을 수 없다.

저자는 『한국수산지』에 독도가 실려 있다는 것은 당시에 대한제국 정부가 석도라고 불렀던 독도를 자국의 영토로 인정했다는 증거라고 생각한다. 특히 그들은 한국을 합병하기 이전에 서둘러서 4권으로 된, 이 책을 발간했다. 이것은 한국의 수산자원을 수탈하기 위한 자원 조사의 성격을 가졌었다는 사실을 말해준다.

그래서 당시에 한국 통감부 참여관이면서 농상공부農商工部 차관이었던 기우치 쥬시로木內重四郎가 쓴 『한국수산지』 1집의 서문을 살펴보기로 하겠다.

<자료 3>

수산국 관리들로 하여금 두루 13도의 연안, 도서島嶼 및 하천을 돌아다니며 실상을 조사하고, 이사청理事廳 및 수산조합 소속의 기술원들과 협력하여 눈으로 직접 보고, 발로 뛰어 조사하기 1년 남짓, 이리하여 수집한 재료의 경개梗槪를 기록하여 재목을 붙인 것을 『한국수산지』라고 한다.[21]

---

20) 일본 해군 수로부에서 만든 『조선수로지』의 제4편 조선 동안東岸에는 리앙코르도 열암과 울릉도, 와이오다암 등 세 개의 도서가 기록되어 있는데, 와이오다암은 존재하지 않는다는 점을 고려하면, 후나스기처럼 단정을 내릴 수는 없다고 하겠다(水路部, 『朝鮮水路誌』 全(1894, 東京, 水路部), 255~258쪽).

21) 농상공부 수산국편, 앞의 책, 2~3쪽.

이 서문을 통해서 일제의 한국 수산자원에 대한 조사가 상당히 거국적으로 수행되었다는 사실을 확인할 수 있다. 곧 당시에 이미 한국의 연안에 나가서 고기를 잡고 있던 일본 어업자 단체인 조선해 수산조합[22]에 소속된 기술원들이 이 사업에 가담했었다. 그리고 통감부 관리들이 앞장서서 조사에 임했다는 것[23]은 이 조사가 통감부의 지원 아래 전국적으로 이루어졌다는 사실을 증명해준다.

이러한 이 사업을 관장했던 곳은 농상공부였고, 그 당시의 대신은 매국 7역신의 한 사람인 조중응趙重應이었다. 이런 사실을 감안한다면, 이것을 기획하고 실행했던 실질적인 책임자는 한국 통감부 농상공부의 차관이었던 기우치였음이 분명하다고 하겠다. 그리고 그런 자리에 있던 관리가 독도를 이 책에 수록하는 것을 인정했다는 사실은 그가 이 섬이 한국의 영토임을 확인하였다고 보아도 크게 무리는 없을 것이다.

3. 나카이 요사부로의 독도에 대한 인식

죽도 문제 연구회에서는 새로 발굴한 자료로 오쿠하라 헤키운奧原碧雲(원래의 이름 오쿠하라 후쿠이치奧原福市였다.)이 쓴 『죽도 경영자 나카이 요사부로 씨 입지전』[24]이 있다고 하면서, 그 내용을 공개하였다. 저자인 오쿠하라는 이미 『죽도 및 울릉도』[25]라는 저술이 있는데, 이 입

---

22) 농상공부 수산국편 ㉠, 앞의 책, 차례 다음 쪽에 있는 조선해 수산조합 본부의 설명 참조.

23) 조사 및 편집의 총무를 담당했던 사람은 농상공부 시술 수산과장이었던 이오하라 후미가즈庵原文一이었다(농상공부 수산국편㉠, 앞의 책, 본서의 유래 4쪽).

24) 다음부터는 『입지전』으로 줄여서 적기로 한다.

지전은 나카이로부터 직접 들은 것을 1906년에 정리한 것이라고 한
다. 그런데 그는 이 원고를 당시에 도쿄東京에서 발간되고 있던 『성공
-입지 독립 진보의 벗』이란 잡지에 투고하였으나, 지금으로서는 이
것이 동 잡지에 게재되었는지 어떤지는 확실하지 않다는 것이다.26)

  사사키는 이와 같은 이 자료에서 "동업同業(강치 잡이를 가리킴: 인용자
주)이 유망하다는 것을 탐지한 이시바시 마쓰타로石橋松太郎, 이구치 류
타井口龍太, 가토 쥬죠加藤重藏 제씨의 유력한 경쟁자가 나타나 경쟁 포
획의 폐단이 생겨나서, 강치 어업은 몇 년이 지나지 않아 절멸할 것
을 걱정하여, 어업 구역을 대여하고, 제한 포획의 필요성을 느꼈다."
는 것과, "덧보태어 해도海圖에 의하면 동 섬은 조선의 판도版圖에 속
함으로써, 일단 다른 나라 사람의 내습來襲을 만날 수도 있어 이것이
보호를 받는 길이 없다면, 이러한 사업을 향해 자본을 투자하는 것은
대단히 위험하다는 것을 헤아려, 조선 정부에 청원하여 혼자서 어업
권을 독점할 결심을 하였다."는 것이, 1904년 9월에 '리양코 섬 영토
편입과 대여원'을 내무·외무·농상무農商務 3대신에게 제출한 이유라
는 것을 밝히고 있다.27)

  이러한 이유에서 보는 것처럼, 그는 이상하게도 자기의 견해를 피
력하지 않고 오쿠하라의 견해만을 인용하고 있을 뿐이다. 그리하여
"해도에 의하면 동 섬은 조선의 판도에 속함으로써"라고 한 부분을
인용하여, 이런 인식 자체가 잘못되었다는 것을 은연중에 드러내려

---

25) 이 책은 1907년 報光社에서 출판되었던 것을 2005년 하-베스토出版에서
   복각되었다.
26) 塚本孝, 「奧原碧雲竹島關係資(奧原秀夫所藏)をめぐって」, 『竹島問題に關する調
   查研究, 最終報告書』(松江, 2007, 竹島問題研究會), 62쪽. 만약에 쯔카모도塚
   本의 지적과 같이 이 자료가 잡지에 투고하기 위해서 집필된 것이라고 한
   다면, 필자가 나카이를 영웅으로 부각시키기 위해 그 기술내용을 다소 부
   풀렸을 가능성이 있다는 것을 지적해둔다.
27) 佐佐木茂, 앞의 글, 59쪽.

고 하였다.

그런데 지금까지 나카이 요사부로는 독도를 한국의 영토로 알고, 그에 대한 대여원貸與願을 한국 정부에 제출하려고 했던 것으로 알려져 있다. 이런 상정은 그가 1910년 오키도청隱岐島廳에 제출한 자신의 「이력서」와 그것에 딸린 「사업 경영 개요」에 바탕을 둔 것이었다.

그래서 사업 개요의 이 부분에 대한 기록을 소개하기로 한다.

<자료 4>

① 본도本島가 울릉도에 부속하여 한국의 소령所領이 된다는 생각을 가지고, 장차 통감부統監府에 가서 할 바가 있지 않을까 하여 상경해서 여러 가지를 획책하던 중에, 당시에 수산국장인 마키 나오마사牧朴眞의 주의로 말미암아 반드시 한국 령에 속하지 않는다는 의심이 생겨서, 그 조정을 위해 가지가지로 분주히 한 끝에, 당시에 수로국장인 기모쯔키肝付 장군의 단정에 의거해서 본도가 완전히 무소속인 것을 확인하게 되었다. (그에) 따라 경영 상 필요한 이유를 자세히 진술하여 본도를 우리나라 영토에 편입하고 또 대여해 줄 것을 내무·외무·농상무의 3대신에게 출원하는 원서를 내무성에 제출하였다. 그랬더니 내무 당국자는 ② 이 시국(러·일 개전 중)에 즈음하여 한국 령의 의심이 있는 작은 일개 불모의 암초를 손에 넣어 환시環視의 제 외국에게 우리나라가 한국 병탄倂呑의 야심이 있다는 것의 의심을 크게 하는 것은 이익이 지극히 작은 데 반하여 사태가 결코 용이하지 않다고 하여, 어떻게 사정을 말하고 변명陳辯을 해도 출원은 각하되려고 하였으나, 이래서 좌절해서는 안 되는 것으로 곧 외무성에 달려가 당시에 정무국장인 야마자 엔지로山座圓二郎에게 가서 논하여 진술論陳한 바 있었다. 씨는 ③ 시국이야말로 그 영토 편입을 급하게 요청한다고 하면서, 망루를 세우고 무선 혹은 해저전신을 설치하면 적함 감시 상 대단히 그 형편이 좋아지지 않겠느냐, 특히 외교상 내무성과 같은 고려를 요하지는 않는다. 모름지기 급히 원서를 본 성本省에 회부해야 한다고 의기 헌앙하였다. 이와 같이 하여 본도는 우리나라의 영토로 편입되었다.[28]

---

28) "本島ノ鬱陵島ヲ附屬シテ韓國ノ所領ナリト思ハルルヲ以テ將ニ統監府ニ就テ爲ス所アラントシ上京シテ種種劃策中時ノ水産局長牧朴眞ノ注意ニ由リテ必ラズシモ韓國

이것은 나카이 요사부로가 직접 작성한 것이다. 따라서 밑줄을 친 ①에서 보는 것처럼, 당시에 나카이 자신은 독도가 울릉도에 속하는 한국의 영토라는 인식을 가지고 있었음이 확실하다.[29] 그리고 이런 인식은 메이지 정부의 태정관 문서에도 그대로 반영되어 있다는 점을 고려하면, 당시의 일반 일본 사람들은 거의 대부분이 독도가 한국의 영토라고 믿었다는 것을 말해준다.

바로 이런 사실을 입증하는 것이 밑줄을 그은 ②에서와 같은 내무성 당국자의 인식이었다. 당시에 내무성 당국자가 이와 같은 인식을 표방한 것은 이미 그 전에 이 섬에 대한 정확한 지식을 가지고 있었기 때문이었을 것으로 판단된다. 곧 내무성은 시마네현島根縣으로부터 「일본해(동해) 내의 죽도(울릉도) 외 1도의 지적 편찬에 관한 질의」를 받아서, 1877년에 이것을 태정관의 우대신右大臣이었던 이와쿠라 도모미岩倉具視에게 문의하였었고,[30] 이 문의에 대한 회답으로 "문의

領二屬セザルノ疑ヲ生ジ其調整ノ爲メ種種奔走ノ末時ノ水路部長肝付將軍斷定二賴リテ本島ノ全ク無所屬ナルコトヲ確カメタリ依テ經營上必要ナル理由ヲ具陳シテ本島ヲ本邦領土二編入シ且ツ貸付セラレンコトヲ內務外務農商務ノ三大臣に願出テ願書ヲ內務省二提出シタルニ內務當局者ハ此時局二際シ(日露開戰中)韓國領地ノ疑アル蕞爾タル一箇不毛ノ暗礁ヲ收メテ環視ノ諸外國二我國ガ韓國併呑ノ野心アルコトノ疑ヲ大ナラシムルハ利益ノ極メテ小ナルニ反シテ事體決シテ容易ナラズトテ如何二陳辯スルモ願出ハ將二却下セラレントシタリ斯クテ挫折スベキニアラザルヲ以テ直二外務省二走リ時ノ政務局長山座圓二郎氏二就キ大二論陳スル所アリタリ氏ハ時局ナレバコソ其領土編入ヲ急要トスルナリ望樓ヲ建築シ無線若クハ海底電信ヲ設置セバ敵艦監視上極メテ屈竟ナラズヤ特二外交上內務ノ如キ顧慮ヲ要スルコトナシ須ラク速カニ願書ヲ本省二回附セシムベシト意氣軒昂タリ此ノ如クニシテ本島ハ本邦領土二編入セラレタリ"(신용하 편저, 『독도영유권자료의 탐구』 2(서울, 1999, 독도연구보전협회), 262~263쪽)

29) 실제로 나카이는 1892년 한국의 전라도와 충청도 연해沿海를 탐험하면서, 잠수기潛水器를 가지고 돌아다녔던 것으로 보아, 독도가 한국의 영토라고 믿었던 것은 당연할지도 모른다(奧原碧雲, 「竹島經營者中井養三郎立志傳」, 『竹島問題に關する調査硏究 – 最終報告書』(松江, 2007, 竹島問題硏究會), 72쪽).

한 죽도 외 1도의 건에 대하여 우리나라와 관계가 없다는 것을 주지할 것"31) 이라는 지령문을 받아서 시마네현에 통보한 적이 있었다.

당시에 일반 일본 사람들이 이처럼 독도를 한국의 영토로 인식하고 있었음에도 불구하고, 독도를 강탈하려고 「영토 편입과 대여원」을 제출하라고 사주한 것은 외무성의 정무국장인 야마자 엔지로山座圓二郎였다. 밑줄 친 ③에서와 같은 그의 말은 일본의 속내[本音]를 그대로 드러낸 것이었다. 다시 말해 러일전쟁을 수행하는 과정에서 독도의 전략상의 가치를 인정하고 그것을 강탈했다는 사실을 증명한다고 하겠다.

독도가 전략적으로 중요한 가치를 가지고 있는 섬이라는 사실은 러일전쟁의 결말을 보면 잘 알 수가 있다. 러시아의 제2 태평양 함대 사령관 로제스트벤스키(Rozhdestvensky) 중장이 의식을 잃은 채 포로로 잡힌 곳이 울릉도 부근이고, 그를 대신해서 함대의 지휘권을 장악한 네보가토프(Nebogatov) 소장이 모든 주력 잔함殘艦을 이끌고 일본에 투항한 곳이 바로 독도 동남방 18마일 지점이었다는 사실32)은 독도가 러일전쟁의 수행 과정에서 전략상으로 어느 정도의 가치를 가지고 있었던가를 말해주는 좋은 증거가 아닐 수 없다.

그러나 만약에 이러한 사실을 그대로 인정한다면, 일본의 독도에 대한 영유권 주장은 새빨간 거짓말에 불과하다는 것을 스스로 인정하는 꼴이 되고 만다. 특히 죽도 문제 연구회란 것을 만들어 영토의 강탈에 정당성을 부여하려는 음모를 꾸미고 있는 시마네현으로서는 도저히 이것을 수긍할 수 없었을지도 모른다. 아니나 다를까? 그래서 그들은 오쿠하라 히데오奧原秀夫가 소장하고 있던 오쿠하라 헤기운奧

---

30) 송병기 편, 『독도영유권자료선』(춘천, 2004, 한림대출판부), 136~144쪽.

31) 송병기 편, 앞의 책, 155쪽.

32) 최문형, 「로일전쟁과 일본의 독도 점취」, 『역사학보』188(서울, 2005, 역사학회), 251쪽.

原碧雲이 나카이로부터 들은 것을 적었다고 하는 『입지전』에서, 나카이가 독도를 한국의 영토로 생각했었다는 것을 뒤집을 수 있는 문구를 찾아낸 것처럼 온갖 수선을 다 피우고 있다.

이 문제에 대해 사사키 시게루는 아래와 같은 견해를 피력하고 있다.

나카이 요사부로가 "동 섬은 조선의 판도에 속한다."고 인식했던 것에 관해서는, 『죽도 및 울릉도』(리양코 섬을 가지고 조선의 영토로 믿어)와 『사업 경영 개요』(본 섬이 울릉도에 부속하여 한국의 영토가 된다고 생각하는 것)에도 진술되어 있으나, 이 『입지전』에는 "해도海圖에 의하면"이라고 기록되어 있어, 당시의 해도에 의해 비로소 그런 인식에 이르렀다는 사실을 알 수가 있다. 이 해도는 『조선전안』이라고 생각되고 있는데, 후나스기船杉 위원에 의하면 "수로지水路誌, 해도의 작성 목적은 '조선의 범위를 나타내는 것이 아니라, 항행航行의 안전 확보'의 때문이다. 실제로 『조선수로지』에는 리앙코르도 열암列岩 부근에서는, 일본해(동해)를 통해서 하코다데函館로 향하는 배가 항해하는 항로에 해당하여 위험하다는 기록이 있다. 만약에 조선국이라고 한다면, 같은 『조선수로지』의 일본해 항목에 해당하는 연해주 부근의 <와이오다 암>도 조선 령이 된다. 또 해도(『조선전안』)에 기재된, 일본과 중국까지도 조선 령이라고 하는 것이 된다."고 지적하면서, 당시의 해도와 수로지에 관해서, 아래와 같이 정리하고 있다.

- '일본 혼슈本州 규슈九州 시코쿠四國'(해상보안청 소장)
  메이지 24년(1891) 간행
  메이지 3~23년 측량
  해군 측량, 영불로미英佛露米의 측량, 이노도를 근거로 하다.
  섬의 기재 울릉도(송도松島)
    리앙코르도 열암: 현재 죽도
    → 소속 불명, 국경을 표시하지 않았다.
- 『조선전안朝鮮全岸』
  메이지 29년(1896) 간행
  메이지 7~25년 측량
  해군 측량, 노영露英의 측량을 근거로 하다.

섬의 기재 울릉도(송도)
  리앙코르도 열암: 현재의 죽도
· 『조선수로지朝鮮水路誌』
메이지 27년(1894) 간행
메이지 7~25년 측량
메이지 13년(1880) 미우라 쮸고三浦重鄕 실험기, 영국 수로부 발행(1894) 지
나해수로지支那海水路誌를 근거로 하다: 조선 동안東岸
조선국의 범위(동한東限): 동경東經 130도 35분 → 울릉도의 동한.
도서, 암초의 기재(일본해)
  리앙코르도 열암: 현재의 죽도 → 울릉도의 속도가 아니라 단독으로
  기재.
  일본해, 하코다데 행의 항로가 됨, 이 부근은 위험하다고 기재.
울릉도(송도)
  와이오다섬: 러시아·나호토카 곳岬, 존재하지 않음.
· 해도·수로지의 목적
항행의 안전 보장을 위해
조선 령의 범위를 표시하는 것은 아니다.
더욱이 조선 령의 범위(동쪽 한계)를 울릉도로 하고 있다.
죽도를 울릉도의 속도가 아니라, 단독으로 기재하고 있다.
  → 수로부, 나아가서 일본 정부는 죽도를 조선 령으로 인식하지 않았
    다는 것을 알 수 있다.
  → 일본 정부가 조선 령이라고 알면서, 강제적으로 시마네현에 편입
    한 것은 아니다.

이상의 해도·수로지에 관한 후나스기船杉 위원의 조사·검토의 결과, 나카
이 요사부로는 『조선전안』을 보고, 오해했던 것이라고 생각된다. 또 당시의
수로부와 일본 정부도 죽도를 조선 령이라고 인식하고 있지 않았다는 것을
의미하고 있다고 생각된다.[33]

사사키의 이와 같은 주장도 대한제국 칙령 제41호에 나오는 석도

---

33) 佐佐木茂, 앞의 글, 59~60쪽.

에 대한 해석과 마찬가지로, 후나스기 리키노부의 견해에 바탕을 둔 것이었다. 그러므로 후나스기의 견해는 죽도 문제 연구회의 연구에 이론적 기틀을 제공했다고 할 수 있을 정도로 큰 비중을 차지했다고 하겠다.

실제로 후나스기는 해도 문제에 대해, "나카이 요사부로는 이 해도를 보고 당시 조선 령으로 인식했다고 보인다. 단지 해도에는, 국경선은 기록되지 않았고, 대마도, 이키壹岐, 히젠肥前, 나가토長門, 이와미石見 등, 우리의 규슈九州, 쮸고쿠中國 지방의 연안, 섬도 상세하게 그려져 있다. 따라서 해도『조선전안』에 수록된 범위가 조선 령이라고 하는 근거로는 되지 않는다."[34]라고 하였다.

그러나 이러한 후나스기의 주장은 자기가 전공한 역사지리학을 이용하여, 독도 강탈의 정당성을 강조하기 위한 억지에 불과하다고 할 수 있다. 왜냐하면 울릉도(송도)의 동쪽에 있는 독도(리앙코르도 열암)를 표시하기 위해 지도의 범위를 동쪽으로 더 넓힌 것과, 이렇게 하여 넓어진 범위에 들어간 일본의 영토는 전연 별개의 문제이기 때문이다.

또 그는『조선수로지』에 대하여, "조선 동안東岸의 기재는 메이지 13년(1880)『미우라 쮸고三浦重鄕 실험기』, 1894년 영국 수로부 발행『지나해수로지支那海水路誌』를 바탕으로 한다. 메이지 13년의 조사는, 죽도·송도 논쟁의 결착을 꾀하기 위해, 군함 아마키天城가 파견되었던 것으로, 조사의 결과 송도가 울릉도와 동일한 섬이라고 확인되었다. 따라서 울릉도, 죽도 주변의 측량은 구미, 특히 영국의 측량 결과를 근거로 했다고 생각된다. 이 사료에서는 제1편 총론 형세에서 조선국의 범위를 기록하고 있다. 조선국의 범위 동한東限은 동경東經 130도 35분이라고 적고 있다.『조선수로지』에서는 울릉도(중심)는 동경 130도 53분, 리앙코르도 열암(현재의 죽도)는 동경 131도 55분으로 하

---

34) 船杉力修, 앞의 글, 154쪽.

고 있는 것으로부터, 조선의 동한은 울릉도이며, 현재의 죽도는 들어가지 않는다는 것을 알 수 있다."[35]라고 하였다. 그렇지만 이와 같은 후나스기의 주장도 사실에 근거를 둔 것이 아니라, 자기 논리의 전개를 위해 자료들을 편집한 거짓말임을 지적하지 않을 수 없다. 실제로 1894년에 출판된 『조선수로지』의 울릉도 조에는 울릉도의 중심이 북위 37도 3분 동경 130도 53분이라고 기록되어 있다.[36] 하지만 이 울릉도가 조선의 동단東端이라는 기록은 존재하지 않는다. 그런데도 제1편 총기總記 형세形勢 조에 적힌 동경 130도 35분[37]이라는 동단의 경도를 울릉도의 그것으로 견강부회牽强附會하였다.

역사지리학에서는 어떤 나라나 어떤 섬의 동쪽 끝을 섬의 중심 경도로 표시하고 있는지는 알 수 없으나, 상식적으로는 그렇게 끝을 표시하는 경우가 없다는 것을 지적해둔다. 또 일본이 조선을 강점하고 난 다음에 그린 조선 지도의 경우, 거의 대부분이 독도가 들어가지 않고 울릉도까지만 그리고 있다는 것은 무엇을 말하는 것일까 하는 문제도 해명이 되어야 한다는 것을 밝혀둔다.

참고로 1908년에 출판된 『한국수산지』 1집의 제1편 지리의 위치 조에는 "극동極東은 노령露領 '보시엣도' 경境으로 하여 동경 130도 42분"[38]이라고 기록되어 있고, 1910년에 나온 『한국수산지』 2집의 제3장 경상도 제15절 울도군鬱島郡 조에 기록된 울릉도의 "동경은 130도 47분 내지 54분의 사이에 위치한다."[39]고 기록되어 있다. 또 일제 강점기

---

35) 船杉力修, 앞의 글, 154쪽.
36) 水路部, 앞의 책, 256쪽.
37) 형세 조에 실린 조선국의 위치는 북위 33도15분으로부터 동 42도 25분, 동경 124도 30분으로부터 동 130도 35분에 걸쳐 있다고 기록되어 있다(水路部, 앞의 책, 1쪽).
38) 농상공부 수산국편 ㉠, 앞의 책, 1쪽.
39) 농상공부 수산국편 ㉡, 앞의 책, 706쪽.

에 제작된 히다카 유시로日高友四郎의 『신편 조선지지』에는 섬을 포함
하는 경우의 동단은 "동경 130도 56분 23초(경상북도 울릉도 죽도)"[40]라
고 적혀 있다. 그럼에도 불구하고 마치『조선수로지』에 울릉도가 조
선의 동단으로 적혀 있는 것처럼 말하는 것은 학자적 양심을 팔아먹
는 학문적 사기에 가깝다고 보지 않을 수 없다.

4. 독도 강탈의 경위

사사키 시게루는 시마네현이 행한 영토 편입의 경위, 곧 독도 강탈
이 이루어지기까지의 과정을, 『입지전』에 따라서 아래와 같이 간략
하게 정리하였다.

㉮ 나카이는 "동 섬의 대여를 조선 정부에 청원하여, 독점적으로 어업권을
   차지하려고" 도쿄東京에 나와서, 오키隱岐 출신의 농상무성 수산국 직원
   후지다 간타로藤田勘太郎의 소개로 동 수산국장 마키 나오마사牧朴眞을 면
   회하였다.
㉯ 마키 수산국장의 찬동을 얻은 나카이는, 해군 수로부에서 "리양코 섬의
   소속을 확인하기" 위해, 기모쯔키 가네유키를 면회했다.
㉰ 기모쯔키는 나카이에 대해, "동 섬의 소속은 명확한 징증徵證이 없고, 게
   다가 일한 양국으로부터의 거리를 측정하면 일본 쪽이 10해리海里의 근
   거리에 있고(이즈모국出雲國 다코하나多古鼻로부터 108해리, 조선국 릿도네루 곶沖
   으로부터 118해리), 덧보태어 조선 사람으로서는 종래 동 섬의 경영에 관한
   형적이 없는데 반해, 우리나라(일본: 인용자 주) 사람으로서는 이미 동 섬의
   경영에 종사한 자가 있는 이상은, 당연히 일본 영토에 편입해야만 하는
   것이 된다."는 말을 하였다. 이 기모쯔키 수로국장의 견해를 받아들여 나
   카이는 "용약 분기勇躍奮起 드디어 뜻을 결정하여, 리양코 섬 영토 편입

---

40) 日高友四郎, 『新編朝鮮地誌』(京城, 1924, 朝鮮弘文社), 2쪽.

과 대여원을 내무·외무·농상무 3대신에게 제출하게 되었다”는 것이다.

㉣ 그러나 내무성 지방국에서는 “목하目下 러일 전쟁 개전 중임으로 외교상 영토 편입은 그 시기가 아니어서, 원서는 지방청으로 각하해야 한다는 취지를 통보했다.”는 것으로 되었다. 그래서 동향同鄉의 구와다 유죠桑田熊藏 귀족원貴族院 다액 납세위원(법학박사)의 소개에 의해, 외무성의 야마자 엔시로山座圓四郎 정무국장을 면회하게 되었다.

㉤ 야마자 정무국장은 나카이 요사부로의 의견을 들은 뒤, “외교상의 일은 다른 성省에서 관여할 바가 아니나, 작은 바위 섬 편입과 같은 사소한 작은 사건일 뿐, 지세 상에서 보더라도, 역사상으로부터 보더라도, 혹은 시국 상에서 보더라도, 오늘날 영토 편입은 이익이 있음을 인정하는 취지를 말한 것”으로 되어 있다.

㉥ 이리하여 나카이는 “구와다와 동행해서 내무성에 이르러, 이노우에井上 서기관을 면회하고 사정을 진술하여, 마침내 동 성省의 동의를 얻어 각의에 상정해서 메이지 38년(1905) 2월 22일 시마네현 고시 제40호로써 동 현의 영토에 편입하여 죽도로 명명하게 되었다.”는 것이다.[41]

이렇게 사사키는 일련의 과정을 살펴본 다음, “이처럼 영토 편입 직후의 술회述懷를 들어서 적은 『입지전立志傳』의 기술을 인용하면서, 영토 편입의 경위에 대해서 보아왔다. 여기로부터는 ‘죽도의 영토 편입’이 1910년의 한국 합병合倂이 이르는 과정 중에 행해진 ‘침략의 제1보’라고 하는 것은 곤란하다고 하지 않을 수 없다.”[42]는 결론을 이끌어내었다.

이와 같이 사사키는 독도 강탈에 대해서는 다른 사람의 견해를 빌리지 않고, 한국을 합병하는 과정에서 이루어진 침략이 아니라는 주장을 펼치고 있다. 하지만 이러한 그의 주장은 일본 제국주의자들의 한국 침략의 과정을 고려하지 않은, 무책임한 자기 합리화에 지나지 않는다고 할 수 있다. 그래서 사사키가 이용한 『입지전』에서의 문제

---

41) 佐佐木茂, 앞의 글, 60~61쪽.
42) 佐佐木茂, 앞의 글, 61쪽.

점부터 고찰하기로 한다.

위에서 인용한 ㉲에서 수로부장 기모쯔키 가네유키肝付兼行가 독도의 강탈이 정당했다는 근거로 제시한 것은 ① 독도까지의 거리가 일본이 더 가깝다는 것과, ② 이미 동 섬의 경영에 한국 사람은 종사하지 않았으나 일본 사람은 종사했다는 두 가지이다. 이런 그의 지적으로부터 ① 거리의 원근遠近을 가지고 섬의 소유를 결정하던 관습은 조선과 일본 사이에 오래 전부터 존재했었다는 사실을 확인할 수 있다.

이런 관습의 예로는, 우선 일본의 『통항일람通航一覽』 권137의 27쪽에 전해지는 로쮸老中 아베 붕고노카미阿部豊後守의 다음과 같은 언급을 들 수 있다.

<자료 5>
　지금 그곳(당시 일본에서 죽도라고 부르던 울릉도를 가리킴: 인용자 주)의 지리를 헤아려 보니, 이나바因幡와의 거리는 160리 정도이고, 조선과의 거리는 40리 정도이다. 이것은 일찍이 그것이 그들의 땅이라는 것을 의심할 바 없는 것 같다.[43]

이와 같은 관습에 관한 기록은 일본에만 남아있는 것이 아니라, 한국에도 남아 있다. 광해군光海君 7년(1617)에 통신사로 일본에 건너갔던 이경직李景稷이 쓴 『부상록扶桑錄』의 10월 병인丙寅(5일) 조에도 이것과 비슷한 내용이 기재되어 있다.

<자료 6>
　이어 요시나리義成에게 대마도의 쇄환刷還에 대한 일을 어제 말한 대로 하였다. 그랬더니 시라베調興가 잇달아 대마도는 여러 대를 나라의 은택恩澤

---

43) 內藤正中, 『竹島(鬱陵島)をめぐる日朝關係史』(東京, 2000, 多賀出版), 86쪽에서 재인용.

을 받아서 감히 잊지 못한다는 뜻을 말하고 인해서, "전일 소인이 후시미伏見(교토京都의 남부에 위치한 곳으로 도요토미 히데요시豊臣秀吉가 후시미 성伏見城을 쌓았고, 에도시대江戶時代에는 막부의 직할지이었다)에 있을 때에 집정관인 오이大炊가 묻기를 '대마도는 본시 조선이라 … 하는데 그런가?'라고 물었습니다. 그래서 소인이 '도로의 원근으로 말한다면 대마도가 일본과는 멀지마는 조선과는 다만 바다 하나가 끼었을 뿐으로, 반나절이면 왔다 갔다 할 수 있습니다.'라고 대답했습니다. 그랬더니 오이가 '너의 섬은 반드시 조선 지방이니 마땅히 조선 일에 힘을 써야 할 것이다.'라고 하였습니다."라고 말했습니다.[44]

이러한 기록들을 통해서 조선과 일본 사이에는 섬의 소속을 둘러싼 관습이 존재했다는 것을 확인할 수 있다. 그리고 이런 관습 때문에 당시 해군의 수로부장이었던 기모쓰키 가네유키肝付兼行가 거리의 원근을 말했을 가능성이 높다.

그런데 기모쓰키는 본토로부터의 거리만을 언급하고 있다. 그 당시 한국의 영토로 인정했던 울릉도로부터 독도에 대한 거리를 따지는 경우에는 당연히 한국의 땅이라는 결론에 이르렀을 것이다. 그러므로 그는 본토에서의 거리를 가지고 일본이 10해리 정도 가깝다는 이유를 내세워 일본 영토로의 편입에 정당성을 부여하려고 하였다. 따라서 수로부장이란 직책에 있으면서 이런 관습을 몰랐을 리 없는 기모쓰키가 이와 같은 거짓말을 했다는 것은 영토 강탈의 야심이 존재했었다는 것을 말해준다고 보지 않을 수 없다.

그리고 ②에서와 같이 독도의 경영에 조선 사람은 종사하지 않았으나 일본 사람은 종사하였다고 하는 주장도, 나카이가 그곳에서의 강치잡이를 하려고 한다는 것을 고려한 거짓말이었음이 명백하다. 왜냐하면 『입지전』에는 "해도에 의하면, 동 섬은 조선의 판도版圖[45]

---

44) 이경직, 「부상록」, 『국역해행총재』 Ⅲ(서울, 1975, 민족문화추진회), 129~130쪽.

에 속함으로서, 일단 외인外人의 내습來襲을 만나는 것도, 이것이 보호를 받는 길이 없음으로, 이러한 사업을 향해 자본은 투자하는 것은 대단히 위험하게 된다는 것을 살피어"[46]라고 기록되어 있다. 이 기록에서 "외인의 내습" 운운한 것은 한국 사람을 염두에 둔 표현이었으므로, 독도에서 한국 사람들을 만나지 않고는 이런 표현을 사용할 까닭이 없었다고 생각되기 때문이다.

다음으로 수로국장인 기모쯔키가 독도에 대한 영토 편입의 당위성을 지적했음에도 불구하고, ㉣에서 보는 것처럼 내무성 지방국에서는 "목하目下 러일 전쟁 개전 중임으로 외교상 영토 편입은 그 시기가 아니어서, 원서는 지방청으로 각하해야 한다는 취지를 통보했다"[47]는 것이다. 하지만 이때에 청원을 각하한 이유가 단순히 러일전쟁 개전 중이라는 이유만은 아니었다. 같은 『입지전』에 내무성의 청원 각하 통보를 받은 나카이는 "바야흐로 장차 유망한 사업을 눈앞에 두고, 소속 불명 때문에 뻔히 보면서 경영의 시기를 놓치고, 더군다나 남획이 수년에 걸치면 동 업의 전도는 대단히 한심할 수밖에 없다는 것을 생각했다"[48]고 기술하고 있다. 이와 같은 심정의 표현에는 "소속 불명 때문에"라고 하여, 내무성에서 이 섬이 임자 없는 땅이 아니었음을 지적했다는 것을 증명하고 있다.

여기에서 내무성 지방국 담당자가 왜 이런 인식을 가지게 되었을까 하는 것을 생각해볼 필요가 있다. 앞에서도 지적한 것처럼, 내무성은 시마네현으로부터 「일본해(동해를 가리킴) 내의 죽도竹島 외 1도一島의 지적 편찬에 관한 질의」를 받아서, 1877년 태정관의 우대신右大臣 이와쿠라 도모미岩倉具視에게 문의하였다. 그리하여 이 문의에 대한

---

45) 원문에는 叛圖로 되어 있으나, 탈초문에서 版圖로 읽었다는 것을 밝혀둔다.
46) 奧原碧雲, 앞의 글, 73쪽.
47) 奧原碧雲, 앞의 글, 74쪽.
48) 奧原碧雲, 앞의 글, 74쪽.

회답으로 "문의한 죽도 외 1도 건에 대하여 우리나라와 관계가 없다는 것을 주지할 것"이라는 지령문을 받아 시마네현에 통보한 적이 있었다.

그러므로 내무성에서 나카이의 청원을 기각한 것은 이때에 독도가 한국의 영토라는 인식을 가지게 되었고, 이런 인식에 입각해서 러일 전쟁 중에 그것을 강탈하는 것은 국제 여론으로 보아도 좋지 않을 것이라는 우려에서 나온 결단이었음을 알 수 있다. 그러므로 내무성의 판단은 『사업 경영 개요』에서 나카이가 언급하고 있는 것과 같이 "이 시국에 즈음하여 한국 령의 의심이 있는 작은 일개 불모의 암초를 손에 넣어 환시의 제 외국에게 우리나라가 한국 병탄의 야심이 있다는 것의 의심을 크게 하는 것은 이익이 작은 데 반하여 사태가 결코 용이하지 않다."는 것이었다고 보아야 한다.

만약에 내무성의 판단이 위와 같았다고 한다면, 그 후에 벌어진 일본의 독도 강탈은 한국 병탄의 첫걸음이었다고 보아도 크게 틀리지 않을 것이다. 그런데도 사사키가 "죽도의 영토 편입이 1910년의 한국 합병에 이르는 과정 중에 행해진 침략의 제1보라고 하는 것은 곤란하다고 하지 않을 수 없다."고 한 것은 위에서 살펴본 정황들을 무시한, 하나의 궤변에 불과하다고 하겠다.

5. 고찰의 의의

위에서 죽도 문제 연구회의 최종 보고서에서 메이지 시대의 자료들을 검토한 사사키 시게루의 연구와 여기에 이론적 근거를 제공한 후나스기 리키노부의 언설言說을 살펴보았다. 특히 이 과정에서 무슨 새로운 발견이라고 한 것처럼 야단법석을 피우고 있는 오쿠하라 헤키운이 1906년에 직접 나카이 요사부로로부터 들은 것을 기록했다고 하는『죽도 경영자 나카이 요사부로씨 입지전』이란 글에 들어있는 몇 구절에 대한 해석 문제를 중점적으로 검토하였다. 이 고찰을 통해서 이루어진 성과를 간단하게 요약한다면 아래와 같다.

첫째 그들은 대한제국 칙령 제41호에서 울도 군수가 관할하는 것으로 선언한 석도가 독도가 아니라 관음도라는 주장을 하면서, 그 근거로『한국수산지』2집의 울도군 조에 적힌 서항도가 석도라는 주장을 하였다. 그러나 이런 주장을 뒷받침하기 위해서는 1900년에 석도라고 불렀던 것을 1910년에 왜 서항도라고 개칭하였으며, 이처럼 섬 이름을 바꾼 이유가 무엇인가 하는 것을 해명해야 한다는 것을 지적하였다. 이런 이유를 밝히지 않고, 석도가 관음도라고 우기는 것은 독도를 임자가 없는 땅이었기 때문에 자기네 땅으로 편입하였다는 거짓말을 정당화하려는 얄팍한 꾀에 지나지 않는다는 것을 지적하였다.

그리고 후나스기가『한국수산지』2집에 실린 울릉도는 지적하면서도『한국수산지』1집에 실린 독도에 해당되는 '죽도' 기사에 대해서는 한 마디 언급도 하지 않은 것은 어떤 저의가 있는 것으로 보았다. 게다가 이 책에서는 당시 한국 통감부 참여관이면서 농상공부 차관이었던 기우찌 쥬지로木內重四郎의 서문을 바탕으로 해서, 그가 조선의 영토로 인정했다는 것은 당시의 대한제국 정부도 그렇게 간주했다는 추정을 하였다.

둘째 나카이 요사부로가 독도를 조선의 판도로 인식했다는 것은 그 자신이 1910년에 작성하여 오키도청隱岐島廳에 제출한 '사업 경영 개요'에 근거를 둔 것으로, 이 문제는 일본이 한국의 영토인 독도를 강탈했음을 말해주는 명확한 증거였다는 것을 밝혔다. 그 때문에 그들은 이런 논리를 뒤집을 수 있는 자료를 찾는데 혈안이 되어 왔었다. 그러다가 이번에 오쿠하라 히데오의 집에 소장되어 있던『입지전』안에서 "해도에 의하면 동 섬은 조선의 판도에 속함으로써"라는 문구를 찾아내었다. 그리하여 해도에 독도가 실렸다고 해서 이것이 한국의 영토라는 것을 말해주는 것이 아니라는 주장을 하기에 이르렀다.

그렇지만 독도를 지도에 그려 넣기 위해서 동쪽으로 그 범위를 넓힌 것과 이렇게 넓혀진 곳에 그려진 일본의 영토와는 구분되어야 한다. 또 독도가 한국의 영토가 아니란 사실을 입증하기 위해서, 『조선수로지』에 기록된 동쪽의 한계를 동경東經 130도 35분으로 보고, 울릉도가 이에 해당된다고 주장한 것은 이런 기록이 없다는 사실을 구명하였다. 곧 『조선수로지』 울릉도 조에는 그 중심 경도가 동경 130도 53분이라고 적혀 있을 뿐, 이것이 동쪽 끝에 해당된다는 기술이 없다. 그런데도 후나스기가 울릉도를 조선의 동단으로 했다고 한 주장은 새로운 자료의 조작에 불과하다는 사실을 구명했다.

셋째 기모쯔키 가네유키가 독도가 한국보다 일본에 더 가깝다고 하면서 나카이에게 영토 편입을 사주한 것은 독도를 강탈하기 위한 거짓말이었다. 기모쯔키는 한국과 일본 사이에는 섬이 어느 나라에 더 가까운가 하는 것을 가지고, 가까운 쪽에 그 소유를 인정하던 관습이 있었다는 것을 알고 있었다. 그래서 그는 육지로부터의 거리를 가지고 독도가 일본에 10해리 더 가깝다는 거짓말을 하여, 독도 강탈의 정당성을 확보하려고 하였다. 이것은 당시에 해전海戰을 수행하던 일본으로서 독도의 전략적 가치를 알고 있었기 때문에, 그 강탈을 위해 허위 정보를 제공한 것이었다.

넷째 『입지전』에는 해군의 수로국장인 기모쯔키가 독도에 대한 영토 편입의 당위성을 주장했음에도 불구하고, 내무성의 지방국 담당자는 러일전쟁의 와중에 영토의 편입은 외교상 그 시기가 아니라는 이유로 나카이가 제출한 영토 편입과 대여원을 기각시킨 것으로 되어 있다. 하지만 같은 『입지전』으로부터 (독도의) 소속 불명 때문에 청원이 기각되었다는 사실을 확인할 수 있다.

이것은 당시의 내무성이 시마네현의 지적 편찬에 관한 질의를 받아 태정관에게 문의를 했었고, 이 문의의 회답으로 죽도(울릉도) 외 1도는 자기네와 관계가 없다는 지령문을 받은 사실이 있었기 때문에 나온 결론이었다. 이처럼 당시의 일본 관리들까지 그 편입의 부당성을 주장하였는데도, 그들이 독도를 자기들 영토에 편입하였다는 것은 남의 나라 영토를 강탈했음을 말해준다고 보았다.

이상과 같은 고찰을 통해서, 사사키 시게루나 후나스기 리키노부와 같은 죽도 문제 연구회의의 멤버들이 그들의 독도 강탈에 정당성을 부여하려고 거짓말을 하고 있다는 사실을 명확하게 하였다. 그리고 이 과정에서 그들은 지금도 자료를 자기들 구미에 맞게 해석하여 사실을 끊임없이 왜곡하고 있다는 사실도 아울러 해명하였음을 밝혀둔다.

제3절 동해 제해권과 독도의 전략적 가치
-러일전쟁과 일본의 독도 강탈을 중심으로 한 고찰-

1. 문제의 제기

1905년 5월 27·28일 양일간에 일본의 연합함대[1]가 러시아의 제2 태평양 함대, 곧 발틱 함대와 마지막 해전을 벌였던 곳은 일본의 오키노시마沖ノ島 북방으로부터 한국의 울릉도에 이르는 해역이었다. 이 동해 해역에서 양국의 해군은 9회에 걸쳐 해전을 전개하였고, 일본의 연합 함대는 거의 완벽한 승리를 거두었다. 이렇게 격전이 벌어졌던 이 해역에 자리 잡고 있는 섬이 바로 독도이다. 이와 같은 사실은 이 섬이 러일전쟁의 동해해전에 있어서 그만큼 중요한 전략적 가치를 지니고 있었음을 드러내는 중요한 증거가 아닐 수 없다.

그럼에도 불구하고 일본 측은 독도의 강탈을 전략적 가치 때문이 아니라, 나카이 요사부로中井養三郎라는 자의 단순한 영토 편입 요청에 의한 것이었고, 이 요청을 받아들여 독도를 자기네 땅으로 편입한 조처는 국제법적으로 정당했다는 것을 강조하고 있다. 이러한 주장의 타당성 여부를 검증하기 위해서는 우선 그들의 독도 강탈에 근거가 된, 1905년 1월 28일에 이루어진 일본 내각의 결정문부터 살펴볼 필요가 있다.

---

1) 러일전쟁에서 발틱 함대와 해전을 하기 위해서 일본 해군 연합함대가 주둔하고 있었던 곳은 일본의 본토가 아니라 한국의 진해鎭海였다는 것도 그만큼 이 지역의 전략적 가치가 높았다는 것을 말해준다고 볼 수 있다.

별지 내무대신이 논의하기를 청한 무인도 소속에 관한 건을 심사함에 오른쪽에 적은 것2)은 ㉠ 북위 37도 9분 30초, 동경 131도 55분, 오키도隱岐島에서 떨어져 서북으로 85해리에 있는 무인도는 다른 나라에서 이를 점령했다고 인정할 만한 형적이 없고, ㉡ 재 지난 (메이지) 36년(1903) 우리나라 사람 나카이 요사부로라는 자가 고기를 잡기 위해 집을 짓고 고기 잡는 기구를 갖추어, 강치 잡이에 착수하여, 이번에 영토 편입 및 대여원을 출원하였는바, 차제에 소속과 섬 이름을 확정할 필요가 있어, 이 섬에 죽도란 이름을 붙이고 지금부터 시마네현 소속 오키도사隱岐島司의 소속으로 하려고 한다고 함으로 이에 심사를 하였더니, 메이지 36년 이래 나카이 요사부로란 자가 당해 섬에 이주하여 어업에 종사한 일은 관계 서류에 의하여 명백한 바이므로 국제법상 점령의 사실이 있는 것으로 인정하여, 이를 우리나라 소속으로 하고 시마네현 소속 오키도사의 소관으로 해도 지장이 없을 것으로 생각한다. 그래서 청한 것과 같이 각의에서 결정함이 옳다고 인정한다.3)

이것은 당시 내무대신이었던 요시카와 아키마사芳川顯正의 「무인도 소속에 관한 건」이라는 요청을 받아들여 결정된 것이었다. 이 결정문의 밑줄을 그은 ㉡에서 보는 것처럼, 일본 측에서는 자기들의 독도 강탈이 "재 지난 36년 우리나라 사람 나카이 요사부로라는 자가 고기를 잡기 위해 집을 짓고 고기 잡는 기구를 갖추어 강치 잡이에 착수하여, 이번에 영토 편입 및 대여원을 출원했기" 때문이라는 것이었다.

그러나 정말로 일본의 독도 강탈이 나카이 요사부로란 자의 요청에 의해 이루어진 것이었는가? 그리고 ㉠에서와 같이 "북위 37도 9분 30초, 동경 131도 55분, 오키도에서 떨어져 서북으로 85해리에 있는 무인도는 다른 나라에서 이를 점령했다고 인정할 만한 형적이 없는 것"이었을까? 이들 문제는 일본의 독도 강탈이 불법적으로 이루어진 것이었으며, 또 그런 처사가 허구에 바탕을 두고 있음을 나타내는 것

---

2) 세로로 된 문장이므로 이렇게 표현된 것으로, 무인도를 가리킨다.
3) 송병기 편, 『독도영유권자료선』(춘천, 한림대출판부, 2004), 195~196쪽.

이기 때문에 엄밀한 검증이 요청되고 있다.

그 때문에 필자는 이미 후자에 대하여 「일본의 독도 강탈 정당화론에 대한 비판－쯔카모도 다카시塚本孝의 오쿠하라 헤키운奧原碧雲 자료 해석을 중심으로」[4]란 논고를 통해서 그 부당성을 지적한 바 있다. 하지만 전자의 강탈 이유가 지니는 타당성 여부에 대해서는 아직까지 면밀하게 검토가 이루어지지 않고 있다. 단지 최문형崔文衡의 「노일露日전쟁과 일본의 독도 점취」[5]라는 논문이 발표되어, 일본 측이 러일전쟁의 과정에서 그 전략적 가치로 인해 독도를 강제로 탈취했다는 것을 해명한 바 있을 따름이다. 그리고 그 후의 연구는 이 논문의 수준에서 거의 벗어나지 못하고 있다.[6]

이러한 현실은 한국 학자들의 독도 연구가 지니고 있는 한계를 그대로 드러내는 것이라고 보아도 좋지 않을까 한다. 환언하면 새로운 자료들의 발굴을 통해서 일본 측 주장의 문제점을 찾아내려고 하기보다는 이미 알려진 자료에 매달려 기존의 연구를 부연하는 수준에 머물고 있다는 것이다. 그러니 일본 측이 한국 학자들의 주장을 무시하면서, 자기들의 말도 되지 않는 논리를 늘어놓고 있는 것은 아닐까? 한국에서 이루어진 독도 강탈에 대한 이제까지의 연구는 이 수준을 넘어서지 못하고 있다는 데 문제의 심각성이 존재한다고 하겠다.

그래서 본고에서는 최문형의 주장을 한층 더 진전시켜, 일본의 독도 강탈이 나카이 요사부로란 자의 영토 편입 요청에 의해서가 아니

---

4) 김화경, 「일본의 독도 강탈 정당화론에 대한 비판－쯔카모도 다카시의 오쿠하라 헤키운 자료 해석을 중심으로」, 『인문연구』 57(경산, 영남대 인문과학연구소, 2009), 317~360쪽.
5) 최문형, 「노일전쟁과 일본의 독도 점취」, 『역사학보』 188(서울, 역사학회, 2005), 249~267쪽.
6) 김병열·나이토 세이쮸, 『한일 전문가가 본 독도』(서울, 다다미디어, 2006), 65~66쪽.

라, 동해 해전을 수행하기 위한 전략적 가치 때문에 이루어졌다는 사
실을 구명하고자 한다.

2. 당국의 사주와 나카이 요사부로의 영토 편입원

우선 일본 정부가 나카이 요사부로의 영토 편입 요청 때문에 독도
를 자기네 땅으로 편입했다고 하는 주장의 허구성을 증명하기 위해
서는 독도의 강탈에 당국이 어떤 형태로 개입했는가 하는 문제부터
살펴보지 않을 수 없다. 그래서 그가 1910년 오키도청에 제출한 자신
의 「이력서」와 그것에 딸린 「사업 경영 개요」에 기록되어 있는 그
간의 경위부터 검토하기로 한다.

(1) 본 섬이 울릉도에 부속하여 한국의 영토라는 생각을 가지고, 장차 통감
　　부統監府에 가서 할 바가 있지 않을까 하여 상경해서 여러 가지를 획책
　　하던 중에, 당시에 수산국장인 마키 나오마사牧朴眞의 주의로 말미암아
　　반드시 한국 령에 속하지 않는다는 의심이 생겨서, 그 조정을 위해 가지
　　가지로 분주히 한 끝에, 당시에 수로부장인 기모쯔키肝付 장군의 단정에
　　의거해서 본도가 완전히 무소속인 것을 확인하게 되었다.
(2) 따라서 경영상 필요한 이유를 자세히 진술하여 본도를 우리나라 영토에
　　편입하고 또 대여해 줄 것을 내무·외무·농상무의 3대신에게 출원하는
　　원서를 내무성에 제출하였다.
(3) 그랬더니 내무 당국자는 이 시국에 즈음하여 한국 령의 의심이 있는 작
　　은 일개 불모의 암초를 손에 넣어 환시의 제 외국에게 우리나라가 한국
　　병탄併吞의 야심이 있다는 것의 의심을 크게 하는 것은 이익이 지극히
　　작은 데 반하여 사태가 결코 용이하지 않다고 하여, 어떻게 사정을 말하
　　고 변명을 해도 출원은 각하되려고 하였다.
(4) 이리하여 좌절하지 않을 수 없어, 곧 외무성에 달려가 당시에 정무국장
　　인 야마자 엔지로山座圓次郎에게 가서 논하여 진술한 바 있었다. 씨는 시

국이야말로 그 영토 편입을 급하게 요청한다고 하면서, 망루를 세우고 무선 혹은 해저전신을 설치하면 적함 감시 상 대단히 그 형편이 좋아지지 않겠느냐, 특히 외교상으로 내무성과 같은 고려를 요하지는 않는다. 모름지기 급히 원서를 본 성에 회부해야 한다고 의기 헌앙하였다. 이와 같이 하여 본도는 우리나라의 영토로 편입되었다.[7]

여기에서 나카이가 '통감부'[8]라고 한 것은 잘 못된 표현이다. 이것은 일제가 독도를 강탈한 다음에 설치한 기구였으므로, 이 당시에는 아직 존재하지 않았다. 이런 문제점이 있기는 하지만, 이것은 그가 직접 작성한 것이기 때문에 내용에 있어서는 신뢰를 해도 좋지 않을까 한다.

이와 같은 「사업 경영 개요」의 단락 (1)에서 보는 것처럼, 나카이는 처음에 독도를 울릉도에 부속하는 한국의 영토로 생각하고 있었다. 그의 이런 인식에 대해서는 필자가 이미 자세하게 검토한 바 있다.[9] 이에 따르면, 독도가 한국 땅이란 인식은 당시 일본 사람들의 일반적인 인식이었을 수도 있었다. 그것이 아니라면 나카이 자신이 러시아의 블라디보스토크 지방에 진출하여 잠수기 어업을 시도하다가 좌절한 다음, 1892년 잠수기를 가지고 전라도와 충청도의 연안지방을 돌아다닌 적이 있어,[10] 독도가 한국의 영토란 사실을 확인했을 수도 있었다고 보았다.

그런데도 한국의 땅이 아니라고 사주한 인물이 바로 마키 나오마사와 기모쯔키 가네유키肝付兼行였다. 전자는 이 섬이 한국 땅이 아닐

7) 신용하 편저, 『독도영유권자료의 탐구』 2(서울, 1999, 독도연구보전협회), 262~263쪽.
8) 한국에 통감부가 설치된 것은 1905년 11월 17일에 체결된 '제2차 한일보호조약"에 의한 것이었으므로, 여기에서 통감부라고 한 것은 잘못된 표현이다(金膺龍, 『外交文書で語る日韓合併』(東京, 合同出版, 1996), 198~199쪽).
9) 김화경, 앞의 논문(2009), 325~326쪽.
10) 奧原碧雲, 「竹島經營者中井養三郎立志傳」, 『竹島問題に關する調査研究 – 最終報告書』(松江, 竹島問題研究會, 2007), 72쪽.

수도 있다는 의문을 제기하였고, 후자는 이에 대한 확신을 가지게 했던 인물이다. 이러한 그들의 사주가 바로 독도 강탈을 위한 영토 편입원의 제출로 이어졌다는 것은 부정할 수 없는 사실이다.

이렇게 나카이의 인식에 변화를 불러일으킨, 두 사람은 다 같이 당시 일제의 해외 영토 침략에 이바지했던 인물들이었다. 즉 마키 나오마사는 그 전에 육군성陸軍省의 촉탁을 거쳐 타이완臺灣 총독부의 내무국장 대리, 타이츄현台中縣 지사知事를 지내다가 1898년에 농상무성 수산국장이 되었던 인물이었다.[11] 또 후자는 홋카이도北海道 개척사開拓使가 되었다가 수로국에 들어와 근무를 하던 인물로, 수로국이 해군 수로부로 독립을 하자 1888년 수로부장이 되었던 사람이었다.[12]

그들은 이처럼 일제의 해외 침략에 앞장을 섰던 인물들이었으므로, 당시에 벌어지고 있던 러일전쟁의 전황戰況에 대해서 누구보다 많은 정보를 가지고 있었을 것으로 추정된다. 따라서 그런 인물들의 사주를 받아들여 나카이가 영토 편입원을 제출했다는 것은 그것이 단순한 어업상의 문제가 아니라 조직적인 국가 권력의 개입이 있었다고 보아야 할 것이다.

어쨌든 나카이는 단락 (2)에서와 같이 이들의 사주에 받아들여 독도에 대한 영토 편입과 그 대여원을 내무성과 외무성, 농상부성의 세 대신에게 제출하였다. 이것이 1904년 9월 29일의 일이었다.[13] 그렇지만 단락 (3)에서 보는 것처럼 당시의 내무성 당국자는 "이 시국에 즈음하여 한국 령의 의심이 있는 작은 일개 암초를 손에 넣어 환시의 외국에게 우리나라가 한국 병탄의 야심이 있다는 것의 의심을 크게 하는 것은 이익이 지극히 작은 데 반하여 사태가 결코 용이하지

---

11) 佐々木茂, 「領土編入に關わる諸問題と資・史料」, 『竹島問題に關わる調査研究-最終報告書』(松江, 竹島問題研究會, 2007), 60쪽.
12) 佐々木茂, 위의 글, 60~61쪽.
13) 신용하, 『독도의 민족영토사 연구』(서울, 지식산업사, 1996), 215쪽.

않다.”는 이유로, 그 출원을 기각하려고 하였다.

이것은 내무성 당국자가 독도를 한국의 영토로 의심했다는 것과, 이 섬의 편입이 다른 나라로 하여금 한국 병탄의 의심을 가지게 할 수 있다는 인식을 지니고 있었음을 말해준다. 이와 같은 사실은 일본의 독도 강탈이 결국은 한국 병탄의 서곡이었다는 것을 내무성 스스로가 인정했었다고 볼 수 있다.

그러나 외무성의 정무국장인 야마자 엔지로의 생각은 이것과는 달랐다. 그는 단락 (4)에서와 같이, “시국이야말로 그 영토 편입을 급하게 요청한다고 하면서, 망루를 세우고 무선 혹은 해저 전선을 설치하면 적함 감시 상 대단히 그 형편이 좋아지지 않겠느냐. 특히 외교상 내무성과 같은 고려를 요하지 않는다.”라고 하여, 내무성의 이런 고려가 필요하지 않다는 것을 솔직하게 인정하였다.

이와 같은 야마자의 태도는 당시의 러일전쟁, 특히 동해해전과 불가분의 관계를 가진 것이었다고 볼 수밖에 없다. 다시 말해 이것은 그 무렵에 동해에서 일본 해군의 제해권制海權을 위협하고 있던 블라디보스토크 함대의 행적 및 태평양 제2함대(발틱함대)의 창설과 긴밀하게 연계되어 있다는 것이다. 이런 상정을 하는 까닭은 야마자가 러일전쟁에 관한 정보를 쉽게 접할 수 있는 위치에 있었기 때문이다. 그래서 그는 독도의 강탈, 곧 일본 영토로의 편입이 시급히 요청된다고 보았다는 해석이 가능해진다.

3. 동해 제해권을 둘러싼 각축

그러면 이렇게 급박하게 전개되던 전황이란 어떤 것이었는가 하는 문제를 고찰하지 않을 수 없다. 일본이 러시아를 향해 소위 선전의 조칙詔勅을 공표한 것은 1904년 2월 10일이었다. 하지만 이틀 앞선 2월 8일과 9일 양일에 걸쳐, 이미 일본 연합함대의 구축함은 여순 항 바깥에 정박하고 있던 러시아 태평양 함대의 주력을 야습하였고, 또 2월 9일 오후에는 인천항에 머물고 러시아 함대를 습격하여 침몰시켰다.

그 때문에 여순 항의 태평양 함대 본대는 막대한 피해를 입었다. 그렇지만 블라디보스토크에 머물고 있던 지대支隊는 아무런 피해도 입지 않고 있었다. 그러자 블라디보스토크 함대의 1등 순양함巡洋艦 '러시아(Rossya)'와 '구롬보이(Gromboy)', '류리크(Ryurik)', 2등 순양함 '보가티르(Bogatyr)'는 군인들의 사기를 앙양하고 일본 국민들을 공포로 몰아넣기 위한 작전에 돌입했다. 곧 이들 네 척隻의 순양함은 2월 11일 쓰가루 해협津輕海峽의 앞바다 20km 지점에서 첫 번째로 일본의 기선 두 척을 포격하여 나고우라마루奈古浦丸를 침몰시켰고, 젠쇼마루全勝丸는 간신히 홋카이도北海道로 탈출하는 사건이 벌어졌다.[14] 이와 같은 피해를 입게 되자, 일본의 연합함대는 블라디보스토크 함대를 견제하면서 여순 항의 러시아 함대를 격파하지 않으면 안 되는 이중의 난제를 안게 되었다.[15] 이 문제는 한국 동해에서의 전략과 긴밀하게 연결된 것이었다는 점에 주의할 필요가 있다.

그런데 같은 해 2월 24일 블라디보스토크 함대의 두 번째 출격이 행해졌다. 첫 번째의 출격과 마찬가지로, 순양함 4척의 병력으로, 원산항과 북한 지방의 동해 연안 해역을 정찰한 다음, 3월 1일에 귀항한 사건이었다.[16] 이런 정보를 입수하게 된 일본의 대본영大本營은 연합함대의 일부를 블라디보스토크 방면으로 출동시켜, 블라디보스토크 함대를 위압하는 것이 유리할 것이라는 판단을 했다. 그리하여 연합

---

14) 佐世保海軍動功表彰會 編, 『日露海戰記』(東京, 1906, 佐世保海軍動功表彰會), 55~56쪽.
15) 松田十刻, 『日本海海戰』(東京, 2005, 光人社), 75쪽.
16) 野村實, 『日本海海戰の眞實』(東京, 1999, 講談社), 48쪽.

함대 사령관인 도고 헤이하치로東鄕平八郎에게 이것을 실행에 옮길 것을 명령하고, 동시에 독립되어 있던 제3함대를 연합함대에 편입시켰다.

도고는 한국의 남서 해안에 있던 가미무라 히코노죠上村彦之丞 제2함대 사령관에게 제2함대의 1등 순양함('이즈모出雲', '아즈마吾妻', '아사마淺間', '야쿠모八雲') 및 제3함대의 2등 순양함 '가사기笠置'와 '요시노吉野'를 이끌고, 급히 블라디보스토크로 가서 러시아 함대를 격파하든지 아니면 위협하라는 명령을 내렸다.[17]

이 명령에 따라, 가미무라는 위의 함대들을 이끌고 1904년 3월 2일 한국의 남해안을 출발해서, 3월 6일 오후에 블라디보스토크의 동쪽 입구에 도착했다. 그들은 항구 바깥의 박빙 해역薄氷海域에서 조선造船 설비 등을 포격하는 위압 작전을 펼쳤다. 당시에 정박하고 있던 블라디보스토크 함대는 출항 준비를 갖추어 닻을 올리기는 하였으나, 항내가 혼잡하여 바깥으로 나오는 것이 늦어졌다. 거기에다 해가 저물었기 때문에, 이미 항구의 앞바다에 나와 있던 가미무라 함대와 직접적인 교전은 벌어지지 않았다. 그리고 그는 다음 날 또 다시 블라디보스토크 항에 접근하여 정찰을 하면서 위협을 가한 뒤에 원산과 사세보佐世保를 거쳐, 여순 방면의 작전에 복귀하였다. 이러한 가미무라의 블라디보스토크 방면에 대한 1차 출동은 결과적으로는 효과를 충분히 거두지 못했다는 것을 부정할 수는 없다.[18]

그러나 효과를 거두지 못했다고 해서, 그 작전을 그만 둘 수도 없었다. 그 무렵 일본의 연합함대는 여순 항 해전에서 상당한 성과를 거두었다. 곧 '고류마루蛟龍丸'가 항구 바깥에 부설해둔 기뢰에 의해, 러시아 태평양 함대 사령관 마카로프(Makarov)의 폭사와 함께, 그가 타고 있던 기함旗艦 '페트로파블로프스크(Petropavlovsk)'도 격침되고 말았다.[19]

---

17) 海軍軍令部 編, 『明治三十七八海戰史』 2(東京, 1909, 春陽堂), 238~239쪽.
18) 野村實, 위의 책, 50~51쪽.

게다가 러시아의 척후 기병이 함경도의 경성과 성진, 길주, 북청 부근에 출몰하여 일본인들의 거류지에 방화를 하는 사건이 발생했다. 그러자 가미무라는 제2함대와 제4함대를 이끌고 4월 22일 원산항에 기항하여 석탄과 물을 공급받은 뒤, 24일 블라디보스토크로 출동을 했다. 하지만 짙은 안개로 인해서 공격도 제대로 하지 못한 채 되돌아올 수밖에 없었다.[20]

그런데 그 때에 바로 블라디보스토크 함대의 세 번째 출격이 행해졌다. 이 출격은 새로 부임한 이센(Issen) 소장이 직접 지휘한 것으로, 순양함 '러시아'와 '그롬보이', '보가티르' 및 어뢰정 2척으로 구성되어, 원산 부근의 정찰과 하코다데函館의 포격을 목적으로 하고 있었다. 러시아의 어뢰정 2척은 4월 25일 원산항에 진입하여, 상선商船인 '고요마루五洋丸'를 어뢰로 격침시켰다.[21] 그 뒤 이센은 어뢰정에 대해서는 모항母港으로의 귀항을 명하고, 스스로 순양함 3척을 이끌고 쓰가루 해협으로 향하려고 하였는데, 같은 날 오후 11시 경 단순 항해 중의 '곤슈마루金州丸'와 조우했기 때문에 이것을 격침시키고, 예정을 변경하여 4월 27일 블라디보스토크로 귀항했다.

'곤슈마루'는, 가미무라의 본대本隊와 동행하여 블라디보스토크 작전을 행하는 것이 적절하지 않은 것으로 판단되었다. 그래서 원산에서 육군 1개 중대를 승선시킨 다음, 어뢰정 4척의 호위를 받으며 이원利源으로 가서 이들을 상륙시키고, 동 지역에 출몰한다고 하는 러시아의 기병들을 척후에서 위협하고 정찰한 다음, 원산으로 돌아오려고 했었다. 4월 26일 오후 원산항의 바깥에 도착한 가미무라는, 곧 블라디보스토크 함대의 추적과 '곤슈마루'의 수색에 나섰다. 하지만 목적을

---

19) 妹尾作太郎·三谷庸雄 共譯, 『日露戰爭史』(東京, 時事通信社, 1978), 320~321쪽.
20) 海軍軍令部 編, 앞의 책, 246~247쪽.
21) 일본 측은 상선인 '고요마루'를 격침시켰다고 하여, 이것을 블라디보스토크 함대의 만행이라고 규탄하였다(佐世保海軍動功表彰會 編, 앞의 책, 118~119쪽).

달성하지 못하고, 예정되어 있던 블라디보스토크 항 바깥에 기뢰機雷 부설을 했을 뿐으로, 5월 4일에는 진해만으로 돌아오고 말았다.22)

러시아 블라디보스토크 함대에 의한 항로의 공격을 봉쇄하기 위해서, 2차에 걸친 일본 제2함대의 블라디보스토크 군항에 대한 위압 작전은 성공을 거두지 못하고 끝을 맺었다. 그 무렵에 여순旅順 항에서 전혀 예기치 못했던 이변이 일어났다. 일본 해군은 5월 15일 순양함 '요시노吉野'가 '가스가春日'와 충돌하여 침몰하고 말았다. 게다가 당시 최신예 전함戰艦 '하츠세初瀬'와 '야지마八島'가 러시아의 어뢰에 의해 격침당함으로써, 일본은 해군 전력의 약 3분의 1을 잃어버리는 결과를 초래하였다.23) 이 때문에 이들 전함에 탑승했던 약 1,000명의 병력이 희생됨으로써 일본의 여론이 크게 악화되었다.24)

이런 가운데 블라디보스토크 함대의 네 번째 출격은 여순·블라디보스토크 함대를 합류시킨 태평양 함대 사령관 베조브라조프(A. M. Vesobrazov) 중장이 직접 인솔했다. 순양함 '러시아'에 장군 기將軍旗를 휘날리며 '구롬보이'와 '류리크' 3척으로 이루어진 블라디보스토크 함대는 6월 12일에 대마도 해협에 출격하여, 15일에 호위함이 없는 육군 운송선 '이즈미마루和泉丸'와 '히다치마루常陸丸', '사도마루佐渡丸'를 공격했다. '이즈미마루'는 병사 100여 명을 탑승시키고 요동반도를 출발하여, 우지나宇品(히로시마시廣島市)로 향해 오던 중에 이키壹岐 앞바다를 통과하다가, '그롬보이'에 의해 격침당하고 말았다. 또 그보다 하루 앞서, '히다치마루'는 병사 1,095명과 군마軍馬 320마리, 선원 120명을 싣고 우지나로부터 요동반도를 향해 출발했다가, 오키노시마 부근에서 블라디보스토크 함대의 공격을 받아 침몰하였다. 단지

---

22) 野村實, 앞의 책, 51~52쪽.
23) 妹尾作太郎·三谷庸雄 共譯, 위의 책, 320~321쪽.
24) 伊藤正德, 『大海軍を想う』(東京, 1956, 文藝春秋社), 196쪽.

'사도마루'만은 이들 함정의 공격을 벗어나 간신히 침몰을 면했을 뿐이었다.[25]

블라디보스토크 함대의 다섯 번째 출격도, 베조브라조프 중장 스스로가 인솔한 것으로, 네 번째 출격 때의 순양함 3척에 가장假裝 순양함 '레나'와 어뢰정 8척이 참가하였다. 6월 26일 출격하여, 우선 어뢰정들이 6월 30일 원산항에 진입해서 일본인들의 거류지를 공격하였고, 정박하고 있던 기선과 범선帆船의 뱃사람들을 하선시킨 다음, 선체를 불태워 버렸다. 사령관 베조브라조프는 '레나'와 어뢰정들에게 블라디보스토크로 돌아가도록 명령한 뒤에, 순양함 3척으로 북동쪽으로 향하여, 7월 1일 대마도 해협으로 진입했다.

이때 가미무라는 러시아 어뢰정들의 원산항 습격 정보와 함께, 블라디보스토크 함대의 다섯 번째 출격 사실을 알고, 전날 아침에 대마도의 요항要港을 출항하여 경계 중이었다. 러시아와 일본의 함대는 7월 1일 오후 6시 30분, 대마도 해협의 동쪽 수로水路에서 거리 약 2만 5천m를 사이에 두고 조우했다. 가미무라는 러시아 함대의 퇴로를 차단하려고 했으나, 블라디보스토크 함대는 고속으로 도망을 쳤다. 그리고 낙오할 것 같았던 '류리크'의 원호를 계속하며, 일몰의 어둠에 도움을 받아, 일본 어뢰정들의 습격에 포격으로 대응하면서 겨우 호랑이 소굴을 빠져나와 7월 3일 모항에 돌라가는데 성공했다.

블라디보스토크 함대는 개전 이래 대마도 해협에 두 번에 걸친 출격을 포함하여 여러 번 일본 근해近海에 출몰해서, 교묘하게 일본 함대와의 조우를 피하면서, 일본의 제해권制海權을 계속 위협하고 있었다. 반년이 채 되지 않는 사이에, 일본의 기선 7척과 범선 4척이 동 함대에 격침되었고, 영국 기선 1척이 포획되었다. 더욱이 다섯 번째의 출격까지는 출격 해역이 동해 방면에 한정되어 있었는데 비해, 다

---

25) 佐世保海軍動功表彰會 編, 앞의 책, 207~215쪽.

음의 여섯 번째 출격에서는 더욱 대담한 행동을 취해, 일본의 태평양 항로를 위협하는 행동으로 나왔다.26)

여섯 번째의 출격은 이센(Issen) 소장이 지휘한 것으로, 순양함 '러시아'와 '구롬보이', '류리크' 등으로 구성되어, 7월 7일에 출항을 하여, 먼저 쓰가루 해협을 향했다. 이센은 7월 20일 아침 일찍 해협을 동쪽으로 흐르는 조류潮流의 도움을 받아 고속(21노트)으로 쓰가루 해협을 통과하여 태평양으로 나왔다. 그 곳으로부터 일본의 항로를 공격하면서 대담하게도 도쿄만東京灣 입구까지 남하하여, 7월 23일부터 25일에 걸쳐 오마에자키御前崎와 이시로자키石廊崎, 야지마사키野島崎 등의 앞바다에서 조우하는 선박들을 차례차례로 검문檢問하면서 공격한 다음 북쪽으로 사라졌다.

태평양 연안을 도쿄만 입구까지 남하한 블라디보스토크 함대의 여섯 번째 출격은, '러시아'에 탔던 장교의 수기에 의하면, "일본의 육군 부대를 탑승시킨 12척의 운송선이 순양함 2척과 전함 1척에 호위되어, 요코하마橫浜를 출발하여 한국으로 향했다."고 하는 정보를 입수하고, 베조브라조프 사령관이 이센 소장에게 출격을 명한 결과로 추정되고 있다.

7월 20일부터 25일까지의 사이에 블라디보스토크 함대에게 검문을 당한 선박이 12척에 달했는데, 그 중에서 7척이 격침되었고 2척이 포획되었으며, 3척이 풀려났다. 격침된 선박 중에는 영국 선박과 독일 선박 1척씩이 포함되어 있었다. 또 포획된 선박 가운데에도 영국과 독일 선박이 있었다.

이와 같이 이센(Issen)은 도쿄만 입구에서 시위를 한 다음, 소야 해협宗谷海峽을 거쳐 블라디보스토크로 돌아가려고 하였지만, 짙은 안개와 석탄의 부족으로 고민하다가, 예정을 변경하여 7월 30일 다시 역

---

26) 野村實, 앞의 책, 54~55쪽.

조逆潮가 소용돌이치는 쓰가루 해협을 서항西航하였다. 해협 방비가 약했던 일본 군함과는 시계 내에 들어갔을 뿐 교전도 없이, 8월 1일 무사히 모항에 돌아가는데 성공하여, 전 세계를 놀라게 했다.

러시아의 이센 소장은 귀항 도중에 쓰가루 해협 서쪽 입구에서 일본 제2함대와 교전할 것을 각오하고 있었으나, 일본 대본영의 오판에 의해 구출된 결과가 되었다. 러시아 함대의 포착에 잘못 된 판단을 했다는 것은, 닥쳐오는 동해 해전에 있어서의 대본영의 판단에도 미묘한 그늘이 드리워졌다는 것을 말해준다고 하겠다.27)

이러한 상황 하에서 1904년 8월 10일 도고 헤이하치로의 연합함대 주력에 봉쇄되어 여순 항에 있던 러시아의 태평양 함대 주력은, 일본의 봉쇄망을 뚫고 블라디보스토크로 가기 위해 대거 출격을 단행하였다. 이런 사실을 안 블라디보스토크의 러시아 태평양 함대 사령관 스크리드로프(H. I. Skrydlov) 중장은 사령관 이센(Issen) 소장에게 '러시아'와 '구롬보이', '류리크'를 이끌고 주력을 원조하도록 명령하자, 그는 8월 12일 모항을 출항하여 대마도 해협을 향했다. 일곱 번째의 출격이었다.

그런데 러시아 주력함대는 8월 10일에 도고東鄕가 이끄는 연합함대와의 황해 해전에서 패하여 대부분은 여순 항으로 귀항하였고, 일부는 남쪽 해상으로 도망을 쳤다. 이센은 그것을 모른 채 8월 14일 아침 일찍 대마도 해협으로 접근을 하고 있었다. 황해 해전에서 승리를 한 도고는 항로를 유지하기 위해서 대마도에 있는 가미무라에게 출격을 명령했다. 일본의 제2함대 주력은 8월 11일에 대마도로부터 출격을 하여, 14일 이른 아침에는 한국 동남 해안의 울산 앞 바다에 있었다.

가미무라가 직접 이끄는 1등 순양함 '이즈모'와 '아즈마' '히다치', '이와데磐手'의 제2함대 제2전대 4척은, 14일 오전 4시 50분, 순양함

---

27) 野村實, 앞의 책, 55~58쪽.

‘러시아’를 선두로 한 블라디보스토크 함대가 동이 트는 새벽에 시계 안에 들어오는 것을 확인했다. 거리는 약 1만m 정도였다. 앞에서 말한 것처럼, 블라디보스토크 함대는 다섯 번째까지의 출격에서는, 대마도의 동쪽 수로를 이용하였으므로, 가미무라의 시계 안에 들어왔으면서도 도주에 성공을 할 수 있었다. 그리고 그때는 모두 이미 저녁 무렵이었으며, 그 위에 블라디보스토크 함대는 일본 함대의 동북방에 있었고, 거리도 2만 미터가 훨씬 넘었었다.

그러나 이번의 조우는 밤이 밝아오는 새벽 무렵이었을 뿐만 아니라 1만m의 근거리였고, 게다가 일본 함대는 블라디보스토크 함대의 북방, 곧 블라디보스토크 쪽에 위치하고 있었으며, 두 나라의 함대가 다 같이 남하 중에 이루어진 조우였다. 이센은 속력을 더하여 동쪽으로 급선회한 다음에 동북쪽으로 도망을 치려고 하였지만, 북쪽에 위치하면서 속력에 있어 러시아 함정을 능가하는 가미무라 함대와 필연적으로 포격전이 벌어져 난전亂戰이 될 수밖에 없었다. 오전 5시 23분부터 3시간에 걸친 맹렬한 포격전으로, ‘류리크’가 먼저 조타실을 맞아 낙오하자, 이센은 다른 함정 2척을 가지고 네 번에 걸쳐 ‘류리크’의 원호하려고 반전을 반복하였지만, 뜻대로 되지 않자 마침내 구조를 단념하고 북방으로 도망을 쳤다.

울산 앞바다 해전의 후반에는 2등 순양함 ‘나니와浪速’와 ‘다카치호高千穗’(제4전대)도 가세하여, 가미무라는 북으로 도망가는 ‘러시아’와 ‘구롬보이’를 오전 10시 지나서까지 추격했다. 그렇지만 ‘이즈모’의 탄약이 모자란다는 보고를 받자 추격을 단념하고, ‘류리크’의 완전한 격침이 책략이었다고 생각하며 남하했다.

‘류리크’에서는 부장副將이 먼저 부상하였고, 드디어 함장이 전사하였다. 그리고 그를 대신한 어뢰장魚雷長도 부상을 당하자, 항해장航海長이 지휘에 임했다. 함정이 절망적인 상태라는 것을 안 항해장은 승조원 전원에게 퇴거를 명하고, 함정 밑바닥에 있는 배수변排水弁을 열었다. 14일 오전 10시 30분 '류리크'는 함미艦尾로부터 좌현左舷으로 넘어지며 침몰했다. 울산의 동방 40해리 지점이었다. 가미무라가 현장에 도착했을 때는 이미 '류리크'가 침몰한 뒤였다. 표류하고 있던 승조원의 대부분은 일본의 군함에 구조되었다.

가미무라가 추격을 단념한 '러시아'와 '구룸보이'도 크게 파손되어 있었다. 더욱이 두 함정의 장교는 50%가 전사하였고, 하사관의 25%가 사상을 당했다. 두 함정은 전장을 떠난 뒤에 해상에 정지하여, 파손된 구멍을 막은 다음, 8월 16일에 겨우 모항으로 돌아갈 수 있었다.

블라디보스토크로 돌아온 '러시아'와 '구룸보이'는 수리를 거듭하여, 1904년 10월 하순에 이르러 한번 원상을 회복하였으나, 11월 상순에 '구룸보이'가 암초에 걸려 다시 수리를 하게 되었다. 그 뒤에는 조선소造船所의 공원工員과 재료의 부족으로 인해, '러시아'만이 때때로 출격하였을 뿐으로, 블라디보스토크 함대의 사기와 행동은 일본 근해를 다시 위협하지는 못했다. 이렇게 하여, 일단 블라디보스토크 함대의 위협은 해소되었지만, 일본 함대는 더욱 강대한 발틱 함대의 도래를 준비하지 않으면 안 되었다.[28]

실제로 러시아 해군 수뇌부는 1904년 4월 30일 태평양 제2함대를 편성하여, 동양에 회항 작전을 행한다고 발표하였고, 5월 2일에는 로제스트벤스키 소장을 제2함대 사령관으로 임명하였다. 이러한 대체 편성으로 그때까지의 태평양 함대는 태평양 제1함대로 불리게 되었다. 태평양 제2함대는 건조 중인 군함을 급히 완성시키어, 이들의 연습 항해를 끝내고, 운송선 등을 모아서 편성을 마치자, 수도 페테르부르크에 가까운 군항軍港 구론슈타트를 출발하여, 9월 1일 핀란드의 항구 레이웨리에 집결했다.[29] 이런 태평양 제2함대가 이른 바 발틱

---

28) 野村實, 앞의 책, 58~61쪽.

함대의 기간함선基幹艦船이었다. 함대 파견에 의해 쇠퇴 기미가 있던 형세를 만회하기 위해서 열의를 불태우고 있던 황제 니콜라이 2세는 레이웨이에서 전 함대를 사열하며, 장병들을 격려할 정도였다.

4. 독도의 전략적 가치

이와 같은 정보를 입수한 일본의 연합 함대는 다가올 대회전을 준비하지 않으면 안 되었다. 비록 울산 앞바다 해전에서 블라디보스토크 함대에게 막대한 피해를 입히기는 했지만, 그것으로 이 전쟁에서 승리의 계기가 마련되었다고 판단하기는 아직 일렀다. 쉽게 말해 한국 연안과 일본 연안을 드나들면서 무력시위를 일삼고 있던 러시아 함대의 예봉을 꺾었다고 할 수는 있으나, 그렇다고 해서 동해에서의 제해권을 완전히 확보했다고 장담할 수는 없는 처지였다. 역시 동해는 러시아와의 해전에 있어서 중요한 전략적 가치를 지니고 있음에는 변함이 없었다.[30]

그래서 블라디보스토크 함대에 의해 1904년 6월 15일 대마도 허협에서 '이즈미마루'와 '히다치마루'가 격침되자, 일본 해군은 모든 군함들에게 무선전신의 시설을 완료하도록 하였다. 그리고 이 블라디보스토크 함대의 남하를 감시한다는 명목 아래, 당시 강원도 울진군 죽변竹邊을 비롯한 한국 동해안 일대에 무선전신을 가진 가설 망루를 설치하도록 하였다. 죽변의 망루는 1904년 6월 27일에 기공起工하여

---

29) 이 함대가 리바우항으로 돌아가 실제로 원정에 오른 것은 1904년 10월 15일 아침이었다(野村實, 앞의 책, 63쪽).

30) 러일전쟁에서 동해의 전략적 가치는 러시아에서도 높이 평가하고 있었다(稻葉千晴 譯, 『日本海海戰, 悲劇への航海』(東京, 2010, 日本放送出版協會), 57~123쪽.

그 해 7월 22일에 준공을 하고, 8월 10일부터 업무를 개시했다.[31]

그리고 울릉도 서북부와 동남부 각 1개소의 망루는 같은 해 8월 3일에 기공되어 9월 1일 준공되었으며, 9월 2일부터 업무를 개시했다. 또 죽변과 울릉도 사이의 해저전선 부설은 같은 해 9월 8일에 착공되어, 9월 30일에 완공되었다. 이와 같은 일련의 조처는 일본 본토의 사세보佐世保 해군 진수부海軍鎭守府에서 울릉도를 거쳐, 한국의 죽변을 연결하는 전신선의 설치를 위한 작업이었다.[32]

그런데 일본 해군은 울릉도에 있어서 일련의 공사와 보급 활동 가운데에서, 또 이 해역에서의 초계활동哨戒活動에 의해, 가까이에 있는 독도에 대해서 많은 정보를 얻게 되었다. 곧 나카이 요사부로中井養三郎가 정부에 독도를 한국 정부로부터 빌려달라는 부탁을 하기 이전에, 해군은 이미 독도의 이용 가치에 대하여 주목을 하고 있었던 것이다.[33]

그래서 그들은 군함 니다카호新高號로 하여금 독도 답사를 하게 하였고, 이에 따라 니다카호는 1904년 9월 24일에 울릉도를 떠났다. 다음 날의 일지에 독도에 대하여 기록된 것은 아래와 같다.

송도松島(울릉도를 가리킴)에서 리양코르도 암岩을 실제로 본 사람으로부터 들은 정보. 리양코르도 암을 한국사람[韓人]들은 이것을 독도獨島라고 쓰고, 우리나라[本邦] 어부들은 약하여 '리양코도島'라고 약칭한다. 별첨한 약도와 같이 두 개의 바위 섬[岩嶼]으로 이루어졌다. 서쪽 섬[西嶼]은 높이가 약 400피트이며 험준하여 오르기가 곤란하지만, 동쪽 섬은 비교적 낮고 잡초가 자라고 있으며, 정상은 조금 평탄한 땅이 있어서 2·3개의 작은 건물을 건설하기에 충분하다고 한다.

---

31) 신용하, 앞의 책, 206쪽. 이것은 海軍軍令部編『極秘明治37·8年海戰史』에서 인용한 것임을 밝혀둔다.
32) 신용하, 앞의 책, 206~207쪽.
33) 堀和生, 「1905年日本の竹島領土編入」, 『朝鮮史研究會論文集』24(東京, 朝鮮史研究會, 1987), 115쪽.

담수淡水는 동쪽 섬 동면東面의 후미진 곳에서 조금 얻을 수 있고, 또 같은 섬의 남쪽, B지점 수면에서 3간間 정도 되는 곳에 솟아나는 샘이 있는데 사방으로 침출浸出하며, 그 양이 조금 많아 연중 고갈되는 일이 없다. 서쪽 섬의 서방西方 C지점에도 또한 맑은 물이 있다.

섬 주위에 점재한 바위는 대개 편평하여 큰 것은 수십 개가 여기저기 위치하고 있고, 항상 수면에 노출되어 있으며, 강치가 여기에 군집한다. 두 섬 사이는 배를 메기에 충분하지만, 작은 배라면 육성으로 끌어올리는 것이 보통이다. 풍파가 강하여 같은 섬에 배를 메어 두기 어려울 때는 대저 송도에서 순풍을 기다려 피난한다고 한다.

송도로부터 도항하여 강치 사냥에 종사하는 자는 60~70석石 적재량의 일본 선박을 사용한다. 섬 위에 헛간을 짓고 매번 약 10일간 체재하는데, 다량의 수입이 있다고 한다. 그리고 그 인원도 때때로 40~50명을 초과하는 경우도 있으나 담수의 부족은 말하지 않는다. 또 올해에 들어와서는 여러 차례 도항하였는데, 6월 17일에는 러시아의 군함 3척이 이 섬 부근에 나타나서 일시 표박한 후 북서쪽으로 나아가는 것을 실제로 보았다고 한다.[34]

이러한 니다카호의 9월 25일자의 일지는 하루 동안에 많은 것들을 조사한 것으로 되어 있다. 이에 대해, 신용하는 "새로 발견한 것이 아니라 울릉도에서 독도를 잘 아는 민간인들로부터 자세한 정보 수집, 청취 조사를 사전에 상세히 하고 독도에 도착해서는 이를 확인하는 작업만 했기 때문이라고 생각한다."[35]는 견해를 밝힌 바 있다. 이러한 그의 지적은 상당한 타당성을 가지고 있다. 왜냐하면 당시 독도 탐사에 참여했던 해군 병사들이 아무리 뛰어난 사람들이라고 하더라도 하루에 섬 전체를 조사하는 것은 거의 불가능했다고 볼 수 있기 때문이다.

그런데 여기에서 눈길을 끄는 것이 러시아 군함 3척이 6월 17일에 독도 부근에서 일시 머물렀다는 사실이다. 이것은 신용하가 지적한 것과 같이,[36] 일본 해군이 독도에 망루를 설치하려는 욕구를 갖도록

---

34) 신용하 편저, 앞의 책, 186~188쪽.
35) 신용하 편저, 앞의 책, 193쪽.

충동한 것일지도 모른다. 하지만 앞에서 살펴본 것처럼, 블라디보스토크 함대의 네 번째 출격과 관계를 가지는 것이 분명한 것 같다. 아직 러시아의 해군 일지를 제대로 검토하지 않아 명확하게 단정을 내릴 수는 없지만, 1904년 6월 12일 블라디보스토크를 떠나 대마도 해협에서 6월 15일 운송선인 '이즈미마루'와 '히다치마루'를 격침시키고 귀항하면서 독도 근방에서 잠시 머물렀을 것으로 추정된다.

따라서 러일전쟁의 해전에 있어서 주된 전장이 되었던 곳은 한국의 동해, 그 동해의 중앙에 위치하여 전략적 가치가 높았던 곳이 독도였다고 보지 않을 수 없다. 실제로 독도가 동해해전에서 전략상으로 대단히 긴요한 곳이었다는 사실은 발틱 함대의 사령관 로제스트벤스키(Rozhdestvensky) 중장이 의식을 잃은 채 포로로 잡힌 곳이 울릉도 부근이었고, 그를 대신하여 함대의 지휘권을 장악한 네보가토프(Nebogatov) 소장이 모든 주력 잔함을 이끌고 일본에 투항한 곳이 독도 동남방 18마일 해상이었다는 점[37]을 통해서도 증명될 수 있을 것이다.

여기에서 나카이 요사부로가 「리앙코도 영토 편입 및 대여원」을 제출한 것이 1904년 9월 29일이었다는 사실을 상기할 필요가 있다. 이것은 실제로 내무성과 외무성, 농상무성의 각 대신들 앞으로 문서의 형태로 제출한 날짜이다. 따라서 그 전에 이미 농상무성의 수산국장 마키 나오마사와 해군 수로부장 기모쯔키 가네유키, 외무성 정무국장 야마자 엔지로 등을 만나서, 이 문서의 제출에 관한 사전 조율이 끝났다고 보아야 한다.

특히 이들 가운데에서 결정적인 역할을 한 사람이 기모쯔키와 야마자였다. 전자는 울릉도와 독도 일대의 전략적 가치를 잘 알고 있었던 해군 소속이었고, 후자는 당시 발틱 함대의 동향에 많은 정보를

---

36) 신용하, 앞의 책, 208쪽.
37) 최문형, 앞의 논문, 251쪽.

가지고 있었던 외무성 소속이었다. 이처럼 전쟁 정보에 밝았던 두 사람의 사주에 의해, 나카이가 한국으로부터의 대여원이 아니라, 일본으로의 영토 편입과 그 대여를 요청한 것은 분명한 정부 당국의 개입에 의한 것이었다. 그러므로 이렇게 정부의 개입으로 인해 독도에 대한 영토 편입이 이루어졌다는 것은 독도의 전략적 가치를 고려한 영토의 강탈이었음을 말해준다고 보아도 좋지 않을까 한다.

　이런 추정은 호리 가즈오堀和生의 아래와 같은 지적을 통해서도 그 타당성을 인정받을 수 있다.

　　그 일본해(동해를 가리킴: 인용자 주)에 있어서, 울릉도와 죽도(독도)의 주변해역이 하나의 주전장主戰場이 되었다는 것으로부터, 죽도의 군사적 가치가 새삼스럽게 높이 평가되었다. 해군은 해전 직후의 5월 30일에 계획을 세워, 6월 13일에 군함 '하시타데橋立'를 동 섬에 파견하여, 다시 상세한 조사를 행하게 하였다. 그 위에서, 해군은 6월 24일 울릉도, 죽도를 포함한 일본해 동 수역의 종합 시설계획을 내세웠다. 그 계획이란, 우선 울릉도 북부에 또 하나의 대규모 망루(울릉도 북망루, 배속원 9인)와 무선 전신소를 건설한다. 또 죽도에 현안의 망루(죽도 북 망루, 배속원 4인)을 건설한다. 그리고 그들 두 섬의 망루를 해저 전신선으로 연결한 다음에, 다시 그 전신선을 오키隱岐의 망루까지 연장한다고 하는 계획이었다. 확실히 국경 등을 개의치 않는 군사시설이다. 울릉도의 신 망루는 7월 25일에 착공하여, 8월 16일부터 활동을 시작했다. 죽도의 망루는 7월 25일에 착공하여, 8월 19일부터 활동에 들어갔다. 해저 전신선 쪽은, 9월에 강화가 성립되었기 때문에 당초의 계획이 변경되어, 죽도와 오키에서가 아니라, 죽도와 마쓰에松江 사이에 부설되게 되었다. 이 공사는 10월 말에 개시되어, 울릉도로부터 죽도를 거쳐서, 11월 9일 마쓰에와의 연결이 완료되었다. 즉 1905년, 조선 본토(죽변)에서 울릉도, 죽도, 마쓰에에 이르는 일련의 군용 통신선의 체계가 완성되었던 것이다. 이상 요컨대, 일본 정부에 있어서, 일본해 중의 죽도란 군사적인 이용대상에 틀림없었으며, 또 그것은 조선 각지에서 행해졌던 군사적 점령과 밀접 불가분의 것이었던 것이다."38)

이렇게 볼 때, 일본이 독도를 강탈한 진정한 이유는 러일전쟁의 동해해전에서 승리를 하기 위한 전략적 가치 때문이었다는 것은 거의 확실한 사실이라고 할 수 있다. 하지만 일본 측으로서는 이렇게 빼앗은 독도를 되돌려주고 싶지 않을 것이다. 특히 지난날 동해에서의 풍부한 어류의 획득에 미련을 버리지 못하고 있는 시마네현은 터무니없는 논리를 날조하여 독도의 국제 분쟁화에 앞장을 서고 있다. 이것이 독도 문제의 본질이 아닐까 한다.

5. 고찰의 의의

이제까지 일본이 독도를 강탈하면서 내세웠던 구실은 사실에 입각한 것이 아니라, 강탈의 정당성 확립을 위한 허구였다는 것을 증명하기 위해서, 당시의 정황들을 중점적으로 고찰하였다. 바꾸어 말하면 그들은 독도의 영토 편입이 나카이 요사부로란 자의 단순한 영토 편입의 요청을 받아들인 것이라고 주장해왔다. 그렇지만 이러한 논리는 일본 측의 자기 합리화에 불과하다는 것을 입증하려고 한 것이 본 연구의 목적이었다. 이와 같은 목적 아래서 이루어진 논의의 결과를 요약하면 다음과 같다.

첫째 나카이 요사부로가 독도를 한국의 울릉도에 부속된 섬으로 인식하고 있었던 것은 명백하다. 그럼에도 불구하고 그에게 영토 편입원을 제출하게 사주한 자들, 곧 농상무성 수산국장 마키 나오마사牧朴眞와 해군 수로부장 기모쯔키 가네유키肝付兼行는 일본 제국주의의 해외 영토 탈취에 앞장을 섰던 인물이었고, 외무성 정무국장 야마자 엔지로山座圓次郎는 당시의 전황戰況을 누구보다도 잘 파악할 수 있는

---

38) 堀和生, 앞의 논문, 115쪽.

자리에 있던 인물이었다. 따라서 이들의 사주에 의해 영토 편입원이 제출되었다는 것은 독도의 강탈에 국가 권력이 개입되었다는 사실을 말해주는 것으로 보았다.

둘째 그렇지만 내무성의 당국자는 독도를 한국의 영토일 것이라는 의심을 가졌었다는 사실을 확인하였다. 내무성의 이런 인식은 1876년 시마네현의 「일본해(동해) 내의 죽도 외 1도의 지적 편찬에 관한 질의」를 받아 자기들이 결정하지 않고, 태정관에 질의를 하여 "문의한 죽도 외 1도의 건에 대하여 우리나라와 관계가 없다는 것을 주지할 것"이라는 지령문을 받았던 것으로부터 형성되었을 것이란 추정을 하였다.

셋째 야마자 엔지로가 "시국이야말로 그 영토 편입을 급하게 요청된다."고 하면서, "(거기에) 망루를 세우고 무선 혹은 해저전선을 설치하면 적함敵艦 감시 상 그 형편이 좋아지지 않겠느냐, 특히 외교상 내무성과 같은 고려를 요하지 않는다."고 한 것은 당시의 전황과 밀접한 관련을 가지고 있다는 명확한 증거로 간주하고, 그런 전황이 어떤 것이었는가를 구명함으로써 독도의 전략적 가치를 파악하려고 하였다.

넷째 일본의 연합함대는 여순 항에 머물고 있던 러시아 함대에 대해서는 막대한 피해를 입혔을 뿐만 아니라 어느 정도 그 출입을 통제하고 있었으나, 블라디보스토크에 머물고 있던 함대에 대해서는 전혀 통제를 하지 못하고 있었다. 그 단적인 예가 러시아 함대의 동해에서의 도발을 들 수 있다. 그들은 1904년 2월 8일 러일전쟁이 개전된 다음, 여섯 번에 걸쳐 일본 해군 함정에 대해 공격을 가하여 막대한 피해를 입혔다. 그런 와중에 1904년 4월 30일에 편성된 태평양 제2함대가 원정을 위해 핀란드의 항구가 레이웨이에 집결한 것이 같은 해 9월 1일이었다.

다섯째 이렇게 급박하게 전황이 전개되고 있을 때에 나카이 요사부로란 자가 한국의 영토라고 생각하고 있던 독도에서의 강치 잡이 독점을 위하여 그 대여원을 제출하려고 하자, 전략적 가치를 인식하고 있던 정부 당국은 한국으로부터의 대여보다 일본이 점령을 하는 편이 낫다는 판단을 한 것으로 상정하였을 것이다.

여섯째 이런 결정에는 동해해전이 러일전쟁 승리에 결정적인 역할을 할 것으로 예상하였을 것이다. 왜냐하면 발틱 함대와의 일전을 앞둔 일본으로서는 이 해전에 그들의 운명이 달렸다는 사실을 너무도 잘 알고 있었으므로, 독도가 그만큼 전략상으로 중요하다는 인식을 했다고 볼 수 있기 때문이다. 실제로 일본 해군은 동해에 있는 울릉도와 동해의 전략적 가치를 충분히 인지하고 있었다는 것은 호리 가즈오堀和生의 연구에 의해서도 이미 입증이 되었다.

마지막으로 독도가 전략상으로 긴요한 곳이란 사실은 발틱 함대의 사령관 로제스트벤스키(Rozhdestvensky) 중장이 의식을 잃은 채 포로로 잡힌 곳이 울릉도 부근이었고, 그를 대신하여 함대의 지휘권을 장악한 네보가토프(Nebogatov) 소장이 모든 주력 잔함을 이끌고 일본에 투항한 곳이 독도 동남방 18마일 해상이었다는 점을 통해서 확인할 수 있다.

그러므로 일본은 나카이 요사부로란 자의 영토 편입 요청 때문이 아니라, 당시 급박했던 전황 때문에 독도를 강탈하였으며, 이렇게 하여 러일전쟁을 승리로 이끈 다음 그들은 한국을 완전한 식민지로 강점했다는 것은 명백한 사실이다. 이와 같은 사실을 교묘한 말로 호도하는 일본의 처사는 손바닥으로 하늘을 가리는 것이므로, 지금이라도 정직한 역사적 인식에 입각하여 독도 문제의 해결에 임해주기를 바란다는 것을 첨언해둔다.

제2장
독도의 역사 지리학적 연구

제1절 울릉도 쟁계와 독도
-한·일 양국 자료를 중심으로 한 고찰-

1. 문제의 제기

일본이 독도에 대한 도발을 할 때마다 안용복安龍福이란 사람이 반드시 등장한다. 그는 숙종 때 사람으로 1693년 울릉도에 건너갔다가 울산蔚山 사람 박어둔朴於屯과 함께 일본 요나고米子의 오야 집안大谷家 어부들에게 납치되었다. 이들의 납치를 계기로 울릉도의 영유권과 어업권 문제를 둘러싸고 조선 조정과 일본 막부 사이에 이른 바 울릉도 쟁계1)가 벌어졌다. 지금 한국에서는 안용복이 이때에 일본으로부터 울릉도와 독도가 조선에 귀속하는 땅으로 인정을 받은 것으로 평가하고 있다.

이런 평가는 신용하愼鏞廈2)와 송병기宋炳基3) 등에 의해서 체계화되었다. 이와 같은 안용복에 대한 평가는 울릉도 쟁계와 불가분의 관계를 가지고 있다. 그런데 이 사건의 발생과 타결에는 안용복뿐만이 아니라, 박어둔이란 사람이 존재한다는 사실을 잊어서는 안 된다.

---

1) 이맹휴李孟休의 『춘관지春官志』에 이렇게 명명되었으며, 일본에서는 이것을 '죽도일건竹島一件'이라고 부르고 있다.
2) 신용하, 『독도의 민족영토사 연구』(서울, 1996, 지식산업사), 31쪽.
3) 송병기도 이와 비슷한 견해를 피력한 바 있다(송병기, 『울릉도와 독도』(서울, 1999, 단국대 출판부), 38~39쪽).

그럼에도 불구하고 안용복은 영웅으로 추앙을 받고 있는데 반해,[4] 박어둔은 거의 연구조차 이루지지 않고 있다. 2005년에 이준구李俊九가 발표한 「17세기 말, 호패·호적이 말하는 울릉도·독도 파수꾼 안용복과 박어둔」[5]이란 논문이 그에 대한 거의 유일한 연구 성과라고 할 수 있다. 이준구는 이 논문에서 오카지마 마사요시岡嶋正義의 『죽도고竹島考』에 기록된 박어둔의 호패와 규장각에 보관되어 있는 『울산부 호적대장蔚山府戶籍臺帳』을 비교하여, 그의 신분과 직역職域, 연령, 내력 등을 구명하였다.

이러한 연구에 영향을 받아, 본고에서는 박어둔과 안용복이 울릉도 쟁계에서 어떤 역할을 수행했으며, 그것이 독도 문제와는 어떠한 관련을 가지고 있는가 하는 문제를 고구考究하기로 한다. 그렇지만 이들 두 사람에 관한 기록은 그렇게 많이 남아 있지 않다.

그러나 『숙종실록肅宗實錄』 및 『변례집요邊例集要』, 『승정원일기承政院日記』와 같은 한국의 자료를 비롯하여, 일본 측의 『죽도기사竹島紀事』 및 『기죽도사략磯竹島事略』, 『죽도고竹島考』 등의 자료를 검토하면서, 숙종 시대에 발생했던 울릉도 쟁계에서 이들이 어떤 역할을 하였는가 하는 사실을 어느 정도 유추할 수 있다. 그래서 본 연구에서는 한·일 양국에 남아있는 자료들을 바탕으로 하여, 울릉도 쟁계에 있어서 박어둔과 안용복이 수행한 역할을 재조명하는 것을 그 목적으로 한다.

---

4) 정원길, 「안용복과 아이젠하워의 리더십 비교」, 『내가 사랑한 안용복』(경산, 2007, 대구 한의대 안용복 연구소, 안용복 장군 기년 사업회 경북지부), 31~36쪽; 김남일, 「후배 공무원이 본 안용복 장군」 위의 책, 115~122쪽.
5) 이준구, 「17세기 말, 호패·호적이 말하는 울릉도·독도 파수꾼 안용복과 박어둔」, 『조선사연구』 14(경산, 2005, 조선사연구회), 74~76쪽.

2. 대마도 측의 울릉도 탈취 기도

울릉도 쟁계는 조선 조정과 일본 막부 사이에 벌어진 울릉도의 영유권과 어업권을 둘러싼, 공식적인 분쟁이었다. 이 분쟁의 발단은 1693년 오야 집안의 어부들이 울릉도에서 박어둔과 안용복을 강제로 납치해 간 데서 기인되었다.

그런데 이 사건이 조선에서 최초로 기록된 것은 『승정원일기承政院日記』 숙종 19년(1693) 10월 무술戊戌(28일) 조에 실려 있는 다음과 같은 기사에서였다.

    <자료 1>
    목내선睦來善이 말하기를 "동래부사가 죽도(울릉도)에서 표류한 사람들을 차왜差倭가 올 때 데려온다는 뜻을 이미 왜관에 머물고 있는 왜인이 언급했다고 합니다. 오래지 않아 올 것이니 접위관을 미리 차출하여 기다리는 것이 어떻겠습니까?"라고 하였고, 민암閔黯은 말하기를 "금번에 곧 반드시 다투어 따지려고 하는 일이 있을 것이니, 접위관을 각별히 골라 차출함이 어떻겠습니까?"라고 하니, 임금께서 말씀하시기를, "장계를 보건대, 반드시 다툼의 소지가 있을 것이니, 접위관을 (각별히) 골라서 보내는 것이 옳을 것이다."라고 하였다.6)

이것은 동래부사로부터 받은 장계를 중심으로 어전御前에서 개최되었던 조정 신료들의 대책회의에 대한 기록이다. 동래부사의 장계는 일본에서 말하는 죽도, 곧 울릉도에 표류했던 사람들을 차왜가 대

---

6) "來善曰 東萊府使 以竹島漂人等 差倭出來時率來之意 旣已言及於留館倭處云. 不久當出來 接慰官豫爲差出以待之 何如. 黯曰 今番則必有爭詰之事 接慰官各別擇差何如. 上曰 以狀啓見之 將必有爭持之弊, 接慰官擇差以送 可也." (『承政院日記』 肅宗 19年 10月 戊戌條)

마도로부터 데리고 온다고 하는 보고였다. 이와 같은 기록은 이미 그 이전에 동래 지방에서 그들이 일본에 억류되어 있었다는 사실을 알았을 가능성을 시사해주고 있다.

이렇게 그 대책이 논의되었던 어전회의에서 당시 우의정이었던 민암이 "금번에 곧 반드시 다투어 따지려고 하는 일이 있을 것"으로 생각한 것은, 박어둔과 안용복이 단순히 표류한 사건이 아니란 것을 어느 정도 예측하고 있었음을 말해준다. 그래서 숙종마저도 "반드시 다툼의 소지가 있을 것"이라고 했던 것이 아닌가 한다.

그런데 일본에는 이들을 연행해갈 때의 상황을 비교적 자세하게 적은 문서가 남아 있다. 이것은 오야 집안에 고용되었던 히라베平兵衛와 구로베黑兵衛 두 사람이 연명으로 제출했던 「겐로쿠 6년 죽도로부터 하쿠슈에 조선인 연행 귀환의 취지 오야 쿠에몽 도사공 구상서」인데, 그 내용을 요약하여 소개하면 다음과 같다.

<자료 2>

그들은 호키의 요나고를 2월 15일에 출선하여 17일에 이즈모出雲(시마네현의 동부)의 구모쯔雲津(시마네현의 미호노세키정美保關町)에 도착하였고, 3월 2일에 구모쯔를 출항하여 오키국隱岐國의 도젠島前에 도착하였다. 여기에서 머물다가 같은 달 9일에 출항해서 다음 날 도고島後의 후쿠우라福浦에 도착했다. 3월 16일 후쿠우라를 떠나 다음 날인 17일에 죽도(울릉도)의 도센가사키에 착안하여 섬에 올라가 보았다.

그런데 육지에는 해조류海藻類들을 말리고 있는 것이 보여 이상하게 생각했다. 그 이튿날 북쪽 포구에 가보았더니, 거기에는 가건물이 지어져 있었고 그 안에는 말린 전복과 미역이 있었다. 거기에 있던 한 사람의 조선인에게 사정을 물어보았으나, 말이 통하지 않아서 그를 배에 태우고 오텐구라는 곳으로 갔다. 거기에는 통역 한 사람이 있어 사정을 물었더니, 3월 3일에 세 척의 배를 타고 42명이 이 섬에 왔다는 것이었다.

그들은 이들 두 사람을 연행한 까닭은 이들은 작년에도 이 섬에 와 있었으므로, 여기에 와서 어렵을 해서는 안 된다고 나무랐는데도 금년에 또 다시 와 있어서 어떤 조치를 강구해야 하겠다고 생각했기 때문이었다. 그리하여 이들을 연행하여 3월 18일에 죽도(울릉도)를 출발했고, 오키도 후쿠우라에는 같은 달 20일에 도착했으며, 23일 이곳을 출발해서 26일에 나가하마로 귀국하여 27일에 요나고로 돌아왔다.[7]

이 구상서에는 오야 집안의 선원들이 두 사람의 조선인을 납치한 것은 1693년 3월 18이었고, 그 이유는 에도막부로부터 도해면허를 받아서 행해오던 자기들의 독점적인 어로활동이 이들로부터 위협을 받았기 때문이었다는 것이 명백하게 드러나 있다. 그러므로 처음에 그들이 기도했던 것은 자기들이 죽도라고 부르던 울릉도에서의 어업권의 확보였다고 할 수 있다.

그러나 이 문제는 조선 조정과 일본 막부 사이에 대마도對馬島 도주島主가 개입하면서, 울릉도의 소유를 둘러싼 영토 분쟁으로 확대되었다. 바꾸어 말하면 이들 두 사람의 납치를 빌미로 하여, 대마도 도주였던 타이라 요시쯔구平義倫는 자기 나라의 죽도라는 표현을 사용함으로써, 울릉도를 일본 땅으로 만들려는 마각을 드러냈다는 것이다. 이런 저의는 『죽도기사』에 실린 서한문書翰文에 잘 나타나 있다.

　　<자료 3>
　　매서운 추위가 기승을 부리는데, 멀리서 생각하건대, 귀국은 평안하신지요? 본국은 한결같습니다. 이에 말씀드리고자 하는 것은, 귀국의 바닷가 어민들이 해마다 ⓐ 본국의 죽도(울릉도)에 배를 몰고 와서 몰래 고기잡이를 하는 일이 있으니, 이곳은 지극히 닿을 수 없는 곳입니다. 이런 까닭으로 ⓑ 토관土官이 나라에서 금함을 자세히 타일러 다시는 하지 못하게 단단히 일러주고, 곧 그들을 내쫓아 돌아가게 하였습니다. 그러나 올 봄에 또 다시 40여 명이 죽도에 와서 혼잡하게 고기잡이를 했습니다. 이로 말미암아 토관

---

7) 鳥取藩 編集部, 『鳥取藩史』 6(鳥取, 1971, 鳥取縣立鳥取圖書館), 496쪽에서 요약한 것임.

이 그 어민 두 사람을 구류하고 주사州司에게 (그것을) 바탕으로 하여 한 때의 증좌證左로 삼게 하였습니다. 그래서 본국의 이나바 주목因幡州牧이 서둘러 전후 일의 정상을 동도東都(에도江戶를 말함)에 급히 아뢰었는데, 그 어민들을 우리 읍으로 보내어 본토로 돌려보내고, 지금부터 이후로는 결단코 그 섬에 어선을 용납하지 말고 더욱 더 금제하라는 명을 받았습니다. 제가 이제 동도의 명을 받들어 귀국에 알려 드립니다. 이로 인하여 생각하건대, 무릇 우리 전하께서는 인덕으로 포용하시어 이미 지난 일을 탓하지 않으시고, 오직 은혜로운 돌보심으로 인하여 두 사람의 어민을 지금 고토故土(고국)로 돌려보내는 것입니다. 이 일은 비록 소민小民의 사사로움에서 나온 것이지만, 그 실제로 관계되는 것은 작지 않습니다. 그리고 가장 쉽지 않는 일이니, 소홀히 여기지 마십시오. 거듭 엄금하여 바닷가 어민들로 하여금 삼가 법제를 지키게 한다면, 좋은 이웃나라의 정의가 더욱 더 영원히 좋아질 것입니다. 이에 정관 다치바나 마사시게橘眞重와 도선주 타이라 도모사다平友貞를 차출하여 파견하니, 이제 바야흐로 돌려보내는 어민 두 사람의 곡절은 사신의 입에 부쳐 둡니다. 보잘것 없는 예물과 유함侑械은 먼 곳에서 정성을 펴는 것이니 웃으며 받아주시면 다행이겠습니다. 거듭 바라건대 밝게 헤아려주십시오. 이만 줄이옵고 편지의 예식을 다 갖추지 못합니다.8)

이 서한은 1693년 9월에 타이라 요시쯔구가 박어둔과 안용복을 돌려보내면서, 조선의 예조 참판에게 보낸 것이다. 그런데 그는 밑줄을

---

8) "寒威在近 遐惟貴國晏淸. 本邦同軌. 玆告 貴國邊海漁民 頻年行舟於, 本國竹島 竊有漁採者 極是不可到之地也. 以故土官 詳諭國禁 固告不再 乃使渠輩逐還矣. 然今春亦復 四拾餘口 來于竹島 沓然漁採. 由是土官拘留其漁民貳人, 而爲質於州司 以爲一時之證. 故本國因幡州牧 速以前後事狀, 馳啓東都, 蒙令彼漁民附與弊邑以還本土 自今以往 決莫容漁舡於彼島 彌可存制禁. 不佞 今奉東都之命 以告報貴國 仍想我殿下包荒仁德 旣往不咎. 唯緣恩庇 而貳人漁氓 今還故土也 此事雖出于小民之私 而其實所係非小. 最不容易 莫敢忽之. 荐加嚴禁 使海角漁民 愼守法制, 則德隣之誼 益惟永好. 玆差遣正官橘眞重都船主平友貞, 今方回還漁民貳人曲折 附在使舌. 薄儀侑械 庸申退忱 莞留爲幸. 更希氷照 肅此不宣."(越常右衛門, 「竹島紀事」, 『독도연구』 4(경산, 2008, 영남대독도연구소), 259~262쪽)

그은 ⓐ에서 보는 것처럼, "본국의 죽도本國竹島"라고 하여 그들이 죽도라고 부르던 울릉도를 마치 자기네 땅인 것처럼 표현하였다. 또 ⓑ에서 토관土官이라는 용어를 사용한 것도 관직을 사칭한 것이라고 볼 수밖에 없다. 그 이유는 박어둔과 안용복을 납치해가기 한 해 전에 울릉도에 왔던 사람들은 무라카와 집안村川家에 고용된 어부에 불과한 신분이었지 지방의 관리가 아니었기 때문이다.

그런데도 타이라 요시쯔구가 이처럼 "본국의 죽도"니 "토관"이란 말을 사용한 것은 막부의 명령을 빗대어 울릉도를 탈취하려는 저의를 노골적으로 드러낸 것이라고 보지 않을 수 없다. 이러한 사실을 확인하기 위해서는 박어둔과 안용복의 연행에 대해 막부가 어떠한 명령을 내렸는가 하는 문제를 살펴볼 필요가 있다.

<자료 4>

저 지난 13일 저녁 월번月番(한 달씩 하는 당번)인 쯔치야 사가미노카미土屋相模守님 하인들로부터 문번聞番(에도에 있던 번저에서 막부, 또는 다른 다이묘大名와 연락을 담당하던 사람의 직명)들에게 편지로 용건을 말했는데, 지금 곧 한 사람을 보내도록 하라고 말했으므로, 스즈키 한베鈴木半兵衛가 찾아뵈었던 바, 용인用人(다이묘 아래서 서무·출납을 맡던 사람) 오바다 겐에몽小畑元右衛門이 가서 (듣고) 말하여 전해준 것은 ① 죽도라고 하는 곳에 작년에 조선인이 고기를 잡았다고 하기에, 이에 마쓰타이라 호키노카미松平伯耆守 님으로부터 확인을 하고, 재차 오지 않도록 하라는 명령이 포함된 답변을 했습니다. 그런데도 금년에 40인 정도가 와서 고기를 잡았으므로, 위 사람들 안에서 두 사람을 붙잡아 두고, 막부에 통지가 있었던 것에 대해, 나가사키長崎 봉행소奉行所로 같이 데리고 가, 나가사키로부터 대마도로 보내도록 하라는 명령이 내려졌기에, 구체적으로 나가사키 봉행소로부터 가서 알리도록 하는 사이에, ② 향후 확실하게 오지 않게 하도록 조선 조정에 분부를 내려 (그들이) 사는 곳에 전달하게 하라고 사가미노카미相模守가 말했습니다. 금일 위의 방법을, 쇼군將軍께서는 미야기 에찌젠노카미宮城越前守 님에게 명령이 내려졌지만, 그 본거지로부터도 통지가 있어 마땅히 그래야만 한다는 취지로 앞의 (오바

다)겐 우에문右衛門에게 말씀이 있었는데, 위 ③ 죽도라고 하는 곳은 호키노카미 님의 영지도 아니며 이나바因幡에서 160리 정도에 있는 곳이라고 합니다. 전복이 명물이어서 대대로 호키노카미 님으로부터 죽도 전복을 막부에 헌상하는 장소인 것이라고 합니다.9)

이것은 『죽도기사』 1693년 5월 13일자에 기록된 것으로, 막부가 박어둔과 안용복의 처리에 대해 하달했던 지시이다. 이 자료에서 밑줄을 그은 ①은 쯔치야 사가미노카미의 용인用人 오바다 겐에몽이 돗토리 번주인 마쓰타이라 호키노카미의 하인 스즈키 한베에게 전해준 막부의 명령이었다. 여기에는 마쓰타이라 호키노카미로부터 일본에서 죽도라고 부르던 곳에 1692년에도 조선의 어부들이 출어를 했었다는 보고가 있어, 막부에서 그들을 다시 오지 않도록 하라는 답변이 포함된 명령을 내렸던 것으로 되어 있다. 이와 같은 명령은 막부에서 죽도라고 하는 곳을 조선이 포기한 땅이라고 인식하고 있었던 것 같은 인상을 준다.

그리고 막부는 이런 인식에서 ②에서와 같이, "향후 확실하게 오지 않게 하도록 조선 조정에서 분부를 보내어 (그들이) 사는 곳에 전달하게 하라"는 지시를 했었던 것으로 보인다. 환언하면 에도 막부의

---

9) "一昨十三日之暮方御月番土屋相模守樣御家來衆より聞番共方江, 以手紙御用之儀候間 唯今一人罷出候樣ニ与申來候付, 鈴木半兵衛參上仕候處御用人小畑元右衛門罷出被申聞候者竹嶋与申所江去年朝鮮人罷越漁仕候. 依之松平伯耆守樣より御見届, 重而不參候樣ニ与被仰含御返候處. 又々当年人數四十人程罷越漁仕候故右人數之內貳人御捕置 公儀江御案內有之候付, 長崎御奉行所江被送届, 長崎より對州江御届候樣ニ与被仰渡候. 委細長崎御奉行所より可申參候間, 向後弥不參候樣ニ堅朝鮮表江被仰遣候樣ニ御國元江被申越候樣ニ与相模守申候. 今日右之段於殿中高城越前守樣江被仰渡候得者其元より茂御届有之可然旨元右衛門被申聞候. 右竹嶋与申所ハ伯耆守樣御領內にても無之因幡より百六十里程も有之所ニ而御座候. 蚫之名物ニ而御代々伯耆守樣より竹嶋蚫. 公儀江御獻上被成場所之由ニ御座候."(越常右衛門, 앞의 책, 239~240쪽)

월번이었던 사가미노카미가 돗토리로 붙잡아 왔던 박어둔과 안용복을 나가사키 봉행소를 거쳐 대마도로 보내도록 하라는 명령과 함께, 조선 조정에서 울릉도에 출어를 하지 말게끔 그들의 사는 곳, 곧 울산에 분부를 내리도록 하라고 말했다는 것이다. 하지만 막부의 쇼군은 사가미노카미의 용인 오바다 겐에몽에게 ③에서처럼, 죽도라고 하는 곳은 호키노카미의 영지도 아니고 이나바에서 160리 정도에 있는 섬으로, 그곳의 명물인 전복을 호키노카미가 막부에 헌상하는 장소라는 명확한 인식을 가지고 있었다. 이것은 막부의 쇼군이 죽도(울릉도)가 일본의 땅이 아니란 사실을 알고 있었다는 것을 의미하는 것이어서 주목할 필요가 있다.

그러므로 위의 명령은 다음과 같이 정리가 된다. 첫째로 1692년 돗토리 번주로부터 조선인들이 죽도(울릉도)에 와서 고기를 잡았다고 하는 보고가 있자, 막부는 그곳을 조선이 포기한 땅으로 간주하여, 다시 오지 않도록 하라는 명령이 포함된 답변을 하였다. 둘째로 그럼에도 돗토리 번주가 1693년에도 조선인 40여 명 정도가 죽도에 건너왔으므로 그들 중에 박어둔과 안용복을 인질로 붙잡아 왔다고 하는 보고를 하자, 이들을 나가사키를 거쳐 대마도로 보내도록 하라는 명령과 함께 조선 조정으로 하여금 그들이 사는 울산 관아에서 죽도(울릉도)에 다시는 오지 않도록 하는 분부를 내리게끔 하라는 지시를 내렸다. 셋째로 그렇지만 막부의 쇼군은 그 죽도(울릉도)가 돗토리의 영지가 아닐 뿐만 아니라 돗토리에서는 160리 정도 떨어진 곳이며, 단지 그곳의 전북을 잡아 막부에 헌상하는 곳임을 분명하게 알고 있었다는 것이다.

따라서 위의 명령 그 어디에도 죽도(울릉도)가 일본의 땅이라고 말한 곳이 없다는 것은 명백하다. 그렇지만 대마도 도주는 인질로 잡혀갔던 박어둔과 안용복을 돗토리번으로부터 인수받으면서, 그와 동시에 하달된 명령을 근거로 하여 <자료 3>의 ⓐ에서와 같이 "본국의 죽도"라는 표현을 사용하였다. 이것은 분명하게 막부의 의도를 왜곡한 자의적인 처사였으므로, 쉽게 말해 대마도 도주가 죽도(울릉도)를 탈취하겠다는 계략을 꾸몄었다고 볼 수밖에 없다는 것이다.

이러한 대마도 도주의 음모에 한층 더 힘을 실어준 것이 조선의 예조 참판이었던 권해權瑎의 답신이었다.

<자료 5>

배를 타고 사신이 오심에 보내주신 편지가 함께 이르니, 진실로 위로가 되고 감사드립니다. 우리나라에서는 해금海禁이 지극히 엄하여 바닷가 어민들을 규제하고 단속하여 먼 바다로 나가지 못하게 합니다. 비록 우리 영토인 울릉도라고 하더라도 아득히 멀리 있는 까닭으로 절대로 임의로 왕래하는 것을 허락하지 않는데, 하물며 그 밖에 있어서이겠습니까? 이번에 어선이 감히 귀 지역의 죽도에 들어가서 번거롭게 다스려 환송하는 데에 이르게 했는데, 멀리서 정성스럽게 글로써 깨우쳐 주시니, 이웃나라와 우호를 쌓는 정의에 진실로 기쁘고 감사드리는 바입니다. 바닷가 어민들은 고기를 잡아서 생계를 삼기 때문에, 혹 바람을 만나서 표류하는 근심이 없지 않습니다. 그러나 국경을 넘어 깊이 들어가 어지럽게 고기잡이를 한 것은 법으로 마땅히 크게 징벌해야 할 것입니다. 이제 범인들은 법률에 따라서 죄를 주고, 차후엔 연해 등의 곳에 과조科條를 엄하게 세워 각별히 경계하겠습니다. 보내주신 예물은 잘 받았으며 감사드립니다. 보잘것없는 예물과 유함侑緘은 바라건대 밝게 헤아려주십시오. 편지의 예식을 다 갖추지 못합니다. 계유 12월.[10]

---

10) "槎便鼎來 惠翰隨至 良用慰荷. 弊邦海禁至嚴 制束濱海漁民 使不得出于外洋, 雖弊境之蔚陵島 亦以遼遠之, 故切不許任意往來, 況其外乎. 今此漁船 敢入貴界竹島 致煩領送, 遠勤書諭 隣好之誼 實所欣感. 海氓獵魚以爲生理 或不無遇風漂轉之患. 而至於越境深入雜然漁採 法當痛懲. 今將犯人等依律科罪, 此後沿海等處 嚴立科條. 各別申飭 佳貺領謝. 薄物侑緘 統惟照亮 不宣. 癸酉年十二月日."(越常右衛門, 앞의 책, 282~283쪽)

이것은 박어둔과 안용복이 돌아오자, 당시에 예조 참판이었던 권해가 대마도 도주 타이라 요시쯔구에게 보낸, 최초의 답신이었다. 이 답신에서는 죽도를 마치 일본의 영토인 것처럼 인정해주는 듯한 표현, 곧 "귀역의 죽도"란 말을 사용하였다. 하지만 "우리 영토인 울릉도"란 표현도 하고 있어, 다른 한편으로는 울릉도가 조선의 영토라는 사실을 분명하게 한 것으로 보인다.

그러나 울릉도를 우리의 영토라고 했다고 하더라도, "귀역의 죽도"란 표현은 죽도가 일본의 땅임을 인정한 꼴이 되고 말았다. 물론 일본과의 교섭을 책임지고 있던 예조로서는 요즈음의 시쳇말로 굳이 울릉도가 죽도란 것을 밝히어 분란을 일으키는 것보다는 상대편이 뭐라고 하든지 우리의 울릉도만 지키면 그만이라는 의도에서 일본이 이야기한 죽도란 말을 인정해주겠다는 태도를 취했는지도 모른다.

그렇지만 권해가 답신에서 보여준, 예조의 태도는 명백히 잘못된 것이었다. 다시 말해 예조의 애매모호한 태도가 대마도 도주로 하여금 울릉도란 단어의 삭제를 끈질기게 요구하게 만들었던 것이다. 이 문제에 대해, 실록을 편찬한 사관은 『숙종실록』 숙종 20년(1694) 2월 신묘辛卯(23일) 조에서 다음과 같은 논단論壇을 한 바 있다.

<자료 6>

사신은 논한다. ㉠ <u>왜인들이 말하는 죽도란 곳은 곧 우리나라의 울릉도인데, 울릉이란 칭호는 신라·고려의 사서와 중국 사람의 문집에 나타나 있으니 그 유래가 아주 오래 되었다. 섬 가운데 대나무가 많이 생산되기 때문에 또한 죽도란 칭호가 있지마는, 실제로 한 섬에 두 명칭인 셈이다.</u> ㉡ <u>왜인들은 울릉이란 명칭은 숨기고 다만 죽도에서 고기를 잡는다는 이유를 그 실로 삼아, 우리나라의 회답하는 말을 얻어서 그 금단을 허가받은 후에 이내 좌계左契[11]를 가지고서 점거할 계책을 삼으려고 했으니,</u> ㉢ <u>우리나라의</u>

---

11) 가로로 된 문장이므로, 왼쪽에 적은 서계書契란 의미로 이 말을 사용하였다.

회답하는 서계에 반드시 울릉이란 명칭을 든 것은, 그 땅이 본디 우리나라의 것임을 밝히려고 한 까닭이다. ㉣ 왜인들이 반드시 울릉이란 두 글자를 고치려고 하면서도, 끝내 죽도가 울릉도가 된 것을 드러나게 말하지 않는 것은, 대개 그 왜곡이 자기들에게 있음을 스스로 걱정했기 때문이다. 아! 조종의 강토는 남에게 줄 수가 없으니 명백히 분변하고 엄격히 물리쳐서 교활한 왜인으로 하여금 다시는 마음을 내지 못하도록 할 것이 의리가 분명한데도, 주밀하고 신중한 데에 지나쳐서 다만 견제하려고 한 것이 범인들에게 과죄科罪하는 말과 같이, 더욱 이웃 나라에 약점을 보였으니, 이루 애석함을 견디겠는가?[12]

이것은 1694년 이른 바 갑술환국甲戌換局에 의해 권력을 장악한 소론파의 사관들에 의해 기록된 것이므로, 그 전에 남인파나 서인파에 의해 주도되었던 울릉도 쟁계와는 다른 시각을 표출했을 가능성이 있다. 하지만 위의 논단 ㉠에서 "왜인들이 말하는 죽도란 곳은 곧 우리나라의 울릉도"라고 하면서, "섬 가운데 대나무가 많이 생산되기 때문에 또한 죽도란 명칭이 있지마는, 실제로 한 섬에 두 명칭인 셈이다."라고 하여, 예조 참판 권해가 이른 바 1도 2명설을 취했던 태도가 잘못되었다는 것을 명확하게 한 것은 사실을 제대로 해명한 지적이었다고 할 수 있다.

그러면서 사관은 울릉도가 조선에 속한다는 사실을, "울릉이란 칭호는 신라·고려의 사서와 중국 사람의 문집에 나타나 있으니 그 유래가 오래되었다."라고 하여, 그 전거들을 제시하였다. 이곳에서 말

---

12) "史臣曰 倭人所謂竹島 卽我國鬱陵島. 而鬱陵之稱 見於羅·麗史乘及唐人文集 則其來最遠矣. 島中多產竹 亦有竹島之稱 而其實一島二名也. 倭人隱鬱陵之名 但以竹島漁採爲辭 冀得我國回言 許其禁斷然後, 仍執左契 以爲占據之計. 我國覆書之必擧鬱陵者 乃所以明其地之本爲我國也. 倭人之必欲改鬱陵二字, 而終不顯言竹島之爲鬱陵者 蓋亦自病其曲之在己也. 噫 祖宗疆土 不可以與人 則明辨痛斥, 使狡倭無復生心 義理較然, 而過於周愼 徒欲羈縻, 如犯人等科罪之語, 尤示弱於隣國, 可勝惜哉."(『肅宗實錄』 肅宗 20年 2月 辛卯 條)

하는 "신라·고려의 사서"는 『삼국사기』와 『고려사』를 지칭한다. 그런데 중국 사람의 문집에 나타나 있다고 한 것은 어떤 책인지 확인이 되지 않고 있다. 단지 『고려사』 열전列傳 반역 조이趙彝 부 이추전李樞傳에 "원나라에서 또 이추를 보내서 재목을 요구했으며, 이추는 울릉도에 건너가서 나무를 작벌코자 했으므로 왕이 대장군 강위보康渭輔를 동행시켰더니 이추는 3품 관질은 낮다고 하여, '3품이란 개 같은 것인데 어찌 데리고 다니겠는가?'라고 하니, 첨서 추밀사 허공許珙을 대신 보냈다. 왕이 원나라에 청하여 드디어 이추를 파면시켰다."[13] 라는 기록 있어, 울릉도가 중국에까지 알려졌던 것은 사실이다. 그리하여 ⓒ에서 "우리나라의 회답하는 서계에 반드시 울릉이란 명칭을 든 것은, 그 땅이 본디 우리나라의 것임을 밝히려고 한 까닭"이라고 하여, "울릉"이란 섬 이름의 삽입은 이와 같은 역사적 사실을 구명하는 것이었다고 보았다.

그리고 ⓛ에서 "왜인들은 울릉이란 명칭은 숨기고 다만 죽도에서 고기를 잡는다는 이유를 구실로 삼아, 우리나라의 회답하는 말을 얻어서 그 금단을 허가받은 후에 이내 좌계左契를 가지고서 점거할 계책을 삼으려고 했다."고 한 지적 역시 대마도 측의 음모를 정확하게 꿰뚫어 본 것이었다고 하지 않을 수 없다. 왜냐하면 앞에서 살펴본 <자료 3>의 ⓐ에서 "본국의 죽도에 배를 몰고 와서 몰래 고기잡이를 하는 일이 있으니, 이곳은 지극히 닿을 수 없는 곳입니다."라고 한 대마도 도주 타이라 요시쯔구平義倫의 서한이 바로 이와 같은 계략을 그대로 나타내고 있기 때문이다.

또 ⓡ에서 "왜인들이 반드시 울릉이란 두 글자를 고치려고 하면서

---

13) "元遣樞 又索材木 樞欲入蔚陵島斫木. 王爲大將軍康渭輔 爲伴行, 樞以三品秩卑 言曰 三品如狗耳. 吾不可與同行, 乃以簽書樞密事許珙 伐之. 王請于元 遂罷之"(『高麗史』 卷130, 列傳 叛逆 趙彝 付 李樞傳)

도, 끝내 죽도가 울릉도가 된 것을 드러나게 말하지 않는 것은, 대개 그 왜곡이 자기들에게 있음을 스스로 걱정했기 때문"으로 본 것도 대마도 측 의도의 정곡正鵠을 정확하게 파악하고 있었음을 말해준다. 말하자면 대마도 도주는 울릉도가 죽도라는 사실을 알면서도 자기들의 계략을 관철시키기 위해 그 사실을 숨기고 있다는 사실을 알고 있었다는 것이다.

3. 박어둔·안용복의 진술과 독도

조선 조정과 일본의 막부 사이에 대마도 도주가 끼어들어 울릉도를 송두리째 빼앗으려고 했던 울릉도 쟁계에 있어서, 당시에 오야 집안의 어부들에게 연행되었던 박어둔과 안용복의 진술은 어떤 의의를 지니고 있으며 그것이 사건의 해결에 어떤 영향을 미쳤는가 하는 문제는 한국의 독도 연구에서 반드시 규명되어야 할 과제의 하나이다. 그렇지만 지금까지는 안용복 한 사람만 울릉도와 독도를 수호한 인물로 평가되어 왔다.

거듭 말하지만 그때에 연행되었던 사람은 안용복 혼자만이 아니라, 박어둔도 있었다. 그렇다면 당연히 그와 함께 연행되었던 박어둔의 공과功過에 대해서도 객관적인 평가가 수행되어야 함은 두 말할 나위도 없다. 그래서 그가 귀국하여 심문을 받았을 때의 공초供招 내용을 살펴보기로 한다.

<자료 7>

갑술(숙종20년) 정월, 죽도에서 붙잡힌, 울산에 사는 박어둔, 안용복에게 문목問目을 만들어 문초하니, 박어둔이 문초에서 진술한 내용 중에, "㉠ 계

유년(1693) 3월에 벼 25석과 은자銀子 9냥 3전 등의 물건을 배에 싣고 고기와 바꾸고자 울진에서 삼척으로 향할 때 바람 때문에 표류하여 이른바 '죽도' 에 배를 정박하게 되었습니다. 그리고 죽도에서 호키주伯耆州까지의 거리는 제가 이 섬에 머문 지 3일째 되는 날 왜인倭人 7~8명이 갑자기 배를 타고 와 서 저를 붙잡았으며, 이어서 그 섬에서 배가 떠나 사흘 낮과 나흘 밤이 지 난 뒤에 비로소 호키주에 닿게 되었는데, 죽도의 크기와 둘레는 그 크기가 부산 앞바다의 절영도絶影島에 견주면 두 배가 조금 넘고, 둘레는 자세히 알 수 없으나, 제가 보기엔 매우 광활하였으며, 산의 형세는 산에 세 봉우리가 있는데, 높이가 매우 높아 하늘에 닿은 듯하였고, 그 나머지는 대체로 평평 하고 넓은 땅이었습니다. 그리고 시냇물은 바다로 흘러들어갔고, 나무, 호 죽芦竹, 새와 짐승 등이 있고, 가중목柯重木, 병자목柄子木, 향목香木이 있으며, 또 동백나무가 있고 큰 대나무가 있는데 그 마디가 몹시 길며, 그 둘레가 아주 커서 곧게 솟아올라 하늘에 닿을 듯하였고, 또 전죽箭竹이 있으며, 섬 안 인가人家에 사람이 사는 일은 지금은 비록 사람이 거주하는 인가가 없으 나, (그 집들의) 주춧돌이 남아 서로 이어져 있고, 빈 터엔 달래가 자라는 곳이 많이 있었습니다. ⓒ 이 섬에서 호키주까지 수로水路로 몇 리인지는 제 가 붙잡혀 들어갈 때 수질水疾에 걸려 배 안에 누워 있어서 사흘 낮과 나흘 밤이 지난 뒤에 호키주에 닿았다는 것만 기억할 뿐, 물길로 몇 리인지는 자 세히 알지 못하며, 이 섬의 앞뒤로 다시 다른 섬이 없었습니다."라고 운운 하였습니다. 안용복을 문초하여 진술한 내용 중에, 산의 형세와 초목 등의 말은 (박어둔과) 꼭 같았고, 끝부분에 ⓓ "제가 붙잡힌 사람으로 (일본으로) 들어갈 때, 하룻밤을 지내고 다음날 늦게 식사를 한 뒤에 바다 가운데 하나 의 섬이 있음을 보았는데, 죽도에 견주어 자못 크다고 운운했습니다."라고 하였습니다. 이런 까닭으로 급히 아룁니다.[14]

---

14) "甲戌正月, 竹島被捉罪人蔚山居朴於屯·安龍福處, 發問目推問, 則朴於屯招內,
癸酉三月, 租二十五石·銀子九兩三錢等物, 載持貿魚次, 自蔚珍向三陟之際, 漂
風到泊於所謂竹島, 而竹島至於伯耆州遠近事段, 矣身留駐本島第三日, 倭人七
八名, 不意中乘船來到, 執捉矣身, 仍自其島, 發船經三晝四夜之後, 始達伯耆州
爲白乎旀, 竹島大小周回段, 其大, 較之於釜山前洋絶影島, 則二倍有餘是白遣,
周回則不能詳知, 而所見極廣闊是白乎旀, 山形段, 山有三峯, 高峻接天是白遣,
其餘多是平廣之地, 而川水, 流出於海是白乎旀, 樹木·芦竹·禽獸等物段, 有柯
重木·柄子木·香木, 又有冬栢木是白遣, 有大竹, 其節甚長, 其圍甚大, 而直聳

이 기사는 『변례집요』 갑술甲戌(1694년) 정월 조에 실려 있다. 이로 미루어 보아, 이것은 그 전해에 동래로 귀국한 다음에 처음으로 이루어진 문초에서 박어둔과 안용복의 공초내용을 기록한 것이 확실한 것 같다.

이러한 위의 자료에서 심문의 주된 대상은 박어둔이었다. 이것은 안용복이 서울에 사는 오충추吳忠秋의 외거 노비外居奴婢였는데 비해 그는 평민이었기 때문에,15) 신분적인 차이로 인해 그렇게 되었을 가능성이 있다. 실제로 박어둔의 호적을 연구한 이준구는 "호적의 기재 내용으로 본 박어둔은 1687년 호적에서 신호新戶로 등재되었는데 전 거주지인 부내府內의 대대면에서 처양면 목도리로 이주해왔다. 그는 역명役名이 병영 염간鹽干, 신분과 직업이 양인 어부[良海尺]이므로 양인으로 천한 역(염간)을 부담한 신량역천身良役賤이었다."16)라고 한 것으로 보아, 그가 안용복보다는 신분이 자유로웠던 것은 사실이다.

그러한 박어둔의 진술 가운데 ㉠에서 그는, "계유년(1693) 3월에 벼 25석과 은자銀子 9냥 3전 등의 물건을 배에 싣고 고기와 바꾸고자 울진에서 삼척으로 향할 때 바람 때문에 표류하여 이른바 '죽도'에 배를 정박하게 되었습니다."라고 하여, 그들이 울릉도에 간 것을 폭풍 탓으로 돌리고 있다. 그리고 구체적으로 벼 25석과 은자 9냥 3전 등의 물건을 싣고 고기와 교환하기 위해서 삼척으로 가던 도중에 그

參天是白遣, 又有箭竹是乎旀, 島中人戶居住事段, 即今雖無居住之人戶, 而遺基礎石相連, 而空基, 多有生蒜之處是白乎旀, 本島去伯耆州水路里數事段, 矣身被捉入去之時, 得水疾, 僵臥船中, 只記三晝四夜之後, 得達伯耆州, 而水路里數, 不能詳知是白乎旀, 此島前後, 更無他島云云, 安龍福招內, 山形草木等辭緣一樣, 而末端良中, 矣身被捉人入去之時, 經一夜, 翌日晩食後, 見一島在海中, 比竹島頗大云云, 緣由馳啓. 狀錄, 無回下"(국사편찬위원회, 『변례집요』 하(서울, 1970, 탐구당), 503~504쪽)

15) 岡嶋正義, 『竹島考』下. アンピンシャ와 トラヘ의 腰牌寫本 참조.

16) 이준구, 앞의 논문, 75쪽.

폭풍을 만났다고 했다.

그러나 이런 진술은, 먼 바다에 나가는 것을 금지하는 해금정책을 펴고 있는데도 불구하고 울릉도에 갔었기 때문에 중형을 피하기 위한 거짓 증언이었을 가능성이 있다. 이렇게 보는 이유는 대마도에 도착하여 1693년 9월 4일에 작성된 구상서에서는 "우리가 그 섬에 건너온 것은 전복과 미역이 상당히 있다는 것을 들었으므로 왔다.[17]고 하여, 그들의 울릉도 도해 목적을 정직하게 밝혔기 때문이다.

따라서 ⓛ에서 그가 말한, "이 섬에서 호키주까지 수로水路로 몇 리인지는 제가 붙잡혀 들어갈 때 수질水疾에 걸려 배 안에 누워 있어서 사흘 낮과 나흘 밤이 지난 뒤에 호키주에 닿았다는 것만 기억할 뿐 물길로 몇 리인지는 자세히 알지 못하며, 이 섬의 앞뒤로 다시 다른 섬은 없었습니다."라고 한 것도 반드시 사실이라고 단정하기는 어렵다고 하겠다. 이런 추정은 그가 먼저 심문을 받았으므로, 자칫하면 울릉도 도해의 주범主犯으로 몰릴 가능성이 있었다는 것을 배제할 수 없다는 데 근거를 두고 있다. 환언하면 어부 생활을 하는 박어둔이 배 멀미로 인해 아무 것도 보지 못했다고 진술한 것은 자신의 죄를 축소시키려는 저의에서 비롯된 거짓말로 볼 수도 있다는 것이다. 그것이 아니라면 박어둔이 정말로 배 멀미[水疾]로 누워 있었으므로 연행되는 과정에 독도를 보지 못했을 수도 있다는 것을 인정할 수도 있을 것이다.

그런데 박어둔이 이처럼 아무 것도 보지 못했다고 진술했는데 반해, 안용복은 ⓒ에서와 같이, "제가 붙잡힌 사람으로 (일본에) 들어갈 때, 하룻밤을 지내고 다음날 늦게 식사를 한 뒤에 바다 가운데 하나의 섬이 있음을 보았는데, 죽도에 견주어 자못 큽니다."라고 하여 하나의 큰 섬을 보았다고 하였다. 이와 같은 두 사람의 진술에 대해 시

---

17) "我々彼嶋二罷渡候儀蚫若布大分有之由承存拵二罷越候."(越常右衛門, 앞의 책, 254쪽)

모죠 마사오下條正男는 아래와 같은 견해를 피력한 바 있다.

> 울릉도로부터 '하룻길의 거리'에 있는 '대단히 큰' 섬은, 조선 령이라고 생각할 것이다. 그렇지만 울릉도에서 돗토리번에 이르는 사이에, 울릉도보다 '대단히 큰' 섬은 오키도隱岐島 이외에는 존재하지 않는다. 오늘날 일본과 한국에서 경계 다툼의 땅이 되고 있는 죽도는, 울릉도보다도 훨씬 작은 섬이다. 실제로 배 멀미로 배 안에 누워 있던 박어둔도, 울릉도의 '전후에 다시 다른 섬은 없다.'고 증언하고 있다. 아마도 안용복은 오키도를 우산도로 오인했을 것이다.[18)

그렇지만 시모죠의 이런 지적은 섬의 크기에만 초점을 맞춘 것으로, 한국 측의 주장이면 무엇이든지 부정하겠다는 속셈을 그대로 표출한 것이라고 보지 않을 수 없다. 왜냐하면 앞의 <자료 2>에서 제시한 「겐로쿠 6년 죽도로부터 하쿠슈에 조선인 연행 귀환의 취지 오야 쿠에몽 도사공 구상서」의 요약문에서, 3월 18일에 죽도를 출항하여, 오키국 후쿠우라福浦에 20일에 도착했다고 기록되어 있다. 특히 이 구상서는 박어둔과 안용복을 납치해간 장본인인 오야 집안 배의 도사공[船頭]이었던 히라베平兵衛와 구로베黑兵衛가 직접 작성한 것이었으므로, 시모죠의 주장에 따르는 경우 오키도에 도착을 해서 하루 동안 또 항해를 했다고 하는 해괴한 논리적 모순에 빠지는 결과를 초래하고 만다.

이 문제를 해결하는 데는 안용복이 <자료 7>의 ㉢에서 말한 것과 비슷한 진술을 한 것이 도움이 된다. 이 기록은 『죽도기사』 1693년 12월 5일자에 대마도로부터 다다 요사에몽多田与左衛門[19)에게 보낸 글 속에 들어 있으므로, 그 내용을 살펴보기로 한다.

---

18) 下條正男, 『竹島は日韓どちらのものか』(東京, 2004, 文藝春秋), 72쪽.
19) 다치바나 마사시게橘眞重를 가리킨다.

<자료 8>

　인질이 여기에 머물러 있는 사이 질문을 했을 때에 말한 것은, "이번에 간 섬의 이름은 알지 못합니다. 이번에 갔던 섬보다 북동에 해당되는 곳에 큰 섬이 있습니다. 거기에 머무는 사이에 잠깐 동안 (그 섬을) 두 번 보았습니다. 그 섬을 아는 자가 말하기는 우산도라고 말한다고 들었습니다. 끝끝내 가 본 적은 없습니다. 대개 하루 정도 (거리에) 있는 것이 아닐까라고 보인다."고 말하고 있습니다. 울릉도라고 하는 섬의 건은 일찍이 알지 못한다고 말하고 있습니다. 하지만 인질이 말하는 것의 허실을 가리기 어렵다고 말할 수 있기 때문에, 물어서 들은 것을 말씀드립니다. 거기에서 잘 들어서 아시기 바랍니다.[20]

　여기에서 안용복이 자기들이 갔던 섬의 이름을 알지 못하고 울릉도도 잘 모른다고 진술한 것도 그럴 만한, 충분한 이유가 있었다. 그들은 울릉도에 가면 처벌을 받는다는 사실을 너무도 잘 알고 있었으므로, 이렇게 그 이름을 모르는 체하면서도 우산도에 대한 정보는 정확하게 진술했던 것이 아닌가 한다.

　그러나 그는 대마도에 오기 전에 행해진 조사에서는 그들이 갔던 섬의 이름을 분명하게 '무루구세무'라고 했었다. 『죽도기사』 1693년 7월 1일자의 심문에서 "이번에 우리가 전복을 따러 온 섬은 항상 조선에서는 '무루구세무'라고 하는데, 일본 내에서는 죽도라고 한다는 것을 이번에 들었습니다."[21]라고 대답한 것이 바로 그것이다. 안용복

---

20) "質人奚許逗留之內相尋候節申候ハ, 今度參候嶋之名者不存候. 今度參候嶋より北東ニ當り大キ成嶋有之候. 彼地逗留之內漸二度見江申候. 彼嶋を存たるもの申候ハ, 于山嶋与申候通申聞候. 終ニ參りたる事ハ無之候. 大方路法一日路餘も可有之哉与相見江申候由申候. 鬱陵島与申候之儀者曾而不存候由申候. 乍然質人之申分虛實難斗候得共爲御尋得申進候, 其元ニ而能御聞可被成候."(越常右衛門, 앞의 책, 268~269쪽)

21) "此度我々共蚫取ニ參候嶋之儀常ニ朝鮮國にてハムルグセム与申候日本之內竹嶋与申所之由ハ此度承申候御事."(越常右衛門, 앞의 책, 245쪽)

의 이 진술에서 '무루구세무'라고 한 것은 무릉 섬(무릉도), 곧 울릉도를 가리키는 것이고, 이 울릉도를 일본에서 '죽도'라고 부른다는 사실을 알았다고 하였다. 그러므로 그는 일본에서 '죽도'라고 지칭하는 '울릉도'가 조선의 땅이란 사실을 일본인들에게 은연중에 주지시켰다는 해석이 가능해진다. 그리고 안용복이 이 울릉도의 북동쪽에 큰 섬이 있는데 (울릉도에) 잠깐 머무는 사이에 두 번 보기는 하였으나, 그가 가보지 않았다고 하는 우산도가 어디일까 하는 것은 독도에 대한 연구에서 반드시 해명되어야만 할 과제라고 하겠다.

그리하여 위의 자료에서 우산도라고 한 섬에 대해, 우선 <자료 7>의 ㉢에서 안용복이 "하룻밤을 지내고 다음날 늦게 식사를 한 뒤에 바다 가운데 하나의 섬이 있음을 보았는데, 죽도에 견주어 자못 크다."라고 했던, 그 섬이 아닐까 하는 생각을 해볼 수 있다. 다시 말해 안용복이 <자료 7>에서 보았다고 하는 섬의 실체를 파악한다면, 그들이 당시에 우산도라고 지칭했던 섬의 정체를 해명할 수 있고, 그렇게 된다면 얽히고설킨 독도 인지의 문제를 해결하는 실마리를 마련할 수도 있다는 것이다.

그래서 그 섬의 실체를 파악하기 위해서는 일본의 자료에서 그 단서가 되는 자료를 찾는 것이 더 바람직할 것이다. 그런데 바로 그러한 단서가 되는 자료로는 『죽도기사』의 1693년 6월 13일 조 기사에 실린, 동래 왜관에 머물고 있던 역관 나카야마 가베에中山加兵衛가 대마도의 가로家老 스기무라 우네메杉村釆女의 훈령에 대해 보냈던 아래와 같은 답신을 들 수 있다.

    <자료 9>
통사 나카야마 가베로부터 6월 13일 서장書狀을 가지고 회답을 보냈는데 위의 답신이 보내온 것에 관하여 아래와 같이 적습니다.
올해에도 그 섬에 벌이를 위해 부산포에서 장사배가 3척 나갔다는 것을

들었으므로, 한비차구라고 하는 부산포의 이국인을 덧붙여, 섬의 형편이나 크기 등을 확인하고 해로에 이르기까지 꼼꼼하게 살피도록 말했으므로, 특별히 위의 사람과 함께 덧붙여 보내어 돌아오는 대로 자세하게 듣는 것에 따라 아뢰겠습니다. 먼저 대충 들은 대로 별지에 적어서 올립니다.

곧 두려워하면서 적은, 구상의 각서

1. 부룬세미라고 하는 섬은 달리 있습니다. 구체적으로 들은 바 우루친도라고 하는 섬이 있습니다. 부룬세미의 건은 우루친도라고 하는 섬에 있습니다. <u>부룬세미의 건은 우루친도보다 동북에 위치하여 희미하게 보인다고 하는 것을 들었습니다.</u>

1. 우루친도의 크기는 하루 반 정도 돌아볼 정도에 있는 것이라고 합니다. 더욱이 높은 산에 논밭, 큰 나무가 있는 것으로 들었습니다.

1. 우루친도는 강원도 내 에구하이라는 포구에서 남풍을 (이용하여) 출범한다고 들었습니다.

1. 우루친도에 왕래하는 것은 재작년부터라고 하는 것이 틀림없습니다.

1. 우루친도에 건너가는 일은 관아에서 안다고 하지 않으며, 자기들의 벌이를 위해 몰래 건너가는 것입니다.[22]

---

22) "當年も被嶋江爲拵, 釜山浦より商賣船三艘罷越候由承届候付, ハンビチヤグ与申釜山之唐人相加, 嶋之樣子庄大夫具見届, 海路二至迄入念候樣二申付, 態右之者共二相加差越候, 歸着次第具承, 追而可申上候, 先荒增承候通別紙書付差上候.

1. ハブルンセミ之儀嶋違二而御座候, 具承届候處, ウルチントウト申嶋二而御座候, ハブルンセミ之儀者ウルチントウト申嶋二而御座候, ハブルンセミ之儀者ウルチントウより北東二當かすかに相見申由承候事.

1. ウルチントウ嶋の大サ一日半廻り程有之由二御座候, 尤高山二而田畑大木等有之候由承及候事.

1. ウルチントウ江者江原道之內エグハイと申浦より南風二出帆仕候由承及候事.

1. ウルチントウ江通申候事去去年より罷渡候儀相違無御座候事.

1. ウルチントウ江罷渡候儀, 公儀江相知不申, 自分之爲拵密密二罷渡候事.

右之外之儀ハンビチヤグ歸着次第具承届, 重而委細可申上候."(越常右衛門, 앞의 책, 243쪽)

이 자료의 밑줄을 그은 곳에서 보는 것처럼, 나카야마는 "부룬세미의 건은 우루친도보다 동북에 위치하여 희미하게 보인다고 하는 것을 들었습니다."라고 대답했다. 이것은 스기무라가 "죽도라는 것을 조선에서는 부룬세미라고 한다는 것으로 전해 들었습니다. 죽도라고 쓰고 조선에서 읽기를 부룬세미라고 하는 것입니까? 부룬세미란 어떻게 쓰는 것입니까? 울릉도라고 하는 섬이 있다고 합니다. 이것을 일반 사람들이 부룬세미라고 하는 것은 아닙니까? 일본에서는 울릉도의 건을 기죽磯竹이라고 합니다. 울릉도와 부룬세미는 다른 섬이 있는 것입니까? 부룬세미를 일본인은 죽도라고 말한다고 하는 것은 누가 말하는 것을 들었습니까?"[23]라고 물은 것에 대한 회답이었다.

그러므로 스기무라가 대마도에서 "울릉도를 부룬세미라고 부른다."는 소문을 들었다는 것은 명백하다. 그렇지만 이와 같은 전문傳聞이 잘못 되었다는 것을 밝히기 위해, 나카야마는 우루친도, 곧 울릉도의 동북에 희미하게 보이는 것이 부룬세미라고 한다는 답신을 보냈다는 것을 알 수 있다.

여기에서 부룬세미라고 하는 이 섬과 안용복이 보았다고 하는 섬과의 관계를 생각해 보지 않을 수 없다. 말하자면 울릉도에서 오키도로 가는 길목에 하루 밤낮이 걸리는 거리에 있는 섬과, 나카야마 가베中山加兵衛가 우루친도의 동북에 위치하며 희미하게 보인다고 한 섬이 관련을 가질 수도 있다는 것이다.

이런 상정을 하는 경우에는 당연히 그 타당성이 입증되어야 한다. 바로 그 타당성을 증명하는 자료로는 동해東海에 세 개의 섬이 존재

---

23) "竹島之儀朝鮮二而ハブルンセミト申候由被申越候, 竹島与書候而朝鮮讀二ブルンセミト申候哉. ブルンセミとハ如何樣二書申候哉. 鬱陵島与申嶋有之候, 是を下下之詞ニブルンセミと不申候哉. 日本二而者鬱陵島之儀を磯竹と申候, 鬱陵島とブルンセミハ別之嶋二而有之候哉. ブルンセミを日本人ハ竹島と申候与申儀者, 誰之咄二而被承候哉."(越常右衛門, 앞의 책, 242쪽)

한다고 하는 보고서가 좋은 참고가 된다. 이와 같은 참고 자료는 『죽도기사』 1693년(겐로쿠元禄 6) 12월 5일 조에 재판관으로 동래 왜관에 파견되었던 다카세 하치에몽高勢八右衛門이 조선 역관譯官 박동지朴同知로부터 들은 것을 전하는 답서答書를 들 수 있다.

<자료 10>

하치에몽이 사지佐次 승선장乘船場에 배가 닿았을 때 사지 승선장에서 박동지朴同知가 말한 것은, 죽도에의 출입의 건은 중요하다고 생각합니다. 앞서 조정 쪽에 역관 우두머리[首譯]로부터 불려가 들은 바는, 일본에서 죽도라고 하는 섬은 어느 방향에 있는가? 조선국에도 울릉도라는 섬이 있으므로, 만약에 이 섬의 일이라면 명확하게 조선 안에서 『(동국)여지승람』에도 이것이 실려 있습니다. 『여지승람』은 일본에도 전해진 책이냐고 물었으므로, 과연 일본에 전해진 것을 말씀드린다면, 마침내 일본도 잘 아는 일이기 때문에, 이번의 사신은 받아들이기 어려울 것입니다. 그러나 일본에서 죽도라고 하는 섬은 다른 섬입니다. 다른 섬이라고 하면 별다른 일이 없는 것으로 됩니다만, 대답도 바꾸지 않아도 된다는 것을 말씀드릴 수 있는데, 역관 우두머리 중에서 상의한 것은 ① 일본에 죽도라고 말하는 것은 반드시 울릉도의 일을 말하지만 아래와 같이左樣 조정에 말씀을 드린다면, 극히 중요한 일로 생각하기 때문에, ② 그 방향에 세 섬이 있다고 합시다. 하나는 울릉도, 하나는 우산도라고 합니다. (나머지) 하나는 섬의 이름은 말하지 않습니다. 이 사이에 어떤 것이라도 일본에서 죽도라고 하는 것을 죽도로 말하고, 이외의 섬을 조선국의 울릉도라고 말하면, (조선) 조정 쪽의 의견도 견지하고, 일본 쪽도 결말이 잘 끝나는 것이므로, 위와 같이 우리끼리 비밀로 이야기하는 것으로 답신을 합니다.24)

---

24) "八右衛門佐次乘着船之刻佐次乘二而朴同知申ハ, 竹嶋之出入之儀大絶存候. 先頃朝廷方江首二譯共被召寄被申聞候ハ, 日本二而竹嶋与申嶋ハいつれの方角二有之候哉. 朝鮮國二も鬱陵島与申嶋有之故, 若此嶋之事候得者, 愷二朝鮮之內二而興地勝覽二も載之有候.　興地勝覽者日本江渡りたる書二候哉与被尋候故, 如何二茂日本江渡りたる由申候ヘハ 左候ハゝ, 弥日本茂能御存知之事候故, 今度之御使者ハ難請事二候. 乍然日本二而竹嶋与申候ハ別之嶋候. 別之嶋二候ヘハ無別條事候間, 御返書も相替事無之由被申候故, 首譯中申談候ハ, 日本二竹

이것은 조선의 역관이었던 박동지가 역관 우두머리의 말을 빌려서 양국 사이에 제기된 울릉도와 죽도에 대한 문제를 해결하기 위해 제시한 방안을 적은 것이다. 그런데 밑줄을 그은 ①을 보면, 이미 당시에 그 교섭의 직접적인 창구였던 조선의 역관과 대마도의 재판관 사이에는 일본에서 말하는 죽도가 조선의 울릉도란 사실을 알고 있었다는 것을 확인할 수 있다.

그러나 그것을 사실대로 말하면 울릉도 쟁계의 타결이 어려워질 수 있다는 인식을 가졌던 것 같다. 그리하여 서로 상대국의 체면을 세워주면서 문제를 해결하겠다는 의도에서 박동지가 ②와 같은 말을 한 것으로 생각할 수 있다. 이 말이 비록 이처럼 임기응변으로 그 대처 방안을 제시한 것이라고 하더라도, 동해에 세 개의 섬이 있다고 한 것은 중요한 의의를 가진다고 보아도 좋을 것이다.

이와 같은 세 개의 섬에 착안한 사람이 일본의 다가와 고죠田川孝三였다. 그는 이들 세 섬에 착안하여, 「우산도에 관해서」라는 논고는 발표한 바 있다. 이 논문은 박병섭朴炳涉이 『안용복 사건에 대한 검증』[25]을 집필하면서 찾아내어 인용하였는데, 다가와는 (1) <자료 10>에서 역관이 ②에서와 같이 말했다는 것과, (2) <자료 9>의 밑줄을 그은 곳에서 그 명칭이 틀렸다고 생각되지만, 울릉도에서 희미하게 보이는 섬이 동북에 존재한다고 들었다고 한 것, (3) 그리고 <자료 8>에서 안용복이 울릉도의 동북에서 실제로 두 번 목격한 섬을 우산도라고 들었고, <자료 7>에서 그 거리는 대개 하룻길이며, 큰 섬이라고 했

嶋と申候ハ必定鬱陵島之儀ニ候へとも, 左樣朝廷方江申候而者至而大絶成事ニ存候故彼方角三嶋有之候. 一者鬱陵島, 一者于山嶋と申候. 一者嶋之名不申候. 此內いつれニ而も日本ニ而竹嶋与被仰候を竹嶋ニ相極候而, 外之嶋を朝鮮國之鬱陵島ニ用申候得ハ朝廷方之存分茂立. 日本向も御首尾能相濟申事候故, 右之通我々內談仕候而返答仕候."(越常右衛門, 앞의 책, 267쪽)
25) 박병섭, 『안용복 사건에 대한 검증』(서울, 2007, 한국해양수산개발원), 21~22쪽.

다는 것 등에 착안하여 내린 결론의 요점을 정리한다면 아래와 같다.

(가) 어쨌든 이상으로부터 울릉도 이외에 희미하게 볼 수 있는 섬이 존재하고, 그것이 우산도라고 불리고 있었던 것은 인정하지 않을 수 없다.

(나) 단적으로 만약에 이들 3도를 가지고 앞에서 적은 역관의 말(<자료 10>의 ②부분)에 비정한다면, 울릉도는 말할 것도 없이 우산도는 죽도竹島(竹嶼)로 생각하지 않으면 안 된다.

(다) 우산도는 (2)와 (3)에 의하면, 이 죽서竹嶼는 너무 가깝다. 북동이라고 하는 방향에 구애되지 않고 동방의 섬을 찾는다면, 동남에 우리가 오늘날의 죽도, 옛날의 송도 곧 리양쿠르 섬이 존재할 뿐이다.26)

이처럼 우산도를 오늘날 일본에서 말하고 있는 죽도, 곧 독도로 비정하면서 "바다의 섬을 희미하게 먼 곳에서 바라볼 때, 그 방향이나 크기가 틀리기 쉬운 것은, 당시의 지식으로 판단한다면 우선 있을 수 있는 일이라고 하지 않을 수 없다. 울릉도에서 이 죽도(리양쿠르도)를 바라볼 수 있는 것은, 나카이中井 교수 등의 1919년(大正 8) 울릉도 식물 조사서에 의하면, "울릉도 제일 높은 봉우리 상봉에서 날씨가 청명한 날 난도卵島(리양쿠르도)를 멀리서 바라볼 수 있다."고 한다. (안용복)의 말이 완전히 틀린 것이 아니라고 한다면, 대개 이 조건에 맞는 것으로서는 죽도(리양쿠르도) 이외에는 찾을 수가 없다. 즉 "우산도는 죽도로 비정하지 않으면 안 된다."27)라고 보았다.

그렇지만 그는 1988년에 발표한 「죽도 영유에 관한 역사적 고찰」이란 논고에서는 이런 주장을 변경하여 <자료 10>에서 말한 3개의 섬에 대해, "울릉 본도·죽서竹嶼 및 서항도鼠項島(관음도)의 3도라고도 생각할 수 있다. 그리고 그 우산도는 죽서를 가리키는 것은 아닐까?"

---

26) 田川孝三, 「于山島について」, 『竹島資料』 10(松江, 1953, 島根縣圖書館所藏), 101~102쪽.

27) 田川孝三, 위의 논문, 102~103쪽.

라고 하면서도, "여하간 결정적은 아니어서 여전히 혼란이 보이지만, 울릉도 본도와 별개로 우산도라는 섬이 알려지고, 또 위치는 정확하지 않으나, 혹은 1도에 명명되었다는 것은 사실이었던 것이다. 게다가 그것은 반드시 먼 시기가 아니라, 이 1692-1693년경부터의 일로 생각된다."[28]라고 하였다.

이렇게 다가와 고죠가 자신의 주장을 바꾼 이유는 정확하게 알 수가 없다. 하지만 그가 발표한 전자의 논문에 '취급주의'라는 도장이 찍혀 있는 것으로 보아, 이것은 발표 당시에 제한된 사람들만 볼 수 있었던 특별한 연구였음이 틀림없다. 그렇다고 한다면 후자는 전자에서의 객관적인 연구를 일본 측의 독도 영유권 주장에 도움이 되게끔 바꾼 것이 아닌가 하는 의심을 자아내게 한다.

그래서 비교적 객관적이었다고 생각되는 다가와의 처음의 주장을 받아들이는 경우, 당시의 조선 사람들은 이미 독도를 인지하고 있었다는 해석이 가능하게 된다. 환언하면 울릉도 쟁계는 단순히 울릉도 문제에만 국한되었던 것이 아니라, 독도 문제와도 연계된 것이었다고 보아도 좋다는 것이다. 그리고 박어둔이 비록 배 멀미 때문에 독도를 보지 못했다고 진술했지만, 이런 말을 액면 그대로 받아들일 수 없기 때문에, 그도 역시 안용복과 마찬가지로 독도를 인지했을 가능성을 부정할 수는 없을 것이다.

4. 울릉도 쟁계의 타결과 독도

1693년에 시작된 울릉도 쟁계는 1695년까지 타결이 되지 않고 있

---

28) 田川孝三, 「竹島領有に關する歷史的考察」, 『東洋文庫書報』 20(東京, 1988, 東洋文庫), 23~24쪽.

었다. 이렇게 타결이 늦어졌던 이유는 대마도 도주가 죽도(울릉도)를 자국의 영토라고 주장하면서 조선 조정의 서계에서 울릉도란 말의 삭제를 요구하였으나, 그것이 받아들여지지 않고 있었기 때문이었다. 그로 인해 조선과 대마도 측과의 교섭은 교착 상태에 빠질 수밖에 없었다.

그렇게 되자 1695년 10월에 전 대마도 도주가 막부에 출두하여, 로츄老中 아베 붕고노카미阿部豊後守에게 3년에 걸친 울릉도 쟁계[竹島一件]에 대해 그 간의 경과를 보고하면서, 막부의 지시를 구했다. 이러한 사실은 1853년에 막부의 명령에 따라 대학두大學頭인 하야시 아키라林飛·復齋가 편찬한 대외 관계의 사례집인 『통항일람通航一覽』29)에 기록되어 있다.

<자료 11>
겐로쿠 8 을해년乙亥年(1695) 10월, 덴류인공天龍院公 - 살피건대 소 요시자네宗義眞이다. 요시자네는 겐로쿠 원년元年(1688)에 그 직을 그만두고 있었는데, 요시미치義方가 나이 어렸기 때문에 섭정攝政을 명받았다. - 이 동무東武(에도江戶의 별칭)에 알현하였다. 그리하여 집정執政 아베 붕고노카미에게 아뢰기를. "죽도에 관한 건은 전 태수가 사자를 보내 논담論談하게 한 것도 이미 3년이 지났습니다. 조선이 강경하게 죽도를 가지고 그 나라의 땅이라고 하며, 마침내 우리의 청을 들어주지 않았습니다. 어떻게 대처해야 하겠습니까?"라고 하였다.30)

---

29) 박병섭, 앞의 책, 8쪽.

30) "元祿八乙亥年十月 天龍院公 按するに宗義眞なり. 義眞元祿五年すでに致仕せしが, 義方幼年により, 攝政を命せれしなり. 東武に覲せられる. よりて執政阿部豊後守に稟するに, 죽도의 일관, 선태수사をして論談せしむるもの, いま既に三年なり. 彼國固く竹島を以て其國の地なりとして, 終に我に聽く事なし. 如何といふを以てせらる."(早川純三郎 編, 『通航一覽』卷137, 朝鮮國部 竹島條(大阪, 1913, 淸文堂出版), 27쪽)

이러한 문의를 했다는 것은, 대마도 측으로서도 자기들이 죽도(울릉도)를 자기네 땅으로 만들려고 했던 것이 제대로 성사되지 않자 상당히 곤혹스러운 처지에 놓여 있었음을 나타낸다고 하겠다. 다시 말해 조선 조정의 강경한 반발로 뜻을 이룰 수 없다는 것을 알게 되면서, 위와 같은 문의를 했다는 해석이 가능하다는 것이다.

1695년 10월에 이런 질의를 받은 막부의 로츄 아베 붕고노카미는 이 문제의 해결을 위해 돗토리 번주鳥取藩主인 마쓰타이라 호키노카미松平伯耆守에게 다음과 같은 질문을 하기에 이르렀다.

<자료 12>

같은 해(1695년) 12월 24일 마쓰타이라 호키노카미의 하인을 불러, 하쿠슈伯州에서 죽도에 어민들이 간 해 이래 고기를 잡은 것에 관해 문서로 물은 각서.

1. ⓐ <u>인슈因州와 하쿠슈伯州에 부속하는 죽도는, 언제부터 양국에 부속하였는가?</u> 선조에게 영지가 내려진 이전부터의 일인가? 또는 그 후의 일인가 하는 것.

1. 죽도는 대강 어느 정도의 섬인가? 사람이 살고 있는지 없는지에 관한 것.

1. 죽도에 고기를 잡으러 사람이 간 것은 언제부터인가? 매년 가는가? 또는 가끔 가는가? 어떻게 고기를 잡는가? 어선 수도 많이 가는가 하는 것.

1. 3·4년 전에 조선인이 와서 어렵을 하여, 그때에 인질로 두 사람을 잡아 왔다고 하는데, 그 이전에도 그때그때 왔었는가? 오지 않다가 위의 2년 사이에만 계속해서 왔었는가 하는 것.

1. 1·2년은 가지 않았는가 하는 것.

1. 몇 해 전에 (조선인이) 왔을 때에 어선 수는 어느 정도였고, 사람은 어느 정도 왔는가에 관한 것.

1. ⓑ <u>죽도 외에 양국(이나바因幡·호키伯耆)에 부속하는 섬이 있는가?</u> 이와 함께 고기를 잡으러 양국의 사람이 가는가에 관한 것.

위의 상황을 알고 싶어 문서를 보냅니다. 이상.[31]

이것은 1693년 12월 24에 번주의 하인을 불러서 보낸, 조사 지시의 문서이다. 이런 이 문서의 ⓐ를 통해서, 막부에서는 죽도가 이나바주因幡州나 호키주伯耆州에 부속되는 것을 오인하고 있었다는 것을 알 수 있다.32) 그러면서도 ⓑ에서는 죽도 이외에 또 두 지방에 부속하는 섬이 있느냐고 물었다. 이와 같은 문의는, 일본에서 죽도라고 부르던 울릉도에 대한 실상을 파악하기 위해서 행해진 것으로 보인다.

그런데 이런 문의서가 돗토리번에 보내졌다는데 주목할 필요가 있다. 두루 알다시피 돗토리鳥取는 오야 집안이 살고 있는 요나고米子가

---

31) "同年十二月廿四日松平伯耆守家來召寄, 伯州より竹嶋江漁民相越年來漁探仕
   候由相聞候付, 付を以尋候覺

   1. 因州伯州江附候竹嶋者, いつの頃より兩國江附屬候哉, 先祖領地被下候以前
      より之儀候哉, 但其以後より之儀候哉之事.

   1. 竹嶋者大方何程はかりの嶋候哉, 人居無之候哉之事

   1. 竹嶋者漁探ニ人參候儀何頃より相越候哉, 年々參候哉, 又者折節參候哉, 如
      何樣之獵仕候哉, 舟數 も多參候哉之事.

   1. 三四年以前朝鮮人參致獵候, 其砌, 人質ニ兩人被捕候, 其以前も折々ハ參候
      哉, 終不參右之節兩年打續參候哉之事

   1. 一兩年者不相越候哉之事

   1. 先年參候時分者, 船數何程斗, 人も何程參候哉之事

   1. 竹嶋之外兩國江附屬之嶋有之候哉, 是又漁探ニ兩國之者參候哉之事

   右之通承度候書付可被差越候, 以上."(中村元起, 「磯竹島事略」, 『독도연구』 3
   (경산, 2007, 영남대독도연구소), 343쪽)

32) 나이토 세이쮸內藤正中도 "막부로서는 죽도가 인슈와 하쿠슈 양국을 지배하
   는 돗토리번에 속하는 것으로 생각하고 있었다."고 보았다(內藤正中, 『竹島
   (鬱陵島)をめぐる日朝關係史』(東京, 2000, 多賀出版), 86쪽). 이런 인식은 앞의
   <자료 4>의 밑줄 친 ③에서 "죽도라고 하는 곳은 호키노카미 님의 영지도
   아니며 이나바因幡에서 160리 정도에 있는 곳이라고 합니다. 전복이 명물이
   어서 대대로 호키노카미 님으로부터 죽도 전복을 막부에 헌상하는 장소인
   것이라고 합니다."라고 하여, 일본 땅이 아닌 것으로 생각했던 것과는 상당
   한 차이를 보인다. 그러나 이와 같은 인식을 하게 되기까지에는 중간에서
   농간을 부렸던 대마도의 역할 때문이 아니었을까 한다.

소속된 번藩이었다. 그 오야 집안의 어부들이 박어둔과 안용복을 납치해갔으므로, 어느 의미에서 보면 사건의 당사자일 뿐만 아니라 죽도(울릉도)의 소속 문제에 대해 사실을 가장 정확하게 알고 있을 것으로 생각했기 때문에 돗토리번에 그 사실을 확인하려고 했다고 볼 수 있다.

이러한 문의에 대해, 돗토리번의 회답서는 그 다음날인 25일에 에도江戶에 있던 번주藩主의 저택으로부터 곧바로 막부에 제출되었다. 번주藩主가 이처럼 빨리 회답을 보낼 수 있었던 것은 이미 그 전에 막부의 조회가 있었고, 그에 대한 근거들을 조사해두지 않고는 불가능한 일이었을 것이다.

<자료 13>
위의 답서   마쓰타이라 호키노카미
1. ㉮ 죽도는 이나바·호키에 부속하지 않습니다. 호키국의 요나고 마을 사람町人 오야 쿠에몽, 무라카와 이치베라고 하는 자가 도해를 한 건은 마쓰타이라 신타로가 영주領主일 때, (막부로부터) 봉서奉書로써 명령하였다는 것을 들었습니다. 그 이전에도 도해했다는 것도 듣고는 있습니다만, 그 건은 잘 알지 못합니다.
1. 죽도의 둘레는 대략 8·9리쯤 되고, 살고 있는 사람은 없습니다.
1. 죽도에 고기를 잡으러 가는 계절은 2·3월경이고, 요나고에서 출항하는 배는 매년 건너갑니다. 그 섬에서 전복 등을 잡는 배의 수는 대소 2척이 갑니다.
1. 4년 전인 신년申年(숙종 18, 1692)에 조선인이 그 섬에 왔을 때, 선원들이 (그들을) 만났던 일은 그때 말씀드렸고, 다음 유년酉年(숙종 19, 1693)에도 조선인이 왔기에, 우리 도사공들이 만난 조선인 두 사람을 연행하여 요나고로 돌아온 그것도 보고를 올리고 나가사키로 보냈습니다. 술년戌年(숙종 20, 1694)에는 조난 풍파로 어쩔 수 없이 그 섬에 착안한 것도 보고했습니다. 올해에도 도해하였더니, 이국인이 많이 보였기에 착안하지 못한 채 돌아오게 되어, 송도松島에서 전복을 조금 잡아 돌아왔다고, 위와 같이 보고하

여 올립니다.

1. 신년申年에 조선인이 왔을 때 배 11척 중에 6척은 난풍을 만나고, 남은 5척은 그 섬에 머물렀는데, 인원은 53명이었습니다. 유년酉年에는 배 3척에 인원 42명이 와 있었습니다. 올해에는 배와 많은 사람이 보였으나, 착안하지 못해서 분명하지 알지 못하였습니다.

1. ㉯ 죽도, 송도 그 외에 양국에 부속하는 섬은 없습니다. 이상[33)]

그러나 <자료 12>에서와 같은 막부의 문의에 대해, 돗토리 번주가 보낸 회답은 의외意外의 것이었다고 볼 수밖에 없다. 그 까닭은 위의 <자료 13> ㉮에서 "죽도는 이나바·호키에 부속하지 않습니다."라고 한 것은 막부로 하여금 이 섬이 일본의 소속이 아니란 사실을 일깨우도록 하였기 때문이다. 바꾸어 말하면 막부로서는 죽도가 이나바나 호키에 부속하는 것으로 생각하고, 그 사실의 확인을 위해서 <자료 12>의 ⓐ와 같은 질문을 했었다. 그렇지만 돗토리 번주의 답변에서 죽도가 그 어디에도 속하지 않는다고 했으므로, 그것이 조선

---

33) "右之返答　松平伯耆守

1. 竹嶋者, 因幡伯耆附屬ニ而者無御座候, 伯耆國米子町人大屋九右衛門, 村川市兵衛と申者渡海漁採仕儀候. 松平新太郎領國之節御奉書を以被仰付候旨承候. 其以前渡海仕候儀も有之候樣承候得共, 其領相知不申候事.

1. 竹嶋廻凡八九里程有之由人居無之候事.

1. 竹嶋江漁採參候節者, 二月三月比米子出船每年罷越候. 於彼地蚫みちの魚獵仕候, 船大小貳艘參候事.

1. 四年以前申年, 朝鮮人彼嶋江參居節, 船頭共參逢候儀, 其節御届申上候. 翌酉年も朝鮮人參居申內, 船頭共參逢朝鮮人貳人連候而米子江罷歸, 其段茂御届申上長崎江相送申候, 戌年者逢難風, 彼嶋着岸不仕段御届申上候, 当年茂渡海仕候處, 異國人數多見へ申候間, 岸不仕相歸候節, 松嶋にて蚫少々取申候. 右之段御届申上候事.

1. 申年朝鮮人參候節, 船拾一艘之內六艘逢難風 殘五艘者, 彼嶋ニ留り, 人數五十三人居申候. 酉年者 船三艘 人四拾貳人參居申候事.

1. 竹嶋松嶋其外兩國江附屬之嶋無御座候事. 以上."(中村元起, 앞의 책, 344쪽)

에서 자기네 땅이라고 주장하고 있던 울릉도를 가리킨다는 것을 명확하게 알게 되었을 것으로 추정된다.

그런데 여기에서 관심을 불러일으키는 것이 있다. 그것은 <자료 12>의 ⓑ에서 "죽도 외에 양국(이나바·호키)에 부속하는 섬이 있는가?"라고 물은 것에 대해, 돗토리 번주인 마쓰타이라 호키노카미가 <자료 13>의 ⓓ에서 "죽도, 송도 그 외에 양국에 부속하는 섬은 없습니다."라고 하여 죽도와 송도, 곧 울릉도와 독도를 하나의 세트로 보고 있었다는 점이다.

이렇게 그때에 돗토리 번주는 죽도라고 부르던 울릉도뿐만 아니라 송도라고 부르던 독도까지도 이나바나 호키의 소속이 아니란 사실을 분명하게 하였다. 그러므로 막부가 이를 바탕으로 하여 울릉도 도해 금지령을 내린 것은 독도 도해의 금지와도 관련을 가지고 있다는 것을 말해준다고 하겠다. 이런 사실을 보다 더 명확하게 하는 답변서가 『기죽도사략磯竹島事略』에 남아 있으므로, 그것을 소개하기로 한다.

<자료 14>

1. 죽도竹嶋(울릉도) 외에 송도松嶋(독도)라고 하는 섬이 있어, 이나바국因幡國 호키국伯耆國에 부속하는 섬이냐고 물은 것에
   위 건에 송도는 두 곳에 속하지 않습니다. 죽도에 도해하는 길에 있는 섬입니다.

1. 죽도에서 이나바국 호키국으로부터 거리道程가 얼마나 되느냐고 물은 것에, 이나바국에서 죽도에는 도해하지 않습니다. 호키국으로부터 뱃길로 160리 정도에 있습니다.

1. 죽도에서 조선국朝鮮國에의 거리가 얼마나 되느냐고 물은 것에, 해상의 거리는 알지 못하지만, 대개 40리 정도에 있다고 도사공[船頭]들은 같이 말합니다.

겐로쿠 9년(1695년) 12월 25일 마쓰타이라 호키노카미[34]

---

34) "伯耆守江段段相尋候付 又又書付差出候覺

위의 자료에서 밑줄을 그은 곳, 곧 "위 건에 송도는 두 곳에 속하지 않습니다. 죽도에 도해하는 길에 있는 섬입니다."라고 한 것은 막부에서 죽도뿐만 아니라 송도도 이나바와 호키에 부속하는 것이냐고 물었던 것에 대한 답변이었다. 그리고 이와 같은 물음이 있었다는 것은 막부에서도 돗토리번과 마찬가지로 죽도(울릉도)와 송도(독도)를 하나의 세트로 인식하고 있었다는 사실을 나타낸다. 그렇다면 울릉도 쟁계는 단순히 울릉도의 소속에만 국한된 문제가 아니라, 독도의 소속까지도 포함한 문제로 인식하고 있었음이 틀림없었다는 것을 알 수 있다.

그래서 박어둔과 안용복을 납치해감으로써 제기되었던 울릉도 쟁계에서 막부가 내린 도해 금지령을 살펴보기로 한다. 에도 막부는 1696년(숙종 22, 겐로쿠 9) 1월 28일에 로츄 오쿠보 카가노카미大久保加賀守와 아베 붕고노카미阿部豊後守, 토다 야마시로노카미戶田山城守, 쯔치야 사가미노카미土屋相模守 등 4명의 연서로 요나고의 주민 두 명에게 허가했던 죽도 도해를 금지하는 뜻을, 돗토리 번주에게 하달하였다.

<자료 15>
몇 해 전에 마쓰타이라 신타로가 이나바주因幡州와 호키주伯耆州를 다스리고 있었을 때, 무라카와 이치베와 오야 진기치가 상태를 살피려 죽도에 도해하였으나, 지금에 이르러 고기잡이를 한다고 하더라도, 향후 죽도로 도해하는 것을 금지해야 한다고 (막부가) 명하셨기 때문에, 그 뜻을 받들어야 할

---

1. 竹嶋之外松嶋与申嶋 因幡國伯耆國江附屬之嶋ニ候哉之事,
     右, 松嶋兩國江附屬ニ而ハ無御座候, 竹嶋江渡海之筋ニ在之嶋ニ而御座候
1. 竹嶋江因幡國伯耆國より道程何程有之候哉之事
     因幡國より竹嶋江渡海ハ不仕候. 伯耆國より船路百六拾里程有之候.
1. 竹嶋より朝鮮國江道程何程在之候哉之事.
     海上道程難知候., 凡四十里餘茂可在御座哉与, 船頭共申候.
(元祿九年) 十二月 二十五日 松平伯耆守."(中村元起, 앞의 책, 345쪽)

것이다. 외람되게 삼가 아룀.[35]

이것이 막부로부터 에도에 있던 돗토리 번주에게 내려진 도해 금
지령이다. 막부가 이와 같은 금지령을 내리면서 그 근거로 삼았던 것
이 바로 <자료 14>에 있는 돗토리 번주의 답변서였다. 곧 죽도와 송
도가 이나바와 호키에 부속하지 않는다는 것과, 죽도가 호키에서는
160리인데 비해 조선에서는 40리라고 하여 그 거리가 일본 쪽이 더
멀다는 것이었다. 여기에서 후자에 대해서는 조선과 일본 사이에 본
토로부터 섬까지의 거리 원근에 따라 그것의 소속을 결정하는 관습
이 존재했다는 점에 유의할 필요가 있다.[36]

5. 고찰의 의의

위에서 울릉도 쟁계가 발생하는 계기가 되었던 박어둔과 안용복의
납치 사건에 대해 고찰하였다. 이런 연구를 시도한 이유는 이제까지
울릉도 쟁계 문제를 총체적으로 검토한 논문은 나오지 않고 있으면
서, 안용복의 영웅화만을 시도하고 있기 때문이었다. 다시 말해 박어
둔과 안용복이 같이 일본에 납치되어 갔었음에도 불구하고 후자는
울릉도와 독도를 사수한 영웅으로 숭앙되고 있는데 반해, 전자는 전
혀 연구의 대상에서 제외되어 왔다는 것이다. 그리하여 안용복은 장

---

35) "先年松平新太郎因州伯州領知之節 相窺之伯州米子之町人村川市兵衛, 大屋
   甚吉竹島へ渡海, 至于今雖致漁候, 向後竹島へ渡海之儀制禁可申付旨被仰出之
   候間, 可被存其趣候. 恐恐謹言."(內藤正中, 위의 책, 84쪽에서 재인용)
36) 김화경, 「섬의 소유를 둘러싼 한·일 관습에 관한 연구」, 『독도연구』 7(경산,
   2009, 영남대독도연구소), 5~40쪽. 이 책의 본 장 제2절에 수록하였음을 밝
   혀둔다.

군으로 숭배되는 데 그치지 않고, 그 리더십이 미국의 전 대통령 아이젠하워와 비견되는 웃지 않을 수 없는 코미디가 연출되기도 하였다. 이에 반해 박어둔은 명함조차 제대로 내밀지 못하고 있는 독도 연구의 현실을 조금이나마 바로잡아 보겠다는 의도에서 본 연구가 수행되었다. 그래서 이들의 납치 과정과 거기에서 파생된 울릉도 쟁계, 그리고 그 타결 과정에서 울릉도와 독도가 어떻게 인식되었는가 하는 문제를 집중적으로 살펴보았다. 이와 같은 목적 아래서 이루어진 연구의 결과를 간단하게 요약하면 아래와 같다.

첫째 1693년의 울릉도 쟁계는 일본 돗토리번의 어부들이 박어둔과 안용복을 납치해간 것을 계기로 하여 발생되었다. 원래 이것은 일본의 어부들이 죽도라고 부르던 울릉도에서의 어업권을 확보하려는 목적에서 시작되었다. 하지만 이 사건은 조선 조정과 일본 막부와의 중간에 교섭 창구로 등장한 대마도 도주의 농간, 곧 어부들을 토관土官이라고 하여 관직을 사칭하고 죽도를 일본의 땅이라고 하면서 조선 어부들의 출어를 금지시키려고 함으로써 영토 분쟁의 양상으로 변모되었다.

둘째 이러한 대마도의 흉계에 힘을 실어준 꼴이 된 것은 당시 예조의 1도 2명설이었다. 곧 울릉도는 조선의 땅이고 죽도는 일본의 땅이라는 논리로 대마도 측의 도발을 무마하려고 들었던 태도로 인해, 대마도 측의 끈질긴 도전을 받았다는 사실을 확인하였다.

셋째 납치되었던 박어둔과 안용복이 귀국한 다음, 처음에는 전자가 먼저 심문을 받았다. 이처럼 박어둔이 먼저 공초를 당한 것은 그가 양인良人이었는데 비해, 안용복은 노비였기 때문이었을 것이라는 추정을 하였다. 그렇지만 그들의 진술은 때에 따라 말을 바꾸었으므로, 그것의 진실성 여부는 엄밀한 검증이 필요하였다. 이런 검증 과정을 거치면서, 주위에서 이루어진 진술들을 종합하면 그들이 당시에 우산도, 즉 오늘날의 독도를 인식하고 있었다는 사실을 알아내게 되었다. 그러므로 울릉도 쟁계는 이들에게 독도를 인지하는 계기를 마련해주었다고 할 수 있다.

넷째 일본의 막부가 울릉도를 조선의 땅으로 인정하고 돗토리번 요나고의 오야·무라카와 두 집안에 도해 금지령을 내리면서, 그들은 죽도(울릉도)와 송도(독도)를 하나의 세트로 인식하였다는 사실도 아울러 확인하였다. 이것은 죽도 도해금지령이 울릉도 도해만 금지한 것이었지 독도 도해는 금지하지 않았었다고 하는, 현재 일본 외무성의 주장이 거짓말이란 사실을 입증하는 좋은 자료라고 할 수 있다.

이상과 같은 결론은 추출하면서 자기 나라에 유리한 견해만을 주장할 것이 아니라, 한·일 두 나라의 학자들이 모든 자료를 내어놓고 허심탄회한 토론을 거쳐 정말로 독도가 어느 나라의 영토인가 하는 문제를 심도 깊게 검토하는 공동의 장을 마련하였으면 한다는 것을 덧붙여둔다.

제2절 섬의 소유를 둘러싼 한·일 관습에 관한 연구
-'울릉도 쟁계'의 결말에 작용된 관습을 중심으로-

1. 문제의 제기

한·일 간에는 독도의 영유권을 둘러싸고 첨예한 대립을 보이고 있다. 하지만 이 문제의 해결을 위한 원만한 방법은 아직까지 제시되지 않고 있다.

그래서 본 연구에서는 그 해결책의 하나로 조선 숙종肅宗 때에 울릉도의 소유권을 두고 벌였던 한·일 간의 다툼, 곧 울릉도 쟁계鬱陵島爭界가 해결될 때에 준용되었던 관습을 적용하여, 이 문제를 해결하는 방안을 모색하려고 한다. 이런 방안을 모색하는 이유는, 일본의 외무성이 "죽도는, 역사적 사실에 비추어 보더라도, 또 국제법상으로도 우리나라 고유의 영토입니다."[1]라는 주장을 그들의 홈페이지에 게재하고 있기 때문이다.

실제로 그들의 이러한 주장이 사실이라고 한다면, 한국은 독도에 대한 영유권을 주장할 아무런 근거가 없다. 하지만 이와 같은 주장이 사실이 아니라면, 일본은 지금까지도 국가적인 차원에서 남의 나라 영토를 탈취하려는 노력을 계속하고 있다는 비난을 감수하지 않으면 안 된다.

---

1) http://www.mofa.go.jp/mofaj/area/takeshima/index.html

원래 사회생활을 현실적으로 지배하는 규범으로서의 법은, 어떤 사실을 근원根源으로 하여 성립되는 것인데, 우리는 이것을 법원法源이라고 한다. 법원이 되는 사실은 2대별된다. 하나는 법적인 규범을 의식적으로 정립하는 입법의 작용이고, 다른 하나는 법적인 규범의 성립을 무의식적으로 유치하는 관행의 사실이다. 전자의 법원에 의해 발생하는 법은 곧 제정법制定法 또는 성문법成文法이라 하고, 후자의 법원에 의해 발생하는 법을 관습법慣習法 또는 불문법不文法이라고 한다. 이렇게 법원으로서의 관습의 문제 또는 관습법의 문제는, 법에 관한 근본문제의 일부분을 구성하는 것이다.[2]

따라서 근대적인 국제법 문제를 운운하기 이전에 한국과 일본 사이에 섬의 소유에 관한 관습이 존재했다고 한다면, 당연히 그 관습을 먼저 고찰하지 않으면 안 된다. 이런 의미에서 울릉도 쟁계 때에 일본의 막부가 그들의 관습에 따라, 울릉도를 조선의 영토로 인정했던 것은 현재 문제가 되고 있는 독도 문제를 해결하는 하나의 실마리가 될 수 있다고 보아도 좋을 것이다.

2. 울릉도 쟁계의 발단과 그 경과

한국에서는 울릉도 쟁계가 시작된 것을 1693년으로 보고 있다. 곧 박어둔朴於屯과 안용복安龍福이 1693년 3월 28일 울릉도에서 일본 호키국伯耆國 요나고米子의 오야大谷 집안 어부들에게 피랍된 것을 계기로 하여, 동 섬의 어업권을 두고 벌어졌던 영유권의 분쟁이 1693년부터 시작되었다고 보고 있다.[3]

---

2) 恒藤恭, 『羅馬法に於ける慣習法の歷史及理論』(東京, 1924, 弘文堂書房), 序1쪽.
3) 오야 쿠에몽大谷九右衛門 배의 도사공이었던 구로베黑兵衛와 히라베平兵衛의 「구

그러나 일본 측의 기록을 보면, 오야 집안의 어부들이 이들을 연행한 것은 그 전해인 1692년에도 울릉도에서 조선의 어부들을 조우遭遇했었기 때문이었다. 이와 같은 사정은 돗토리번鳥取藩의 『비망록控帳』에 기록되어 있어, 저간의 사정을 상정할 수 있게 한다.

<자료 1>

겐로쿠元祿 5년(1692) 2월, 무라카와村川·오야大谷의 도해선渡海船이 요나고米子를 출발하여, 3월 28일에 죽도에 닿았다. 이때 처음으로 동 섬에 조선의 출어자出漁者를 발견하였다. 섬 안의 둘레에 쳐둔 어구漁具와 어선은 그들 때문에 빼앗기고, 전복도 대부분 거둬들인 뒤였으므로, 4월 상순에 요나고에 돌아와, 곧 아라오荒尾 씨에게 호소하였고, 돗토리에 있어서도 도사공 두 사람을 동내의 공무 담당자의 집회소[會所]에 불러서 사태를 검토하여, 그것을 막부에 보고했다.[4]

이것을 보면 그들이 막부로부터 도해면허渡海免許를 받아 고기를 잡고 있던 울릉도에 조선의 어부들이 들어가 어로 활동을 함으로써, 독점적인 어로 활동이 불가능하게 되었다는 것을 알 수 있다. 그래서 이 문제를 공론화하기 위해, 1693년에는 의도적으로 박어둔과 안용복을 연행했던 것이다. 이 당시의 상황을 비교적 자세하게 기술하고 있는 것이, 1693년 3월 27일자로, 당사자인 오야 쿠에몽大谷九右衛門 배의 도사공이었던 히라베平兵衛와 구로베黑兵衛 두 사람의 연명으로 제출했던 「겐로쿠 6년 죽도로부터 하쿠슈에 조선인 연행 귀환의 취지 오야 쿠에몽 도사공 구상서」이란 제목의 보고서이다.

상서口上書」에 의하면, 1693년 3월 18일 이들 조선인이 울릉도에서 피랍된 것으로 되어 있다(內藤正中, 『竹島(鬱陵島)をめぐる日朝關係史』(東京, 2000, 多賀出版), 68쪽).

4) 內藤正中, 위의 책, 62쪽.

<자료 2>

그들은 호키의 요나고를 2월 15일 출선하여, 동 17일의 아침에 이즈모出雲(시마네현의 동부)의 구모쯔雲津(시마네현의 미호세키정美保關町)에 도착하였고, 3월 2일에 구모쯔를 출항하여, 오키국隱岐國[5]의 도젠島前의 끝 마을에 도착하여, 3월 9일까지 동 지방國에 머물다가, 다음 10일에 도고島後의 후쿠우라福浦에 도착했습니다. 4월 16일에 후쿠우라를 출발해서, 동 17일 오후 2시 무렵에 죽도 내의 도센가사키에 도착해서 섬에 올라가 본즉, 해조류海藻類들을 상당히 말리고 있었으므로, 이상하게 생각하여 주변을 보았더니, 외국인唐人의 짚신이 있기에, 더욱 이상하게 생각했습니다만, 해가 저물었기 때문에, 그 날 밤은 그대로 버려두었다가, 다음 18일에는 소선小船에 수부水夫 5인과 우리 둘, 이상 7인이 타고, 서쪽 포구에 가보았으나, 외국인이 보이지 않았으므로, 그로부터 북쪽 포구에 가본즉, 외국배 한 척이 있었으며, 가건물이 지어져 있고, 외국인 한 사람이 있었습니다. 가건물의 안을 보았더니, 전복과 해조류가 상당히 거둬들여져 있었으므로, 그 외국인에게 사정을 문의하였지만, 통역이 없었기에 사정을 들을 수가 없어, 위[6]의 외국인을 소선에 태워, 오탠구라고 하는 곳으로 찾아간즉, 외국인 10인 정도가 어렵漁獵을 하고 있었습니다. 그 가운데에 통역 한 사람이 있어, 이쪽의 소선에 태우고, 북쪽 포구에서 태웠던 외국인을 배로부터 실어, 그 외 한 사람, 이상 두 사람을 태우고 사정을 물었더니 (뜻이) 통했습니다. 죽도의 일은 거친 해변이기 때문에, 이쪽의 배는 흔들린다고 생각하여, 두 사람의 외국인을 태우고, 이쪽 원래의 배(큰 배)로 돌아왔습니다. (그런 다음) 위의 외국인을 데리고 귀환했습니다. 그 연유는 작년에도 이 섬에 외국인이 있었으므로, 거듭 이 섬에 건너와서 어렵을 하는 것은 절대로 안 된다고, 위협하고 나무라면서 여러 번 말했는데도, 또 금년에도 외국인이 어렵을 하고 있었기 때문에, 그렇게 한다면 이후에 섬에서 어렵을 할 수가 없습니다. 아주 성가신 일이라고 생각하여, 황송하지만 무엇인가 양해를 구해야 한다고 생각하고, 위의 외국

---

5) '쿠니國'는 나라를 의미하기도 하지만, 옛날부터 근대까지 일본의 행정 구획을 의미하기도 하였기 때문에, 본고에서는 구체적으로 어떤 곳을 지칭할 때는 '국'이라고 하였고, 그 이외에는 '지방'으로 번역하였다는 것을 밝혀둔다(新村出 編, 앞의 책, 691쪽).

6) 이 글이 세로로 쓰인 문장이어서 '우右'로 기록되어 있으나, 본 논고는 가로로 쓰기 때문에 '위'라고 하였음을 밝혀둔다.

인 두 명을 연행하여, 4월 18일에 죽도를 출항해서, 오키국 후쿠우라에 동 20일에 도착했습니다. 그런데 오키의 번소番所[7]에서 우리들을 불러, 외국인의 구상서를 받으라는 명령이 있었기 때문에 우리들이 말씀드린 것은, 즉 외국인들이 있으므로 직접 물어보실 것을 말씀드리자, 다음과 같은 뜻으로 외국인들을 불러내어 사정을 들었으며, 그 위에 여러 곳의 촌장[庄屋]들이 입회하여, 외국인의 구상서를 쓰고, 우리들에게도 위 외국인의 구상서에 날인을 하게 하려고 했지만, 강하게 거절하여 날인하지 않았습니다. 그 후에 번소에서 외국인에게 술 한 통을 보냈습니다. 동 23일에 후쿠우라를 출항하여 도젠에 도착하였고, 동 26일 도젠으로부터 출항해서, 동 26일 낮에 운슈 雲州(이즈모)의 나가하마長濱에 도착하였으며, 동 27일에 요나고에 들어왔습니다.

당 4월 27일   도사공 쿠로베·동 히라베[8]

그러나 이러한 진술이 사실을 그대로 말하고 있는 것일까 하는 데는 의문을 가지지 않을 수 없다. 왜냐하면 위의 기록에서는 당시 조선의 어부들과 오야 집안에서 보낸 어부들 사이에 어떠한 충돌도 없었던 것처럼 기술되어 있기 때문이다. 당시 조선의 어부들 40여 인이 울릉도에 들어갔었다. 이렇게 많은 사람들이 있었음에도 불구하고 위에서 이야기하고 있는 것처럼, 아무런 충돌도 없이 박어둔과 안용복이 순순히 그들에게 연행되어 갔다고는 생각하기 어렵다. 이와 같은 의문에 얼마간의 해답을 주는 것이 『변례집요邊禮集要』에 전해지는 경상감영의 장계狀啓이다.

여기에는 박어둔과 함께 갔던 6인을 붙잡아 와서 문초를 받았는데, "무릉도에 닿아서 김득생 등 여섯 사람은 뭍에 내려 숨었는데, 박어둔 등 두 사람은 미처 배에서 내리기 전에 왜인 여덟 명이 배를 타고

---

7) '번소'는 에도시대에 교통의 요충지에 설치하여, 통행인과 선박 등을 지키며 징세 등을 행한 곳을 말한다(新村出 編,『廣辭苑』(東京, 1983, 岩波書店) 1986쪽).
8) 鳥取藩 編集部, 앞의 책, 496쪽.

갑자기 이르러 칼과 조총으로 두 사람을 위협하여 잡아갔다."[9]는 것이다. 이와 같은 그들의 진술을 액면 그대로 받아들일 수는 없는 것 같다. 그 이유는 그들이 조정에서 울릉도에 가지 못하게 하는 해금 정책을 펴고 있다는 것을 잘 알고 있었으므로 표류하였다고 하였으나, 『죽도기사』에서는 분명하게 전복과 미역을 따려고 건너갔던 것으로 기록되어 있기 때문이다.

어쨌든 이들의 연행을 계기로 하여, 일본의 에도 막부는 조선 조정에 대해 자기들의 죽도에 어부들의 출어를 막아달라는 요청을 하는, 이른 바 울릉도 쟁계가 발발하게 된다. 당시에 그들이 노린 것은 무엇인가 하는 문제는 일본 측의 자료인 『조선통교대기朝鮮通交大紀』에 잘 기술되어 있다.

<자료 3>
귀국의 바닷가 어민들이 근년에 ㉮ 본국의 죽도에 배를 타고 와서 몰래 고기잡이를 하고 있는데, 이곳은 절대로 와서는 안 되는 곳입니다. 그래서 ㉯ 토관土官이 나라에서 금한다는 것을 상세하게 말하기를, 다시는 오지 못하게 하고 이어 저들을 모두 돌려보냈습니다. 그런데 올 봄에 나라에서 금하는 것을 돌아보지 아니하고, 어민 40여 명이 죽도에 들어와서 뒤섞여 고기잡이를 했습니다.
이런 이유로 토관이 그 어민들 중에서 두 사람을 억류하여 주사州司(주의 관리)에게 일질로 삼아 일시적인 증거로 삼기로 하였기 때문에, 우리나라 이나바주因幡州의 주목州牧이 즉시 전후의 사상事狀을 동도東都(막부가 있던 에도를 가리킴)에 치계馳啓하였던 바, (동도에서) 저들 어민을 폐읍에 맡겨 본토로 돌려보내고, 이 뒤로는 그 섬에 어민들이 절대로 접근하지 못하도록 하여, 금제를 더욱 엄하게 하라는 명을 받았습니다. 이에 불녕不佞은 동도의 명을 받들어 귀국에 알리는 바입니다. 운운.[10]

---

9) "漂到武陵島, 金得生等六人, 下陸隱匿, 朴於屯二人, 未及下船之前, 倭人八名, 乘船忽到, 以刀釖·鳥銃, 威脅兩人, 執捉以去事."(禮曹 典客司, 『邊禮集要』 肅宗 20年 8月條)

이것은 대마도의 태수太守[11]였던 타이라 요시쯔네平義倫가 박어둔과 안용복을 귀국시키면서 예조에 보낸 서신을 요약한 것이다. 이러한 이 서신에서 밑줄을 그은 ㉮에서 "본국의 죽도"라고 표현한 것으로 보아, 당시에 대마도 측이 '울릉도'에 자기들이 부르는 '죽도竹島'라 는 이름을 붙여, 일본의 땅으로 만들려고 했다는 사실을 확인할 수 있다. 이것은 한국이 우산도 또는 자산도子山島, 석도石島 등으로 불러 오던 독도에 '죽도'라는 이름을 붙여서 탈취를 강행했던 것을 정당화 시키고 있는 현재의 상황과 너무도 흡사한 발상이었음을 드러내고 있어, 역사가 반복되고 있다는 것을 절감하지 않을 수 없다.

여하간 그들은 죽도가 자기네 영토이기 때문에 조선의 어부들이 고기잡이를 위해 이곳에 들어와서는 안 된다고 하면서, 도해금지를 요청하기에 이르렀다. 그러면서 오야大谷·무라카와村川 두 집안에 고 용되었던 어부들을 ㉯에서 보는 것처럼 토관土官, 곧 지방의 관리라 고 사칭을 하였다. 그들은 실제로 아무런 관직도 가지지 않은, 일개 어부에 불과한 존재들이었다. 그런데도 여기에서 토관이란 용어를 사용한 것은 박어둔과 안용복의 강제 연행을 정당화시키기 위한 방 편이었을 것으로 추정된다. 이런 추정을 하는 까닭은 이들의 연행을 계기로 울릉도에서의 어업권을 확보하고, 나아가서는 울릉도를 점유 하기 위해서는 같은 어부 출신이라고 하기보다는 지방의 관리를 사

---

10) "貴域瀨海漁民 比年行舟於本國竹島 竊爲漁採 極是不可到之地也. 以故土官 詳諭國禁 固告不可再 乃使渠輩盡退還矣. 然今春亦復不顧國禁 漁氓四十餘口 往入竹島 雜然漁採. 由是土官拘留其漁氓二人 而爲質於州司 以爲一時之證 故我國因幡州牧 速以前後事狀 馳啓東都 蒙令彼漁氓附與弊邑以還本土 自今 而後結莫容漁船於彼島 弥可存禁制 不佞今奉東都之命 以報知貴國云云."(內 藤正中, 위의 책, 75쪽에서 재인용. 역은 송병기 편, 『독도영유권자료선』(춘 천, 2004, 한림대 출판부), 69쪽을 참고하였음)

11) '카미'라고 읽는 '守'는 지방의 장長을 의미하지만, 조선과 일본 측의 문헌 에 '태수太守'로 쓰고 있으므로, 여기에서도 이 용어를 그대로 습용한다.

칭하는 것이 바람직하였을 것으로 생각되기 때문이다.

이처럼 일본의 막부와 대마도 도주는 치밀한 계획 아래, 울릉도에서 납치해갔던 박어둔과 안용복을 귀국시키면서, 조선 측 어부들의 도해금지를 요청했던 것이다. 이에 비해 조선 조정의 대응은 1도 2명설을 취하는 어정쩡한 것이었다.

<자료 4>

예조에서 회답하는 서신에 이르기를, "폐방에서 어민을 금지 단속하여 바깥 바다[外洋]에 나가지 못하도록 했으니 비록 우리나라의 울릉도일지라도 또한 아득히 멀리 있는 이유로 마음대로 왕래하지 못하게 했는데, 하물며 그 밖의 섬이겠습니까? 지금 이 어선이 감히 귀국의 경역[貴境]의 죽도에 들어가서 번거롭게 거느려 보내도록 하고, 멀리서 서신으로 알리게 되었으니, 이웃 나라와 교제하는 정의는 실로 기쁘게 느끼는 바입니다. 바닷가 백성이 고기를 잡아서 생계生計로 삼게 되니 물에 떠내려가는 근심이 없을 수 없지마는, 국경을 넘어 깊이 들어가서 난잡하게 고기를 잡는 것은 법으로서도 마땅히 엄하게 징계하여야 할 것이므로, 지금 범인들을 형률에 의거하여 죄를 과하게 하고, 이후에는 연해 등지에 과조科條를 엄하게 제정하여 이를 신칙하도록 할 것이오."라고 하였다.[12]

이와 같은 예조의 회신은 앞의 <자료 3>에서 대마도의 태수가 말한 "본국의 죽도"란 표현을 인정해주는 것 같은 태도를 취하고 있다. 그렇지만 단순히 그것만을 인정한 것이 아니라, "우리나라의 울릉도"라는 표현도 아울러 사용하고 있어, 한 섬의 두 이름을 채택하고 있다는 것이 특이하다고 하겠다. 하지만 숙종은 그들이 말하는 죽도

---

12) "自禮曹覆書曰 弊邦禁束漁氓 使不得出於外洋 雖弊境之鬱陵島 亦以遼遠之故 不許任意往來 況其外乎. 今此漁船 敢入貴境竹島 致煩領送 遠勤書諭 隣好之誼 實所欣感. 海氓獵漁 以爲生理, 不無漂轉之患 而至於越境深入 雜然漁採 法當痛懲. 今將犯人等 依律科罪 此後沿海等處 嚴立科條而申勅之."(『肅宗實錄』肅宗 20年 2月 23日 辛卯 條)

가 울릉도인 것 같다는 동래부사의 장계를 그대로 받아들이고 있었다는 것이『승정원일기承政院日記』숙종 20년 1월 15일 계축 조에 드러나 있다.

<자료 5>
　　상께서 말씀하시기를, "어제 동래부사의 장계를 보니, 이른바 죽도라고 하는 곳은 울릉도인 것 같다고 하였다."라고 하니, 내선來善(좌의정 목내선을 말함)이 말하기를, "각각 사람들의 초사招辭(죄인의 진술 내용)를 살펴보건대, 그 중 한 사람이 도착한 섬은 또한 다른 섬이라고 하니, 이 섬이 과연 왜인이 말하는 죽도인지 알지 못하겠습니다."라고 하였으며, 암黯(우의정 민암을 말함)이 말하기를, "그들에게 속한 섬이 죽도인 듯합니다."라고 하였다.13)

이러한『승정원일기』의 기록을 통해서, 당시의 집권층이 울릉도에 대해 가지고 있던 지식의 일단을 엿볼 수 있다. 곧 왜관倭館이 있어 대마도의 왜인들과 접촉을 하고 있던 동래부사가 죽도는 울릉도인 것 같다는 장계를 올렸고, 또 숙종 자신도 그것을 사실로 믿었던 것으로 보인다. 그럼에도 좌의정이었던 목내선睦來善은 박어둔과 안용복이 도착했다고 하는 섬이 왜인들이 말하는 죽도일 가능성을 인정하였고, 우의정이었던 민암閔黯은 죽도가 일본에게 속한 것 같다고까지 말했다는 것이다. 이와 같은 사실은 당시의 위정자들이 영토에 대해 명확한 지식과 의지를 가지고 있지 않았음을 반영하는 것이어서 많은 시사를 던져주고 있다.

이 문제는 어찌 되었든, 이렇게 하여 조선 조정과 일본 막부 사이에 시작된 울릉도에 대한 어업권과 영유권의 귀속문제는 지루한 논

---

13) "上曰, 昨見東萊府使狀啓, 則所謂竹島, 似是蔚陵島矣. 來善曰, 考見各人招辭, 其中一人所到之島, 又是別島矣. 未知此島, 果是倭人所謂竹島乎? 黯曰, 渠之所屬之島, 似是竹島矣."(『承政院日記』肅宗 20年 1月 15日 癸丑條)

란을 계속하게 되었다. 다시 말해 예조에서 보낸 회신에서 1도 2명설을 취한 것이 발단이 되어, 대마도 측에서는 '울릉도'란 어구의 삭제를 요구하였고, 조선 측에서는 그것을 거절하는, 밀고 당기는 식의 공방이 몇 번인가 되풀이되었다. 이 당시 상황에 대한 조선 측의 대응 자세를 엿볼 수 있는 자료가 예조의 전객사典客司에서 정리한『변례집요邊禮集要』숙종 20년 2월조에 남아 있다.

<자료 6>

  같은 달(1694년 2월) 서울 접위관[京接慰官]의 별단別單(정식이 아닌 별도의 예단禮單)은 대략 이번에 차왜가 찾아온 일입니다. 진실로 하나의 섬에 두 가지 이름의 의심이 있으니 옳고 그름을 밝힐 뜻이 없지 않으나, 파도가 아득한 가운데 섬의 하나 둘을 분명하게 알기는 어렵고, 분명히 알기 어려운 일로 화친을 맺어 사이가 좋은 이웃나라와 틈이 생기는 실마리를 내는 것은 두루 살펴 깊이 삼가는 도리가 아닙니다. 그러므로 우선 둘로 나누는 논의를 해서 울릉도임을 보이면 우리 땅의 모양이 될 것입니다. 그래서 바야흐로 조정에 돌아가자마자 아뢰어야 할 말들을 별도로 아래에 기록합니다.14)

여기에서 말하는 서울의 접위관은 당시에 조정에서 파견하였던 홍중하洪重夏를 가리킨다. 그러니 홍중하의 위에서와 같은 보고는 대마도에서 파견된 다치바나 마사카네橘眞重가 찾아와서 '울릉도'란 어구의 삭제를 요구한 것에 대해 자신의 견해를 밝힌 것이라고 볼 수 있다. 그런데 여기에서 우리의 관심을 끄는 것은 1도 2명의 사실을 해명하려는 의지가 미약했다는 점이다. 즉 울릉도와 죽도가 한 섬의 두 이름이란 사실을 밝히는 것이 일본과의 화친을 저해할 수 있으므로,

---

14) "同月, 京接慰官別單, 大略今此差倭出來之事, 固有一島二名之疑, 非無卞覈之
    意, 而海濤微茫之中, 島之一與二, 難可以明知, 以難明之事, 至發釁端於和好
    之隣邦, 有非周愼之道, 故姑爲分而二之之論, 以示蔚島則爲吾土之狀, 而方當
    還朝所聞說話, 別爲開錄于左."(禮曹 典客司, 『邊禮集要』 肅宗 20年 2月條)

울릉도임만을 강조하자는 것이다. 그러면서 그는 아래와 같은 별도의 기록을 덧붙였다.

<자료 7>

제1조, 차왜가 혹시 우리나라가 다투어 시비를 가릴 일이 있을까 염려하여 따로 문자를 효해하는 왜인을 데려와서 이로써 규명하려 하니, 차왜가 또한 그 하나의 섬이 두 가지 이름을 가짐을 아는 듯합니다.

제2조, 통사왜通事倭(일본어를 통역하던 왜인)가 역관에게 물어 말하기를 "죄인들을 어찌 다시 문초하지 않습니까?"라고 하기에, "당신 나라에서 이미 죽도에 들어갔다고 말했으니, 어찌 믿지 못하고 다시 문초할 수 있겠습니까?"라고 대답하니, 통사왜가 말하기를 "참으로 그렇습니다. 어둡고 못난 죄인들이 그들이 들어간 섬이 죽도와 울릉도가 됨을 어찌 기억할 수 있겠습니까?"라고 했습니다. 이로써 규명하니 죄인들이 울릉도에 들어간 것을 저들에게 말한 듯합니다.

제3조, 차왜가 갑자기 말하기를 "울릉도가 진실로 귀국의 땅임을 압니다만, 임진년(1592, 선조 25) 뒤로 일본이 차지하게 된 것은 지봉芝峯(이수광李睟光의 호)의 말 중에 있지 않습니까?"라고 하여, 역관이 대답하기를 "임진년에 약탈된 것이 다만 울릉도뿐이겠습니까? 결국은 일본이 차지한 것은 비록 하나의 풀과 나무라 하더라도 우리나라로 다시 되돌아오지 않은 것이 없으니, 울릉도는 저절로 다시 되돌아온 것 중에 있습니다. 『지봉만필芝峯謾筆』이 어찌 참으로 근거할 만한 글이 된다고 감히 이것을 원용하여 말하십니까?"라고 하니, 차왜가 머리를 숙이고 대답을 하지 못했습니다. 차왜가 지봉이 기록한 것으로 일찍이 시험해 보려는 계획을 삼았는데, 역관의 대답이 그 속마음을 꿰뚫어 보았습니다. 그래서 차왜가 곧 울릉도와 죽도는 각각 자기의 섬이 된다는 말로써 그의 말끝을 맺고, 끝내 '1도 2명'을 감히 말하지 못한 것은 대개 스스로 돌이켜보아 위축되지 않아서인 것 같습니다.

제4조, 차왜가 데려온 사람인 소베摠兵衛가 말하기를, "울릉도와 죽도를 따지지 말고 바다 섬 가운데에 두 국민들이 서로 왕래하며 몰래 장사를 하는 폐단이 없지 않으니, 울릉도에는 귀국에서 들어가는 것을 금지하고, 죽도에는 일본에서 그 왕래하는 것을 금지한다면, 뒷걱정

이 없을 것입니다.”라고 하니, 역관이 대답하여 말하기를, “당신들은 마땅히 죽도도 금지시킨다는 뜻으로 에도江戶에 말해야 할 것입니다.”라고 하였습니다. 소베가 말하기를, “죽도엔 큰 대나무가 많아서 그것을 베어서 필요한 곳에 쓰기 때문에 비록 모두 금하여 못하게 하기는 어려우나, 자주 왕래하는 것을 허락하지 않는다면, 근심거리는 되지 않을 듯합니다.”라고 했습니다.

제5조, 소베가 말하기를, “회답서계 중에 ‘울릉’이란 글자가 반드시 들어간 것엔 깊은 뜻이 있는 듯한데, 어찌 말하지 않습니까?”라고 하니, 역관이 말하기를, “글을 지을 때 우리나라가 해금海禁을 엄격히 함을 밝히고, 우리 섬도 금지한다는 뜻을 증명하여 말하고자 하는 뜻이니, 어찌 다른 뜻이 있겠습니까?”라고 하였습니다. 소베가 말하기를, “우리들은 울릉도가 귀국의 땅임을 이미 알고 있으나, 에도에서 스스로 어떤 말을 둘 만한 것이고, 귀국이 이 두 글자를 서계 중에 먼저 넣어서 보내니, 뒤에 차례로 변문卞問(의심나는 것에 대해 옳고 그름을 가리는 일)하는 일이 다시 있을까 두려워할 뿐입니다. 혹시 이와 같다면 도주島主께서 어찌 에도에 거듭 죄를 얻지 않겠습니까? 걱정이 되는 것이 여기에 있습니다.”라고 하니, 역관이 말하기를, “변문의 말은 실로 뜻밖이며, 장차 무슨 말을 증명하고 무슨 일을 변정辨正(일의 옳고 그름을 가려 바로 잡는 것)함을 말한 것입니까?”라고 하였습니다. 소베가 말하기를, “사람의 생각은 알지 못하는 것이 없는 까닭으로 말한 것입니다. 반드시 증명할 만한 말과 변정할 만한 일이 있음을 말한 것은 아닙니다.”라고 하였습니다.

제6조, 차왜가 역관에게 “울릉도가 어느 쪽의 바다에 있습니까?”하고 물으니, 역관이 “울진蔚珍과 삼척三陟 땅의 건너편에 있습니다.”라고 말했습니다. 차왜가 “죽도는 울릉도로부터 거리가 얼마쯤입니까?”라고 말하니, 역관이 “다만 울릉도만 알 뿐이고, 죽도가 어느 곳에 있는지는 듣지 못하였습니다. 공은 울릉도가 죽도로부터 거리가 얼마쯤인지 알고 있습니까?”라고 말했습니다. 차왜가 “나도 죽도만 알 뿐입니다.”라고 하고, 차왜가 다시 “울릉도는 산의 형세가 어떠합니까?”하고 물으니, 역관이 “공들은 『여지승람輿地勝覽』15)을 보지 못했으니

---

15) 『여지승람輿地勝覽』은 조선시대의 인문지리서人文地理書인 『신증동국여지승람

까? 세 봉우리가 있다고 합니다."라고 하였습니다. 차왜가 웃으며 "죽도도 세 봉우리가 있다고 합니다. 두 섬의 봉우리 수가 우연히 서로 같으니, 또한 괴이한 일입니다."라고 했습니다.

제7조, 이제 왜인이 앞뒤로 말한 뜻을 살펴보니, 그들이 '1도 2명'의 형상을 미루어 알고, 조정에서 '울릉' 두 글자로 서계 중에 거론한 것을 비록 통변洞卞(사물을 꿰뚫어 보고 일의 옳고 그름을 가림)하여 직척直斥(당사지가 있는 곳에서 나무라고 배척하는 것)하는 통쾌함만 같지는 못하지만, 그들이 다른 날에 증신證信의 자료로 삼으면, 명문明文(권리나 자격, 사실 따위를 증명하는 문서)으로 삼을 만하다고 여긴 것이니, 일은 비록 순조로우나, 뜻은 실로 심원합니다. 차왜가 삭제하기를 청한 것은 또한 이것을 헤아린 것 같으며, 곧바로 함께 다투어 시비를 가리는 것보다 오히려 낫다고 여긴 까닭입니다. 마침내 아주 순순히 받아들이고 돌아갔습니다.[16]

新增東國輿地勝覽』을 지칭하는 말로, 1481년(성종 12)에 『동국여지승람東國輿地勝覽』 50권을 완성하고, 이를 다시 1486년에 증산增删·수정하여 『동국여지승람』 35권을 간행하고, 1499년(연산군 5)의 개수를 거쳐 1530년(중종 25)에 이행李荇·홍언필洪彦弼의 증보에 의해 이 책을 완성하게 되었다. 이 책의 권45, 강원도 울진현에는 "우산도于山島, 울릉도鬱陵島, 무릉武陵이라고 하고 우릉羽陵이라고도 부른다. 두 섬은 울진현의 정동쪽 바다 가운데에 있으며, 세 봉우리가 하늘로 곧게 솟았으며, 남쪽 봉우리가 낮다. … 일설에 의하면 우산도와 울릉도는 원래 한 섬이라고 한다."라고 되어 있다.

16) "第一條, 差倭, 或慮我國有爭卞之事, 別爲帶來曉解文字之倭人, 以此推之, 似是差倭, 亦知其爲一島二名, 第二條, 通事倭, 問於譯官曰, 罪人等, 何不更推耶, 答以, 爾國旣云, 入往竹島, 則何可不信而更推乎, 通事倭曰, 誠然矣, 迷劣罪人等, 其所入往之島, 爲竹島與蔚陵島, 何能記得乎云云, 以此推之, 似是罪人等, 以入往蔚陵島, 爲言於彼中, 第三條, 差倭忽發言曰, 蔚陵島, 固知其爲貴國地, 而壬辰後, 爲日本占據者, 芝峯說中, 不有之乎, 譯官答, 以壬辰之被掠, 其獨蔚島而已, 畢竟日本之所占據者, 雖一草一木, 莫不復歸於我國, 蔚島自在復歸之中矣, 芝峯護筆, 豈爲眞的可據之文, 而乃敢援此爲言耶, 差倭低頭不答, 差倭以芝峰之所記, 欲爲嘗試之計, 譯官所答, 破其肝膽, 故差倭, 乃以蔚·竹各自爲島之說, 畢其言端, 而終不敢以一島二名發說者, 盖緣自反而不縮, 第四條, 差倭率來人摠兵衛曰, 毋論蔚與竹, 海島之中, 兩國民之互相往來, 不無潛商之弊, 蔚島, 則自貴國禁其入往, 竹島則, 自日本禁其往來, 可無後慮, 譯官答曰, 爾等宜以竹島亦禁之意, 爲言於江戶矣, 摠兵衛曰, 竹島多大竹, 爲其伐取需用,

그런데 이 보고서에서는, 홍중하와 다치바나 사이의 교섭은 상당히 합리적으로 이루어진 것 같은 인상을 받는다. 우선 제1조에서 차왜가 한 섬이 두 이름을 가지고 있다는 사실에 대해 알고 있는 듯한 반응을 보였다. 그리고 제3조에서 이수광의 『지봉유설芝峯類說』을 근거로 하여 울릉도가 과거에는 조선 땅이었으나, 임진왜란 이후로 일본이 차지했다고 한 것에 대해 반론을 제기하자 차왜가 머리를 숙이고 대답하지 못했다는 것과, 또 "울릉도와 죽도는 각각 자기의 섬이 된다."는 식으로 말끝을 맺었다는 것은 조선 측의 주장을 받아들였던 것이 아닌가 한다. 그리고 제4조에서 "울릉도에는 귀국, 곧 조선에서 들어가는 것을 금하고, 죽도에는 일본에서 왕래하는 것을 금한다."고 한 것은, 어느 의미에서는 울릉도에 대한 양국의 영유권을 인정하는 것처럼 생각할 수도 있으나, 제5조에서 "우리들은 울릉도가 귀국의 땅임을 이미 알고 있다."고 한 것으로 보아 그들도 무리하게 자기들의 주장을 관철시키려고 하지 않았다는 것을 확인할 수 있다. 또 제6조

雖難一切禁斷, 不許頻數往來, 則似無逢着之患矣云云, 第五條, 摠兵衛曰, 回書中, 必入蔚陵文字, 似有深意, 何不言之耶, 譯官曰, 作文之際, 欲明我國海禁之嚴, 而證言我島亦禁之意也, 豈有他意, 摠兵衛曰, 吾等, 旣知蔚島之爲貴國地, 自可有言於江戶, 而但恐貴國, 先入此二字於書中以送之, 後復有次第卞問之擧矣, 倘或如此, 則島主豈不重得罪於江戶乎, 所慮在此云云, 譯官曰, 卞問之言, 實是意外, 將謂證何說卞何事耶, 兵衛曰, 人之思慮, 無所不知故云, 非必謂有可證之說可卞之事也云云, 第六條, 差倭問於譯官曰, 蔚陵島, 在於何邊海中耶, 譯官曰, 在於蔚珍・三陟等地越邊矣, 差倭曰, 竹島自蔚陵島相距幾何云耶, 譯官曰, 但知蔚陵而不聞竹島在何處耳, 公則知蔚陵島自竹島相距幾何耶, 差倭曰, 吾亦但知竹島耳, 差倭復問曰, 蔚島山形何如, 譯官曰, 公等, 不見輿地勝覽乎, 有三峯云矣, 差倭笑曰, 竹島亦有三峯云, 兩島峯數, 偶然相同, 亦是怪底事云云, 第七條, 今以倭人前後語意觀之, 則其爲一島二名之狀, 可以推知, 朝家以蔚陵二字, 擧論於書契中, 雖未若洞卞直斥之爲快, 而其爲他日證信之資, 則足可爲明文, 事雖巽順, 而意實深遠, 差倭之請删, 盖亦揣此, 而以其猶愈於直與爭卞之故, 終至順受而歸."(禮曹 典客司, 『邊禮集要』 肅宗 20年 2月條)

에서 차왜가 본 죽도의 모습이나 조선의 역관이 본 울릉도의 모습이 같음을 인정한 것도 이와 같은 인식의 결과라고 볼 수 있다.

이상과 같은 양국 사자들 간의 의견 교환은 결국 울릉도를 조선의 영토로 인정하고, 호키주 요나고의 오야·무라카와 두 집안에 부여했던 울릉도에의 도해 면허를 거두어들이는 도해 금지령을 내리는 것으로 일단락되었다.

3. 울릉도에 대한 조선 영토의 인정 이유

1696년(숙종 22, 겐로쿠 9) 1월 28일, 에도 막부江戶幕府는 로츄老中[17]였던 오쿠보 카가노카미大久保加賀守와 아베 붕고노카미阿部豊後守, 토다 야마시로노카미戶田山城守, 쯔찌야 사가미노카미土屋相模守 등 4명의 연서連署로 요나고米子의 주민 두 명에게 허가했던 죽도 도해를 금지하는 뜻을, 돗토리 번주鳥取藩主에게 전달하였다.

> <자료 8>
> 몇 해 전에 마쓰타이라 신타로가 이나바주因幡州와 호키주伯耆州를 다스리고 있었을 때, 무라카와 이치베와 오야 진기치가 상태를 살피려 죽도에 도해하였으나, 지금에 이르러 고기잡이를 한다고 하더라도, 향후 죽도로 조해하는 것을 금지해야 한다고 (막부가) 명하셨기 때문에, 그 뜻을 받들어야 할 것이다. 외람되게 삼가 아룀.[18]

---

17) 에도 막부에서 쇼군將軍에 직속하여 정무를 총괄하고 다이묘大名를 감독하던 직책으로 정원은 4·5명이었다고 한다.

18) "先年松平新太郎因州伯州領知之節 相窺之伯州米子之町人村川市兵衛, 大屋甚吉竹島へ渡海, 至于今雖致漁候, 向後竹島へ渡海之儀制禁可申付旨被仰出之候間, 可被存其趣候. 恐恐謹言."(內藤正中, 위의 책, 84쪽에서 재인용)

이것이 마쓰타이라 호키노카미松平伯耆守에게 하달된 도해 금지령인데, 기타자와 세이세이北澤正誠의 『죽도고증竹島考證』에도 이와 비슷한 내용이 기록되어 있다.

<자료 9>

겐로쿠 9년 정월 28일 소宗 게이부刑部 타이후大輔[19]가 (대마도)국國으로 돌아가면서, 에도 성에 갔을 때 로츄 4인이 나란히 앉은 가운데 토다 야마시로노카미로부터 죽도의 건에 관해 각서 한 통을 건네받았다. 몇 해 전[先年] 이래 호키주의 요나고 주민 두 명이 죽도에 가서 어로를 해왔는데, 조선인도 그 섬에 와서 일본인과 뒤섞여 무익한 일이 되었으므로, 향후 요나고의 주민이 도해하는 것을 금지한다는 명령이었다.[20]

이것을 보면, 이 도해 금지령은 호키주의 태수에게만 내린 것이 아니라, 대마도에서 파견되어 있던 게이부 타이후였던 소宗에게도 통보된 것이 명백하다. 이것은 전자가 도해 면허와 직접적인 관계를 가지는 곳이고, 후자는 조선과의 교섭 창구였기 때문이었을 것으로 생각된다.

그런데 막부에서 이처럼 호키주 어부들로 하여금 울릉도에 도해를 금지하게 된 원인은 막부에서 질의한 마쓰타이라 호키노카미의 다음과 같은 회신이 결정적인 역할을 했던 것으로 판단된다.

---

19) 게이부형부의 차관次官 가운데에서 쇼후少輔 위에 있던 자를 말한다(松村明 監修, 『大辭泉』(東京, 1995, 小學館), 1611쪽).

20) "九年正月二十八日 宗刑部大輔歸國御暇トシテ, 登城老中四人列坐戶田山城守ヨリ竹島ノ義ニ付, 覺書一通被相渡. 先年以來伯州米子ノ町人兩人竹島ヘ罷越致漁獵所, 朝鮮人モ彼島ヘ參リ日本人入交リ, 無益ノ事ニ候間, 向後米子ノ町人渡海ノ義ヲ差留旨下令アリ."(北澤正誠 編, 『竹島考證』(東京, 1996, エムティ出版), 83쪽. 번역은 정영미 역, 『죽도고증』(서울, 2006, 바른역사정립기획단), 161쪽 참조)

<자료 10>

1. 죽도竹嶋(울릉도) 외에 송도松嶋(독도)라고 하는 섬이 있어, 이나바국因幡國
   호키국伯耆國에 부속하는 섬이냐고 물은 것에,
   위 건에 송도는 두 곳에 속하지 않습니다. 죽도에 도해하는 길에 있는 섬
   입니다.
1. 죽도에서 이나바국 호키국으로부터 거리[道程]가 얼마나 되느냐고 물은
   것에,
   이나바국에서 죽도에는 도해하지 않습니다. 호키국으로부터 뱃길로 160리
   정도에 있습니다.
1. 죽도에서 조선국朝鮮國에의 거리가 얼마나 되느냐고 물은 것에,
   해상의 거리는 알지 못하지만, 대개 40리 정도에 있다고 도사공[船頭]들
   은 같이 말합니다.

   겐로쿠 9년(1695년) 12월 25일   마쓰타이라 호키노카미[21]

이것은 시마네현에서 설립했던 죽도 문제 연구회에서 새로 발굴한
자료라고 공개한 『기죽도사략磯竹島事略』에 기록되어 있는 것으로, 여
기에서 막부가 울릉도뿐만 아니라 당시에 송도松島라고 부르던 독도
에 대해서도 관심을 가지고 있었다는 사실을 확인할 수 있다. 바꾸어
말하면 당시 막부는 조선과 그 영유권 다툼을 벌이고 있는 울릉도와
거기에 부속되어 있다고 생각하는 송도에 대한 정보도 아울러 수집
하고 있었다는 것이다. 이와 같은 사실은 막부가 울릉도와 독도를 하
나의 세트로 인식하고 있었음을 드러내는 것이어서 매우 중요한 의
의를 가진다고 하겠다.

실제로 일본 시마네현의 참사 사카이 지로境二郎가 내무성의 내무
경內務卿 오쿠보 도시미치大久保利通에게 1876년 10월 16일자 공문으로
「일본해(동해) 내 죽도(울릉도) 외 1도의 지적 편찬 방침에 관한 질의」
를 한 바 있다.[22] 시마네현의 이러한 조치 역시 울릉도와 독도를 하

---

21) 원문은 앞 절의 주 34)에 있음을 밝혀둔다.

나의 세트로 보았다는 것을 의미한다. 그리고 내무성도 이에 대해, "판도版圖의 취사는 중대한 사건"23)이라는 인식 아래, 울릉도 외 1도를 하나의 세트로 생각하고, 그 편입 여부를 1877년 3월 17일 태정관의 우대신 이와쿠라 도모미岩倉具視에게 문의하였고, 이와쿠라 도모미 역시 이들 두 섬을 하나의 세트로 보았다. 그래서 이와쿠라도 1877년 3월 29일 "문의한 죽도 외 1도 건에 대하여 우리나라[本邦]와는 관계가 없다는 것을 주지할 것"24)이라는 지령안을 내렸던 것이다.25)

이처럼 에도 막부에서 울릉도와 독도를 하나의 세트로 생각하고 있던 울릉도를 조선의 영토로 인정하게 되는 계기가 바로 이 섬에 대한 조선과 일본에서의 각각의 거리였다는 점에 주목할 필요가 있다. 환언하면 일본의 호키주에서 울릉도까지는 160리인데 비해, 조선에서의 거리는 40리라는 사실이 울릉도를 조선의 영토로 인정하는 이유가 되었다는 것이다. 이런 사실을 보다 명확하게 알 수 있는 자료가 위에서 시마네현이 죽도 외 1도를 지적 편찬에 넣어야 할 것인가 아닌가를 문의한 「일본해 내 죽도 외 1도 지적 편찬 방침에 관한 질의」에 첨부된 부속 문서 제1호이다.

<자료 11>

덴류인天龍院 공이 예도 성江戶城에 가서 작별 인사를 한 후, 하쿠서원白書院에서 로츄 4명이 나란히 앉았는데, 토다 야마시로노카미戶田山城守가 죽도

---

22) 신용하, 『독도의 민족 영토사 연구』(서울, 1996, 지식산업사), 164쪽.

23) 송병기 편, 앞의 책, 145쪽.

24) "伺之趣竹島外一嶋之義本邦關係無之義ト可相心得事."(송병기 편, 앞의 책, 155쪽)

25) 그러나 시모죠 마사오下條正男는 "태정관이 '관계없다.'고 한 '죽도 타 1도'는, 두 개의 울릉도를 가리키고 있으며, 현재의 죽도와는 관계가 없었던 것이다."라고 하였다(下條正男, 「竹島の日條例から二年」, 『最終報告書』(松江, 2007, 竹島問題研究會), 4쪽). 이에 대한 필자의 반론을 이 책 제1장 제1절에서 언급한 바 있다.

건에 관한 각서 한 통을 건네주었습니다. 몇 해 전 이래 호키주 요나고米子
의 주민 두 명이 죽도에 가서 어채를 하고 있는 바, 조선인도 그 섬에 가서
일본인과 뒤섞여 무익한 일이 되었으므로, 앞으로는 요나고 주민의 도해를
금지한다는 분부를 내렸습니다.

　이보다 앞서 정월 9일, 미사와 기치사에몽三澤吉左衛門으로부터 지키에몽
直右衛門에게 용건에 있어 나오도록 하라는 건에 대하여 찾아뵙고 붕고노카
미豊後守를 만나 뵈었더니, 바로 분부하신 것은, 죽도의 건을 나카마오 데와
노카미中間衆出羽守와 우쿄右京26) 대부大夫와도 비밀리에 이야기를 하였던[內
談] 바, "죽도는 원래부터 알지 못합니다."라고 말했습니다.

　① <u>호키伯耆로부터 도해하여 어채해왔다고 하기에, 마쓰타이라 호키노카
미松平伯耆守에게 문의하였던 바, "이나바因幡 호키에 부속되었다고 말할 수
는 없습니다."라고 합니다.</u> 요나고 주민 두 명이 전년대로 배로 도해하고
싶다고 청원하였기에, 그 당시 영주領主 마쓰타이라 신타로松平新太郎로부터
알림이 있어, 이전과 같이 신타로에게 봉서奉書로써 말을 전했다는 것입니다.
사카이 음악장酒井雅樂頭, 도이 요리장土井大炊頭, 이노우에 회계장井上主計頭,
나가이 신노노카미永井信濃守가 연판連判하였으므로, 생각하건대 대략 타이
도쿠인台德院 대가 아닐까 합니다. 몇 해 전[先年]이라고 하지만 햇수는 알
수가 없습니다.

　위[右]27)와 같은 경위로 도해하여 어채를 해온 것으로, 조선의 섬을 일본
에서 빼앗았다고 할 수도 없고, 일본인이 거주한 적도 없습니다. ② <u>길의 이
수里數 건에 관해 물어보았더니, 호키로부터는 160리 정도에 있으며, 조선에
서는 40리 정도에 있다는 것이라고 합니다. 그러니 조선국의 울릉도이지 않
겠습니까?</u> 또한 일본인이 거주했다거나 이쪽(일본)에서 빼앗은 섬이라고 한
다면 새삼스럽게 돌려주기는 어렵지만, 아래[左]28)의 증거도 없다고 하므
로, 이쪽에서 상관하지 않는다고 말하도록 되는 것이 어떻겠습니까?

　또한 쓰시마노카미對馬守가 울릉도라고 기재한 것을 삭제하여 답장을 써
달라고 (조선에) 요구해놓고 답장도 받지 않은 채 죽었습니다. 그러므로 위
의 답서가 조선에 보류된 것이라고 합니다. 아래와 같이 말한다면 게이부刑
部(타이후大輔)로부터 울릉도 건으로 분부를 보낼 수는 없습니까? 또는 어쨌

---

26) 교토京都에서 즈자쿠 대로朱雀大路의 서쪽 지역을 가리킨다.
27) 주 10)과 같은 경우이다.
28) 본문은 세로로 쓴 문장이기 때문에 '좌'를 아래로 옮긴다는 것을 밝혀둔다.

든 죽도 건에 관해 대강을 게이부(타이후)로부터 서한이라도 보내야 한다고 생각하지는 않습니까? 위와 같이 잘 판단하여 의견을 자세히 들려주기 바랍니다. 전복을 채취하러 가기 전까지는 쓸모없는 섬이었던 바, 이 건이 해결되지 않아, 몇 년 전부터[年來]의 통교가 단절되는 것도 어떨까 합니다.

③ (막부의) 위광威光 또는 무위武威를 내세워 억지를 부리려 해도 말이 되지 않는 것을 주장하는 것은 소용없는 일입니다. 죽도 건은 원래 확실하지 않으며, 해마다 가지도 않았습니다. 이국인異國人이 도해渡海하므로 앞으로 도해하지 않도록 분부하라고 사가미노카미相模守로부터 지시가 있었습니다. 원래 금제禁制해왔던 것으로, 무익한 일로 인해 세월이 지나가는 것도 어떨까 하고 생각됩니다. 게이부(타이후)에게는 마음가짐으로 말한다면 이와 같이 말해두고 싶은 바, 지금 새삼스럽게 그와 같이 말하는 것이 어떨까 하고 망설임이 있는 것이 아닌가 하고 생각합니다. 그것은 조금도 곤란한 일이 아닙니다. 우리들이 잘 판단하겠으므로, 생각하는 대로 기탄없이 말해주기 바랍니다. 그대들도 생각하는 바를 기탄없이 말해야 할 것입니다. 같은 것을 몇 번이나 말하는 것이 집요하게 생각되지만, 이국異國에 전달해야 하는 것이라서 몇 번이고 의견을 말한 것이니, 생각하는 바를 몇 번이고 말해주었으면 합니다. 사안이 복잡하기 때문에, 지금 조금 논리를 세운 후 전달하려고 합니다.

위에서 구두로 말한 내용을 그 쪽에서 기억하게 하기 위해 적어서 보내는 일로, 각서를 곧 바로 보내도록 하겠습니다. 그러므로 받아서 보고 지금의 취지에 덧보태어 해결을 할 수 있을 것으로 생각합니다. 아래와 같이 되면, '앞으로 일본인은 그 섬에 건너가서는 안 된다고 생각하십니까?'하고 묻는 자가 있겠지만, 과연 그대로입니다. 거듭 일본인은 건너가지 않도록 생각하시는 것이 막부의 뜻입니다. 그래서 '죽도를 돌려준다고 하는데 아무런 이익이 없지 않습니까?라'고 말한다면 그대로입니다. 원래가 빼앗은 섬이 아닌 다음에야 돌려준다고 말할 성질의 것도 아닙니다. 이쪽에서 상관할 일이 아니며, 이쪽에서 잘못이라고 말할 수도 없는 것입니다.

위에서 말한 것과는 약간 차이가 있지만, 일이 (해결이 되지 않고) 세월이 흘러가기보다 조금 다른 데가 있다고 하더라도, 가볍게 해결하는 것이 좋을 것이므로, 이 점을 잘 판단하도록 하라는 것이었습니다. 이제 잘 해결하겠으며, 돌아가서 형부 타이후大輔에게 보고하겠다고 말한 후 물러났습니다.

겐루쿠 9년 병자 10월 일 대마도 봉행 타이라 사네아키 등[29)]

위 부속문서의 첫 번째 단락은 앞의 <자료 8>에서 제시한 도해

---

29) "天龍公御登城御暇御拜領被遊上於御白書院御老中御四人列坐ニテ戶田山城守
    樣竹島之儀ニ付御覺書壹通御渡被成.　先年以來伯州米子之町人兩人竹島江罷
    越致漁候處朝鮮人モ被島江參致漁日本人入交リ無益之事ニ候間向後米子之町
    人渡海之儀被差留候与之御儀被仰渡候也.　同是ヨリ前正月九日三澤吉左衛門ヨ
    リ直右衛門儀御用ニ付罷出候樣ニ与之儀ニ付參上仕候處豊後守樣御逢被成御
    直ニ被仰聞候ハ竹島之儀中間衆出羽守樣殿右京大夫殿へも遂內談候竹島元志
    ケと不相之事ニ候伯耆ヨリ渡リ漁いたし來候由ニ付松平伯耆守殿へ相尋候處因幡
    伯耆へ附屬ト申ニテモ無之候米子町人兩人先年之通リ船相渡度之由願出候.　故
    其時之領主松平新太郎殿ヨリ案內有之, 如以前渡海仕候樣ニ新太郎殿へ御奉書
    申遣候酒井雅樂頭殿, 土井大炊頭殿, 井上主計頭殿, 永井信濃守殿連判ニ候故考
    見候得ハ大形台德院樣御代ニテモ可有之哉ト存候先年ト有之候得共年數ハ不相
    知候.　右之首尾ニテ罷候リ漁仕來候迄ニテ朝鮮之島ヲ日本へ取候ト申ニテモ無之,
    日本人居住不仕候道程之儀相尋候得ハ伯耆ヨリハ百六拾里程有之朝鮮へハ四
    十里程有之由ニ候.　然ハ朝鮮國ノ蔚陵島ニテモ可有之候哉.　夫共ニ日本人居住
    仕候歟.　此方江取候島ニ候ハハ今更遣しかたき事ニ候得共　左樣之證據等モ無之
    候間　此方ヨリ構不申候樣ニ被成如何可有之哉.　右ハ對馬守殿ヨリ蔚陵島ト書入
    候儀差除返簡仕候樣被仰遣返事無之內對馬殿死去ニ候.　故右之返簡彼國江差
    置たる由ニ候.　左候得ハ刑部殿ヨリ蔚陵島之儀被仰越候ニ及申間敷歟.　右ハ兎角
    竹島之儀ニ付一通リ刑部殿ヨリ書翰ニテモ可被差越ト思召候哉.　右二樣之御了簡
    被成思召寄委可被仰聞候鮑取ニ參り候迄ニテ無益島ニ候處此儀むすぼられ年來
    之通交絶申候モ如何ニ候.　御威光或ハ武威ヲ以申勝ニいたし候テモ筋もなき事申
    募リ候儀ハ不入事ニ候.　竹島之儀元志ケと不仕事ニ候例年不參候異國人罷渡候
    故,　重テ不罷越候樣ニ被申渡候樣ニト相模守殿ヨリ被申渡候元ばつといたしたる事
    ニ候無益之儀ニ事おもくれ候ても如何ニ存候.　刑部殿ニハ御律儀ニ候間始如此申
    置候處,　今更ケ樣ニハ被申間敷与之御遠慮モ可有之歟ト存候.　其段ハ少モ不苦
    候我等宜樣ニ了簡可仕候間思召之通リ無遠慮可被仰聞候.　其方達モ存寄無遠
    慮可被申候同し事を幾度モ申進候段くどき樣ニ存候得共異國江申遣候事ニ候故
    度度存寄申遣候間思召寄幾度モ被仰聞候樣ニト存候御事繁內ニ候故今少し筋道
    をも付候上ニテ達上聞可申ト存候.　右申渡候口上之趣其方覺之爲ニ書付遣候与之
    御事ニテ御覺書御直ニ御渡被成候故請取拜見仕候テ只今之御意之趣有增落着
    申候存樣ニ存候.　左候ハハ以來日本人者彼島江御渡被遊間敷与之思召ニ候哉ト
    伺申候得者如何ニモ其通ニ候.　重テ日本人不罷渡候樣ニト思召候由御意被成候.
    故竹島儀返し被遣候ト申ニテモ無御座候哉と申上候得共其段も其通リニ候.　元取

금지령을 언급하고 있는 것이다. 이로 미루어 보아, 막부에서 도해금지령을 하달하면서 호키노카미에게만이 아니라, 대마도의 봉행이었던 타이라 사네아키平眞顯 등에게는 보다 자세한 지시를 내렸다는 사실을 확인할 수 있다. 그리고 이러한 이 문서가 시마네현에서 올린「일본해 내 죽도 외 1도 지적 편찬 방침에 관한 질의」에 증빙자료로 들어가 있다는 것은 이것이 사마네현에도 보관되었음을 드러내는 것이라고 볼 수 있다.

그런데 이와 같은 문서 안에서, 당시 일본에서 죽도라고 부르던 울릉도의 영유권이 조선에 있다는 사실을 인정하게 된 계기들 가운데 가장 중요했던 것으로 상정되는 것이 밑줄을 그은 세 곳이다. 우선 ①에서 마쓰타이라 호키노카미가 "(울릉도가) 이나바因幡, 호키伯耆에 부속되었다고 말할 수는 없습니다."라고 말했다는 사실이다. 따라서 당시의 호키노카미는 사실을 사실대로 보고했다는 것을 확인할 수 있다. 이런 사실은 2005년 시마네현 지사知事가 2월 22일을 '죽도의 날'로 정하는 조례안을 통과시키자, 이를 즉각 공포한 것과는 너무나 큰 차이를 보여주고 있다. 현재 시마네현이 그런 조치를 취한 것은 제국주의적 침략으로 인해 독도를 강탈한 다음에 거기에서 거두었던 어로수확의 혜택에 대한 향수 같은 것이 작용했기 때문이 아닐까 한다.

또 ②에서는 아베 붕고노카미阿部豊後守가 앞서 <자료 10>에서 제시하였던 마쓰타이라 호키노카미의 보고 내용을 인용하면서, "그러

候島ニテ無之候上ハ返し候ト申筋ニテモ無之候. 此方ヨリ構不申以前ニ候此方ヨリ誤リ候共不被申事ニ候. 右被仰遣候趣とハ少しくい違候得とも事おもくれ可申より少しくい違ひ候とも輕く相濟申候方宜候間此段御了簡被成候樣ニ与之御事故とくと落着新候罷歸リ刑部大輔へ可申聞よし申上候テ退座仕ル. 元祿九年 丙子 對馬奉行 平眞顯 等."(송병기 편, 위의 책, 137~139쪽. 번역은 송병기 편, 앞의 책, 145~148쪽 참조)

니 조선국의 울릉도이지 않겠습니까?"라고 해서, 이수里數에 입각해서 울릉도를 조선의 영토로 인정했다는 사실이다.30) 그리고 이와 함께 "일본인이 거주했다거나 이쪽(일본)에서 빼앗은 섬이라고 한다면 새삼스럽게 돌려주기 어렵지만"이라고 하여, 그들이 살지도 않았으며 또 점령하지도 않았다는 사실을 솔직하게 인정했다는 점도 많은 시사를 던져주고 있다.

다음으로 ③에서 나란히 않았던 아베 붕고노카미가 "(막부의) 위광威光 또는 무위武威를 내세워 억지를 부리려 해도 말이 되지 않는 것을 주장하는 것은 소용없는 일입니다."라고 말했다는 사실이다. 실제로 당시의 막부로서는 그 전에 도요토미 히데요시豊臣秀吉가 임진왜란을 일으켰을 정도로 세력을 가졌었기 때문에, "범하기 어려운 위엄[威光] 또는 무력의 위엄[武威]"로 조선을 협박할 수도 있었을 것이다, 그렇지만 말이 되지 않는 것을 주장하지 않겠다는 깔끔한 입장을 취했었다. 그리고 사가미노카미相模守가 "죽도 건은 원래 확실하지 않으며, 해마다 가지도 않았습니다. 이국인이 도해하므로 앞으로 (일본인은) 도해하지 않도록 분부하라."고 한 것도 대단히 적확한 판단에 입각한 조언이었다고 생각된다.

이렇게 조선과 일본 사이에 거리를 측정하여 섬의 영유를 결정하는 관습이 존재했다는 사실은, 광해군光海君 7년에 통신사通信使로 일본에 건너갔었던 이경직李景稷이 쓴 『부상록扶桑錄』의 10월 5일 병인丙寅 조에서도 확인이 가능하다.

---

30) 이와 같은 사실은 『통항일람通航一覽』 권137에도 "지금 그 지리를 헤아려보니, 이나바를 떨어지기 160리 정도, 조선을 떨어져서 40리 정도이다. 이것은 일찍이 그들의 지계地界임이 의심할 수 없는 것 같다."라고 한 것으로 보아, 거리를 가지고 섬의 소유를 결정했다는 것을 확인할 수 있다(早川純三郎 編, 『通航一覽』 卷137(京都, 1913, 淸文堂), 27쪽).

<자료 12>

이어 요시나리義成에게 대마도의 쇄환刷還에 대한 일을 어제 말한 대로 하였다. 그랬더니 시라베調興가 잇달아 대마도는 여러 대를 나라의 은택恩澤을 받아서 감히 잊지 못한다는 뜻을 말하고 인해서, "전일 소인이 후시미伏見31)에 있을 때에 집정관인 오이大炊가 묻기를 '대마도는 본시 조선이라 … 하는데 그런가?'라고 물었습니다. 그래서 소인이 '도로의 원근으로 말한다면 대마도가 일본과는 멀지마는 조선과는 다만 바다 하나가 끼었을 뿐으로, 반나절이면 왔다 갔다 할 수 있습니다.'라고 대답했습니다. 그랬더니 오이가 '너희 섬은 반드시 조선 지방이니 마땅히 조선 일에 힘을 써야 할 것이다.'라고 하였습니다."라고 말했습니다.32)

이것은 당시 통신사로 도일했던 조선 사람의 기록이라고 하여, 신뢰성에 의문을 제기할지도 모른다. 하지만 <자료 10>과 <자료 11>을 통해서, 일본 측에서도 섬의 소속을 결정하는데 그 거리를 중시했다는 사실을 이미 확인한 바 있다. 이와 같은 관습의 존재가 사실이었다고 한다면, 오늘날 일본 외무성이 독도를 가지고 "죽도는 역사적인 사실에 입각해 봐도, 국제법상으로도 명백한 일본 고유의 영토입니다."33)라고 하는 주장은 제국주의적 영토 팽창의 연장선상에서 남의 나라 땅을 강탈하려는 펑계에 불과하다는 것을 지적하지 않을 수 없다.

4. 관습의 인정과 자료의 왜곡

조선과 일본 사이에 섬의 소유를 둘러싼 문제에 대하여, 그 거리를

---

31) 교토京都의 남부에 위치한 곳으로 도요토미 히데요시가 후시미 성伏見城을 쌓았고, 에도 시대江戸時代에는 막부의 직할지이었다.
32) 이경직, 「부상록」, 『국역해행총재』 Ⅲ(서울, 1975, 민족문화추진회), 129~130쪽.
33) 外務省, 『竹島問題を理解するため10のポイント』(東京, 2008, 外務省アジア大洋州局北東アジア課), 2쪽.

따지는 관습이 존재했다는 사실은 메이지 정부明治政府가 들어선 다음에 집필된, 기타자와 세이세이北澤正誠의 『죽도고증竹島考證』에서도 확인할 수 있다.

<자료 13>

어떤 사람은, 일본이 지금 송도松島에 손을 대면 조선이 문제를 제기할 것이라고 말하지만, ㉠ 송도는 일본 땅에 가깝고 예로부터 우리나라에 속한 섬으로서 일본 지도에도 일본 영역 안에 그려져 있는 일본 땅이다. 또 ㉡ 죽도竹島는 도쿠가와德川 씨가 다스리던 때에 갈등이 생겨 조선에 넘겨주게 되었으나, 송도에 대한 논의는 없었으니 일본 땅임이 분명하다. ㉢ 만약 조선이 문제를 제기한다면, 어느 쪽에서 더 가깝고 어느 쪽에서 더 먼지에 대해 논하여 일본의 섬임을 증명해야 한다. ㉣ 실로 일조日朝 간의 왕래와 북쪽의 외국 땅과의 왕복에 있어 중요한 땅이므로, 만국을 위해서는 일본이든 조선이든 빨리 좋은 항구를 선택해 먼저 등대를 설치하는 일이 지금의 급무다.34)

위의 자료는 매우 중요한 의의를 가지고 있다. 기타자와가 이 책을 편저編著한 것은 일본 외무성의 지시에 의한 것이었다. 일본 외무성은 메이지 유신明治維新 이후에 동해상에서 새로운 섬을 발견하였다고 하면서 그 섬에 대한 개척원이 쇄도하게 되자, 그에게 이 섬들에 대한 자료 조사를 지시하였다. 그리하여 그는 6세기부터 19세기 후반까지의 울릉도(일본 명: 竹島)와 독도(일본 명: 松島)에 관한 기록을 집성하

---

34) "或人ノ說二日本ヨリ今松島二手ヲ下サハ朝鮮ヨリ故障ヲ云ントイヘルカ松島ハ日本地二近クシテ古來本邦二屬スル島ニテ日本地圖ニモ日本ノ版圖二入レ置タレハ日本地ナリ. 且又竹島ハ德川氏ノ中世葛藤ヲ生シテ朝鮮二渡シタレトモ松島ノ事ハ更二論ナケレハ日本地ナリ. 若又朝鮮ヨリ故障ヲ云ハハ遠近ヲ以テ論シ日本島タル事ヲ證スベシ. 實二日朝往來並二外國北地二往復ノ要地ニシテ萬國ヲ爲ナレハ日朝ノ內ヨリ急二良港ヲ撰ヒ先ツ燈臺ヲ設ル事今日ノ要務ナリ."(北澤正誠 編, 『竹島考證』(東京, 1996, エムティ出版), 181~182쪽. 번역은 정영미 역, 앞의 책, 341~343쪽 참조)

여 분석하였다.35) 그 결과 '송도는 한국의 울릉도이고 죽도는 즉 송도(한국 명: 울릉도)에 붙어 있는 작은 암석'이라고 하여, 상당한 혼란을 보여준다고 한다.36) 따라서 이 책의 기록이 그 후에 일본 외무성의 이들 섬에 대한 인식의 형성에 상당히 중요한 작용을 했을 것으로 상정된다.

실제로 위의 <자료 13> ㉣에서 제의하고 있는 등대의 설치 문제에 대해서, 1904년 일본 외무성의 정무국장이던 야마자 엔지로山座圓次郎가 이와 비슷한 견해를 제시했다. 곧 그는 나카이 요사부로에게 독도에 대한 영토 편입원을 제출하도록 사주하면서, "시국이야말로 그 영토 편입을 급하게 요청急要한다고 하면서, 망루를 세우고 무선 혹은 해저전신을 설치하면 적함 감시 상 대단히 그 형편이 좋아지지 않겠느냐, 특히 외교상 내무성과 같은 고려를 요하지는 않는다."37)라고 한 것이 바로 이런 인식의 표현이었던 것이다.

이러한 이 책에서 기타자와는 ㉠에서 보는 것처럼 송도가 일본 땅에 더 가깝다는 이유로 그들의 땅이라고 주장하고 있다. 또 ㉡에서는 죽도竹島는 "조선에 넘겨주게 되었으나, 송도에 대한 논의는 없었으니 일본 땅임이 분명하다."고 주장했다. 이것은 2008년 3월에 일본 외무성이 『죽도, 죽도문제를 이해하기 위한 10의 포인트』라는 팸플릿을 만들어 배포하면서, 네 번째로 들고 있는 "일본은 17세기 말 울릉도

---

35) 이 책은 "죽도를 둘러싼 1300년 이전의 견해로부터 1881년(明治 14) 8월까지의 죽도 문제에 관한 역사적 견해와 (조선과 일본 간의) 교환 등의 기록을 1876년–1881년 8월 사이에 정리한 보고서(奉命取調)"라는 것이다(北澤正誠 編, 앞의 책, エムティ出版 編輯部, 「본 사료 간행에 즈음하여」라는 서문에서 인용).

36) 정영미 역, 앞의 책, 「『죽도고증』의 구성에 대하여」란 해설 523쪽 참조.

37) "時局ナレバコソ其領土編入ヲ急要トスルナリ望樓ヲ建築シ無線若クハ海底電信ヲ設置セバ敵艦監視上極メテ屈竟ナラズヤ特ニ外交上內務ノ如キ顧慮ヲ要スルコトナシ."(신용하 편저, 『독도영유권자료의 탐구』2(서울, 1999, 독도연구보전협회), 263쪽)

도항을 금지했습니다만, 죽도 도항은 금지하지 않았습니다.”38)라고
우기는 것과 같은 맥락의 언급이어서, 그들이 21세기를 살아가고 있
으면서도 의식은 19세기의 제국주의적인 영토 팽창 야욕에서 벗어나
지 못하고 있음을 반영한다고 하겠다.

그리고 ⓒ에서는 “만약 조선이 문제를 제기한다면, 어느 쪽에서
더 가깝고 어느 쪽에서 더 먼지에 대해 논하여 일본의 섬임을 증명
해야 한다.”고 하여, 분쟁이 제기될 때에는 거리의 원근을 따지는 관
습을 동원하여 그 소속을 결정하자고까지 주장하였다. 따라서 일본
측은 이런 관습에 따라 독도의 영유권을 결정하면 될 것이다.

그러나 이러한 관습을 알고 있었던 해군성 수로부장이었던 기모쯔
키 가네유키肝付兼行은 그 거리를 왜곡하고 있어 주목을 끈다.

<자료 14>

씨(나카이 요사부로를 가리킴: 인용자 주)는 우선 오키隱岐 출신인 농상무성 수
산국 직원인 후지다 간타로藤田勘太郎의 주선으로 마키牧 수산국장을 면회하
여 진술하였는데, 동 씨도 이 일에 찬성하여 먼저 해군 수로부에 가서, 리양
코 섬의 소속을 확인하기로 했다. 씨는 곧 기모쯔키 수로부장을 면회하여
가르침을 청하자, 동 섬의 소속은 명확한 징증徵證이 없고, 특히 <u>일한 양국
으로부터의 거리를 측정하면 일본 쪽이 10해리海里의 근거리에 있으며</u>(이즈
<u>모국出雲國 다코하나多古鼻로부터 108해리, 조선국 릿도네루 곶沖으로부터 118해리</u>), 게
다가 조선 사람으로서는 종래 동 섬의 경영에 관한 형적이 없는데 반해, 우
리나라 사람으로서는 이미 동 섬의 경영에 종사한 자가 있는 이상은, 당연
히 일본 영토에 편입해야만 한다는 말을 듣고, 용약 분기勇躍奮起해서, 드디
어 뜻을 결정하여, 리양코 섬 영토 편입및 대여원을 내무·외무·농상무 3대
신에게 제출하기에 이르렀다.39)

---

38) 外務省, 『竹島問題を理解するため10のポイント』(東京, 2008, 外務省アジア大洋州
　　局北東アジア課), 6쪽.
39) “氏はまづ隱岐出身なる農商務省水産局員藤田勘太郎氏に圖り, 牧水産局長に面
　　會して陳述する處ありき, 仝氏もこの擧を贊成し, 先づ海軍水路部につきて, リャンコ

이 자료는 죽도 문제 연구회에서 오쿠하라 히데오奧原秀夫의 집에서
새로 발견했다고 하면서 공개한 「죽도 경영자 나카이 요사부로 씨
입지전」의 일부분이다. 이 저자는 1907년에『죽도 및 울릉도竹島及鬱陵
島』40)를 집필했던 오쿠하라 헤키운奧原碧雲이다. 이와 같은 이 자료의
밑줄을 그은 부분에서 보는 바와 같이, 기모쯔키는 일본 쪽이 독도에
서 10해리나 더 가깝다고 주장하였다. 그러면서 조선국 '릿도네루 곶
으로부터 118해리海里라고 하였으나, 이곳이 어디인지 정확하게 밝히
지를 않고 있다. 그리고 일본 이즈모의 다코하나에서는 108해리라고
하여, 일본 쪽에서 10해리가 더 가깝기 때문에 일본 영토에 편입해야
한다고 교사하였다는 사실을 확인할 수 있다. 물론 이것도 자기들에
게 유리하다고 판단되는 본토로부터의 거리를 말한 것임은 두 말할
나위도 없다. 그렇지만 1해리를 1.862km로 환산하는 경우, 이 지적에
따르면 일본이 한국보다 18.62km가 더 가깝다는 계산이 나온다. 만약
에 실제로 그 거리가 일본 쪽에 더 가깝지 않다고 한다면, 당시 이런
관습을 알고 있던 수로부장 기모쯔키는 사실을 왜곡하였다고 보아도
좋을 것이다.

그래서 한국에서 측정한 자료는 한국 측에 유리하게 만들었을 것이

島の所屬を確かめしむ, 氏は卽ち肝付水路部長に面會してて, 敎を請ふや, 同島の
所屬は確乎たる徵證なく, ことに日韓兩國よりの距離を測定すれば, 日本の方十浬
近距離にあり(出雲國多古鼻より百〇八浬, 朝鮮國リッドネル岬より百十八浬), 加ふる
に, 朝鮮人にして從來同島經營に關する形跡なきに反し, 本邦人にして旣に同島經營
に從事せるものある以上は, 當然日本領土に編入すべきものなりとの說を聞き, 勇躍
奮起, 遂に意を決して, リャンコ島領土編入並に貸下願を內務外務農商務三大臣に
提出するに至れり."(奧原碧雲, 「竹島經營者中井養三郎氏立志傳」, 『竹島問題に
關する調査硏究－最終報告書』(松江, 2007, 竹島問題硏究會), 73쪽)
40) 이 책은 1907년에 초판이 출판되었던 것은 2005년에 다시 복각하여 출판한
바 있다는 것을 밝혀둔다(奧原碧雲, 『竹島及鬱陵島』(松江, 2005, ハーベスト出
版) 참조).

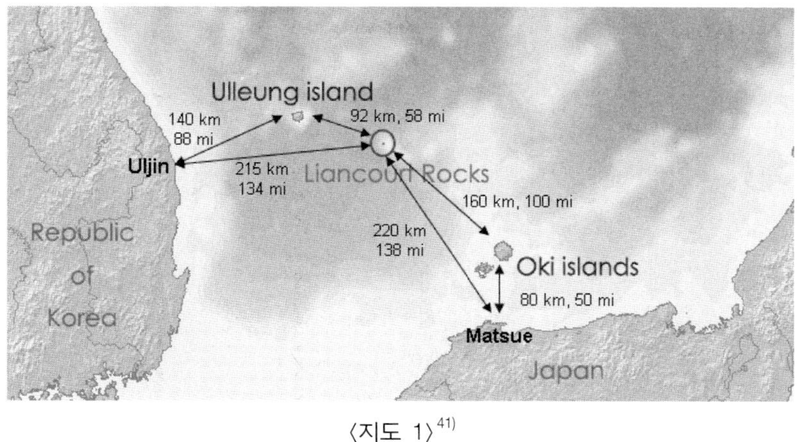

〈지도 1〉[41]

라는 오해를 살 수 있으므로, 일본에서 만들어진 『위키페디아(Wikipedia) 백과사전』에 실린 지도를 예시하기로 하겠다.

<지도 1>을 보면, 한국의 울진에서 독도까지는 그 거리가 215㎞ 이고 일본의 마쓰에松江에서는 220㎞로, 오히려 한국 쪽에서 5㎞ 더 가깝다는 사실을 알 수 있다. 그리고 일본이 조선시대부터 조선의 영 토로 인정해주었던 울릉도에서 독도까지는 92㎞이고, 일본의 오키도 隱岐島에서는 160㎞가 되어, 어디에서 거리를 측정하더라도 한국 쪽 이 더 가까운 것은 사실임을 알 수 있다.[42]

그런데도 일본의 외무성은 '죽도 문제' 홈페이지에 올린 지도는 다음 <지도 2>와 같이 그 거리를 조작하고 있다. 이 지도에는 일본 쪽에서 4㎞ 더 가까운 것으로 거리를 표시하고 있다. 하기야 역사적 인 사실이나 한·일 간의 관습을 무시하고 오직 독도를 강탈하겠다는

---

41) http://ja.wikipedia.org/wiki에서 인용.

42) 최근 일본 시마네현의 Web竹島問題硏究會의 홈페이지에도 <지도 1>에서 와 같이 독도가 일본의 본토보다 한국의 본토로부터 더 가까운 지도를 게 시하고 있다는 것을 밝혀둔다.

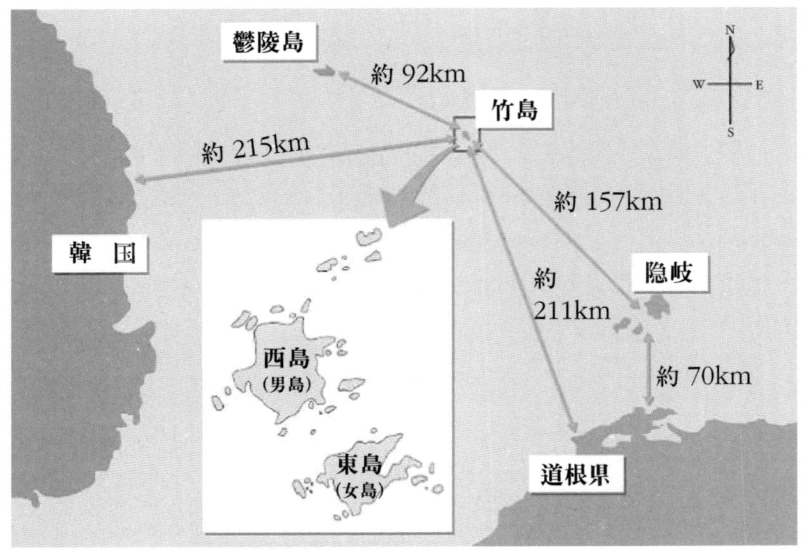

〈지도 2〉[43]

일념으로 자료를 조작하다가 보니, 이 정도의 자료 왜곡이야 탓하지 못할지도 모른다. 하지만 일본의 외무성이란 적어도 세계의 경제대국으로 그에 걸맞은 외교를 해야 마땅한 기관이다. 그럼에도 불구하고 이런 식의 자료 왜곡을 통해서 그 영유권을 주장하는 것은 이제 지양되어야 하지 않을까 한다.

5. 고찰의 의의

본 연구는 한국과 일본 사이에는 섬의 소유를 둘러싸고, 그 소유를 결정하는 관습이 존재했다는 사실을 구명하기 위해서 마련되었다.

___
43) http://www.mofa.go.jp/mofaj/area/takeshima/index.html에서 인용.

그래서 먼저 울릉도 쟁계가 벌어졌을 때에, 일본의 막부가 왜 울릉도를 조선의 영토로 인정했는가 하는 것을 살펴보았다. 이 과정에서 먼저 오야大谷 집안의 어부들이 1693년 울릉도에서 박어둔과 안용복을 연행하여 간 사실과 그 사건의 전개 과정, 그리고 울릉도를 조선의 영유로 인정하게 되는 이유를 고찰한 다음, 그 이후에도 이런 관습이 존속되었으며 일본 사람들이 그 관습에 따르면서 자료를 왜곡한 사례들을 별견하였다. 이러한 일련의 고찰을 통해서 얻은 결과를 간단하게 요약하면 다음과 같다.

첫째 일본 측의 오야 집안 어부들이 박어둔과 안용복을 연행해간 이유는 그 전해에 무라카와村川 집안의 어부들이 울릉도에 왔을 때, 조선에서 건너간 어부들 때문에 제대로 어채를 하지 못한 것이 원인이 되었다. 그리하여 조선 측 어부들의 출어를 막아달라는 호소를 하기 위해, 1693년에 울릉도에서 만났던 이들을 납치해갔다.

둘째 일본에 남아 있는 자료에서는 박어둔과 안용복의 연행에 아무런 충돌이 없었던 같이 기술되어 있으나, 한국 측의 기록으로 볼 때에는 이들의 연행에 상당한 충돌이 있었을 것이라는 상정을 하게 되었다. 이런 상정은 예조 전객사에서 기록한 『변례집요』에 바탕을 둔 것으로, 경상감영의 장계에 의하면 배에서 먼저 내린 사람들은 도망을 쳤고, 그렇지 않았던 두 사람은 피랍되었다고 되어 있기 때문이었다.

셋째 대마도의 태수였던 타이라 요시쯔네平義倫가 예조에 보낸 서신에서 "본국의 죽도"라고 하여, 울릉도를 일본식 이름으로 부르면서 자기네 땅이라고 주장하였다. 그리고 오야 집안의 어부를 토관土官, 곧 지방의 관리라고 사칭한 것은 박어둔과 안용복의 연행을 정당화시키기 위한 방편으로 보았다. 또 조선 측에 어부들의 출어 금지를 요청한 것은 조선 조정이 취하고 있던 해금 정책을 이용하여 울릉도를 점취占取하려고 했던 것으로 간주하였다.

넷째 당시 조선 조정의 예조에서는 1도 2명설을 취하여 일본의 견해를 들어주는 척하면서도 울릉도란 것을 은연중에 표현하는 방법을 취했다. 특히 이 과정에서 숙종은 동래부사의 장계를 참고로 하여 왜인들이 말하는 죽도는 울릉도인 것 같다는 견해를 제시하였으나, 당시의 좌의정과 우의정은 오히려 일본 측의 견해를 지지하는 듯한 발언을 했다. 이것은 당시 집권층의 영토 의식을 반영하는 것이어서 많은 교훈을 준다고 하겠다.

다섯째 조선 예조의 1도 2명설로 인해서, 울릉도의 영유를 인정받는 데는 상당한 세월이 소요되었다. 그 사이에 일본의 막부가 원용한 것이 어느 나라에서 울릉도가 더 가까운 것인가 하는 것이었다. 다시 말해 조선과 일본 사이에 섬의 소유를 결정하는 관습이 있었는데, 그것은 각 나라로부터의 거리의 원근을 따지는 것이었다. 그래서 마쓰타이라 호키노카미의 보고를 바탕으로 울릉도가 조선의 영토임을 인정하고, 호키주 요나고의 오야·무라카와 두 집안에게 울릉도 도해의 금지령을 하달하였다. 그리고 이 도해 금지령은 호키에만 내린 것이 아니라, 조선과의 교섭 창구였던 대마도에도 전달되었다.

여섯째 이와 같은 관습은 메이지 정부가 들어서고 난 다음에도 지속되었다는 사실을 기타자와 세이세이北澤正誠의 『죽도고증』을 통해서도 확인할 수 있었다. 특히 독도인 송도가 일본에 더 가깝기 때문에 일본의 섬임을 증명해야 한다고까지 하였다. 또 독도가 항해의 요충지이기 때문에 빨리 등대를 설치해야 한다는 조언도 했었다는 사실을 확인하였다. 이것은 1904년 나카이 요사부로에게 독도의 편입을 사주하면서, 망루를 세우고 해저전선을 설치하자고 했던, 당시 외무성의 정무국장이었던 야마자 엔지로의 의견과 상통하는 것이어서, 그들의 독도 강탈이 일찍부터 준비되었다는 사실을 알아냈다.

일곱째 그러면서 기모쯔키는 독도가 일본에서 10해리나 더 가깝다는 견해를 제시하였다. 그렇지만 이런 견해는 사실을 왜곡한 것이 분명하다. 왜냐하면 일본의 『위키피디아 백과사전』의 지도에 의하면 오히려 한국 울진에서의 거리가 일본 마쓰에에서의 거리보다 5㎞ 더 가깝다는 사실이 확인되었기 때문이다. 그런데도 일본 외무성은 지금까지도 일본에서 더 가까운 지도를 홈페이지에 게시하고 있어, 경제대국에 걸맞는 외교를 하지 않고, 제국주의적인 영토 야욕에서 벗어나지 못하고 있다는 것을 스스로 증명해준다는 사실을 확인할 수 있었다.

이상과 같은 사실을 해명하면서, 독도 문제가 한·일 간의 단순한 영토문제가 아니라 역사 문제라는 사실을 거듭 환기시키면서, 두 나라 사이에 존재했던 관습도 중시되어야 한다는 것을 지적해둔다.

제3절 한국의 고지도에 나타난 독도 인식에 관한 연구
- 후나스기 리키노부의 한국 古地圖 분석에 대한 비판을 중심으로-

1. 문제의 제기

일본 측의 독도 연구는 두 가지 특징이 있다. 하나는 한국 측의 연구 성과를 부정하는 것이고, 다른 하나는 연구의 대상이 된 자료의 해석을 왜곡하는 것이다. 그들이 자료를 왜곡하여 해석하려고 하는 것은 한국 측의 주장이 부당하다는 것을 입증하기 위한 방법의 하나이다. 다시 말해 일본의 제국주의적 독도 강탈이 정당했다는 것을 증명하기 위해서 자료를 왜곡하고 있다는 것이다. 그렇지만 그 수법이 너무도 교묘하여 자칫하면 그들의 주장에 말려들 위험이 있다는 것을 지적하지 않을 수 없다.

바로 이런 연구의 하나가 후나스기 리키노부船杉力修의 『회도繪圖[1]·지도로부터 본 죽도竹島』란 논문이다. 이 논문은 시마네현島根縣에서 설치한 죽도 문제 연구회에서 『죽도 문제에 관한 조사 연구 - 최종보

---

1) 후나스기 리키노부는 서양의 기법을 받아들여 만든 것을 <지도>라 하고, 그 이전에 만들어진 것을 <회도繪圖>라고 하여 구분하였다. 그러나 회도는 주택이나 정원 등의 평면도를 나타내는 단어이므로, 본고에서는 그의 논문을 인용하는 경우에는 이들 용어를 구분하여 사용하고, 그 이외의 경우에는 한국의 학계에서 통용하고 있는 <고지도古地圖>란 용어를 사용하기로 한다(松村 明 監修, 『大辭泉』(東京, 1995, 小學館), 289쪽).

고서』에 실린 것이다. 원래 시마네 대학島根大學 법문학부 조교수인 후나스기는 역사지리학歷史地理學을 전공하였다고 한다. 그러한 그가 위의 연구회에 가담하여 한국의 고지도를 분석한 것은, 애초부터 독도 문제의 객관적인 연구를 기대하기 어려운 것이었을지도 모른다. 그는 이 논문의 서론에서 다음과 같이 그 연구 목적을 밝히고 있다.

　　본 보고는, 앞서의 중간보고서 「회도·지도로부터 본 죽도 – 한국 측의 사료를 사례로 하여」[2]에 이어지는 것이다. 중간보고서에서는, 한국 측의 사료를 사례로 하여, 한국 측에서는 회도·지도상으로는 현재의 독도의 위치를 정확하게 파악하고 있지 않으며, 현재의 죽도를 조선 령으로도 인식하고 있지 않았다는 것을 명확하게 했다. 따라서 문헌상에서 보이는, 1696년의 안용복安龍福의 증언, 그리고 1728년의 『숙종실록』에 우산도가 일본의 송도松島에 해당되며, 우산도와 함께 조선 령이라고 한 기재에 관해서도, 사료를 재검토할 필요가 있다고 하였다. 그 후의 조사 연구에서, 한국 측의 사료에서는 전회의 중간보고서 집필의 시점에서는 확인할 수 없었던 사료를 새로 검토할 수가 있었다. 또 회도·지도를 검토할 때에는, 서구 제작의 지도, 일본 측 제작의 회도·지도도 모두 검토하지 않으면 안 된다. …중략… 더욱이 2006년 11월에는 죽도 문제에서 중요한 장소인 한국·울릉도에서 현지조사를 실시하여, 회도, 지도에 기재된 내용에 관해서, 현지에서 검토할 수가 있었다. 본 보고에서는, 한국, 서구, 일본의 회도, 지도의 검토 결과에 관해서 기술하고, 나아가서 한국·울릉도에서의 현지조사의 보고를 문제 삼기로 한다. 그러한 검토로부터 한국, 서구, 일본에서는, 현재의 죽도를 지리적으로 어떻게 인식하고 있었던가에 관해서, 역사지리학의 입장에서 고찰하기로 한다.
　　회도를 고찰할 때에 중요한 것은, 회도가 제작된 시대의 지리적 인식을 나타낸다고 하는 관점이다. 종래의 연구에서는 회도, 고지도는 그 기재의 부정확성 때문에, 연구가 중요시되지 않았던 적이 있었다. 정확하지 않은가 어떤가를 중요시하는 것은, 회도를 현대의 가치관을 가지고 분석하는 관점이라고 할 수 있다. (회도를) 검토할 때에는, 현대의 지도에 비교하여 부정

---

2) 船杉力修, 「繪圖·地圖からみる竹島 – 韓國側の史料を事例として – 」, 『竹島問題に關する調査研究.中間報告書』(松江, 2006, 竹島問題研究會), 43~50쪽.

확한가는 중요하지 않다. 회도의 제작 과정과 제작의 배경을 분석하는 것은 당연한 일로, 그것만이 아니라 회도의 분석을 통해서 회도가 제작된 시대의 공간 인식, 가치관을 이해하는 것이 중요하다고 할 수 있다.3)

이와 같은 언급은 후나스기의 연구 목적이 어디에 있는가를 너무도 명확하게 하였다고 볼 수 있다. 곧 "중간보고서에서는, 한국 측의 사료를 사례로 하여, 한국 측에서는 회도·지도상으로는 현재의 죽도의 위치를 정확하게 파악하고 있지 않으며, 현재의 죽도를 조선 령으로도 인식하고 있지 않았다는 것을 명확하게 했다."라고 하는 주장은, 그가 한국 고지도의 분석을 통해서 이끌어내려고 하는 결론이 무엇인가를 미리 말한 것이라고 보아도 좋다는 것이다.

아무리 영토에 얽힌 민감한 사안이라고 하더라도, 먼저 어떤 결론을 내려놓고 그것을 증명하려고 하는 것은 객관성의 추구를 앞세우는 학자로서 할 일은 아닌 것이 명백하다. 왜냐하면 양심을 가진 학자라면 자기가 제기하는 논제論題의 타당성을 객관적으로 입증하는 것이 그 본래의 의무이기 때문이다. 그래서 필자는 후나스기의 연구가 지니는 문제점이 어디에 있는가 하는 것부터 살펴보려고 한다.

2. 『동여비고』의 「강원도 동서주군 총도 – 울진현도」 연구의 문제점

후나스기가 한국의 고지도를 분석하려고 한 것은 쯔카모도 다카시 塚本孝의 연구에 상당히 많은 영향을 받은 것 같다. 쯔카모도는 일본

---

3) 船杉力修, 「繪圖·地圖からみる竹島」 II, 『竹島問題に關する調査研究 – 最終報告書』(松江, 2007, 竹島問題研究會), 103쪽.

국회도서관의 참사參事로 일찍부터 독도 문제에 관심을 가지고 몇 개의 논고를 발표하여,4) 독도에 대한 사실의 왜곡에 앞장을 서온 인물이다. 이런 그거 발표한 논문들 가운데 하나인 「죽도 관계 구 돗토리번 문서 및 회도繪圖」란 글 속에서, 그는 아래와 같은 지적을 한 바 있다.

우산도를 그리고 있는 조선의 고지도를 크게 구분하면, 이 섬을 울릉도의 서쪽(조선 반도와 울릉도의 사이)에 그리고 있는 것과, 동쪽(조선에서 보아 바깥쪽)에 그리고 있는 것으로 나누어진다. 전자의 대표적인 지도는 『신증동국여지승람新增東國輿地勝覽』의 「팔도총도八道總圖<지도 1>」(아래에서는 A라고 한다)이고, 후자의 대표적인 예는 김정호金正浩의 「대동여지도大東輿地圖」 제14첩<지도 2>(아래에서는 B라고 한다)이다. …중략…

A와 같은 계통의 고지도첩 <지도 3>5)은, 우산을 섬으로서가 아니라, 사각으로 둘러싼 지명으로 표시하고 있다. 여기에서 생각되는 것은, 신라시대에 울릉도에 우산국이 있었던 것(『삼국사기』(1145년경) 신라본기 제4)이다. A형에 속하는 지도는, 필경 울릉도=우산(국)을 전승의 혼란으로부터 두 섬으로 그린 것으로, 금일의 죽도(독도)와는 관계가 없다. …중략…

B형에 속하는 조선의 고지도에 그려진 우산도는, 울릉도에 부임했던 자의 지견知見－동 섬의 동쪽 앞바다에 섬(죽도竹島)이 있는 것－과, 전통적인 A형의

---

4) 그가 발표한 독도에 대한 글의 목록은 김화경, 「독도 강탈을 위한 궤변의 허구성」, 『독도연구』 4(경산, 2008, 영남대 독도연구소), 126쪽에 정리되어 있는데, 이 논문은 이 책의 제1장 제2절에 수록하였음을 밝혀둔다. 그리고 쯔카모도 다카시의 논문 목록은 이 책 34쪽의 주 5)를 참고하기 바란다.

5) 쯔카모도 다카시의 설명에 의하면, "이 지도첩은 1981년도 도쿄 고전회東京古典會 고전적古典籍 입찰회에 『조선사고지도첩朝鮮寫古地圖帖』이란 제목으로 출품되었다가, 현재 개인 소장으로 되어 있다. 연대는 확실하지 않지만 권말의 일본에 관한 기술이 (도요토미) 히데요시豊臣秀吉까지 기록되어 있으며, 한편 「일본도日本圖에 에도江戶를 기입하고 있는 것으로부터 17세기 전반에 그렸다고 생각된다."는 것이다(塚本孝, 「竹島關係舊鳥取藩文書および繪圖」下, 『レファレンス』 412(東京, 1985, 國立國會圖書館調査立法考査局), 104쪽).

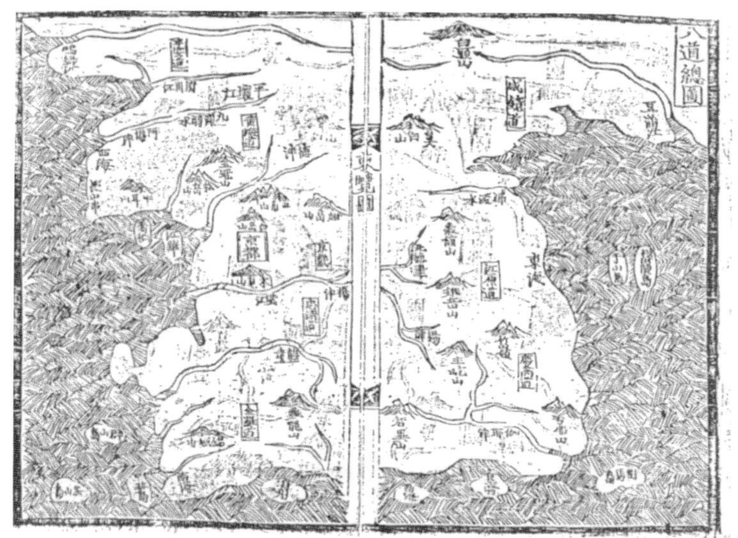

〈지도 1〉

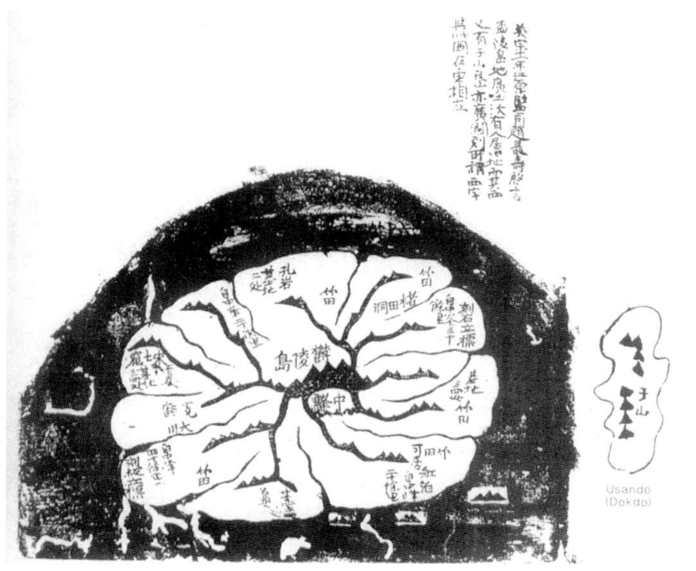

〈지도 2〉

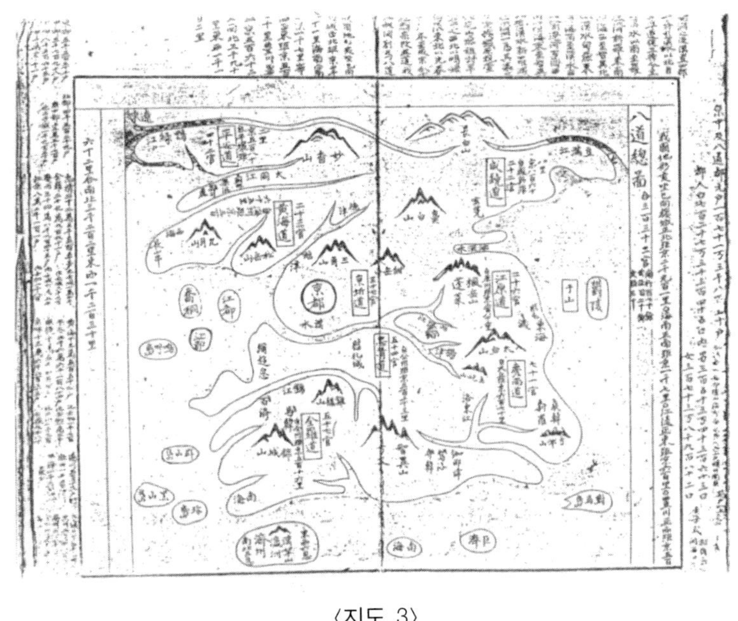

<지도 3>

지식 - 우산도라고 하는 명칭 - 이 합해져서 그려진 것으로 해석되어, 이것
도 또한 일한日韓 사이에 귀속을 다투고 있는 죽도(독도)와는 관계가 없다.[6]

　이러한 쯔카모도의 견해에는 일본 측이 한국의 고지도 분석을 통
해서 얻으려고 하는 결과가 무엇인가가 너무도 분명하게 드러나 있
다. 곧 일본의 학자들은 고지도에 그려진 우산도가 독도라고 하는,
한국 측의 주장이 잘못되었다는 것을 증명하는 데 그 목적이 있다는
것이다. 그래서 쯔카모도는 A형에 그려진 우산도는 섬의 이름이 아
니라 우산국이란 나라의 이름이 잘못 전승되어 혼란을 일으켰다고
강변하고 있다. 그리고 B형에 속하는 지도에 그려진 우산도는 오늘
날의 죽도이므로, 독도와는 상관이 없다는 것이다.

---

6) 塚本孝, 앞의 글, 100~104쪽.

바로 이와 같은 쯔카모도의 주장을 한층 더 구체화한 것이 후나스기 리키노부船杉力修의 연구이다. 그는 경북대학교 출판부가 1998년에 석원진釋圓眞의 소장본을 영인한 『동여비고東輿備攷』의 「강원도 동서주군 총도江原道東西州郡總圖-울진현도蔚珍縣圖<지도 4>」를 무슨 대단한 발견이라도 한 것처럼 떠벌이고 있다.

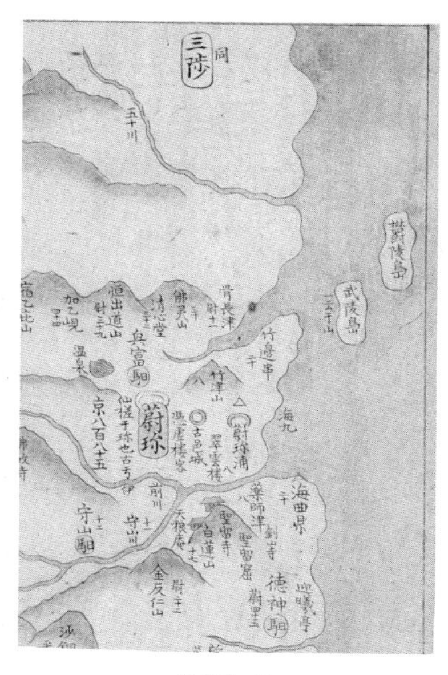

〈지도 4〉

그런데 이 지도의 제작 연대는 1682년(숙종 8)으로 추정되고 있으며, 지도책의 이름을 『동여비고』라고 한 것은 『동국여지승람』에서 따온 것으로 보고 있다. 즉 "동국東國의 '동東'자와 여지승람의 '여輿'자를 취하고, 비고備考라는 명칭은 『동국여지승람』을 이용하는데 참고가 되는 지도라는 뜻인 듯하다."7)는 것이다.

이러한 이 지도에 대해 후나스기는 게리 비버(Gerry Bevers)의 아래와 같은 설명을 인용함으로써, 자신의 주장이 객관성을 지니는 것처럼 호도하고 있다.

이 지도에는 울진의 앞바다에 두 개의 섬이 있다는 것을 확인할 수 있다. 울릉도와 무릉도武陵島이다. 울릉도의 옆에 "일운 우산一云 于山"이라고 적혀 있는데, "우산도"라고도 불리고 있다고 하는 의미이다. 상게上揭의 회도는 대단히 흥미가 깊은 것이다. 이렇게 말하는 것은, 울릉도와 무릉도와 우산

---

7) 이상태, 「동여비고 해제」, 『동여비고』(대구, 1998, 경북대출판부), 17쪽.

도의 명칭이 전부 하나의 지도에 기재되어 있기 때문이다. 이들 섬의 옛날 지도는 대개, 울릉도와 우산도, 혹은 무릉도와 우산도의 어느 쪽인가가 실려 있는데, 세 개의 이름이 동시에 실린 것은 없었기 때문이다. 우산도 쪽이 흔히 사용되고 있는 명칭이었으므로, 무릉도는 울릉도의 다른 이름別名이라고 생각되고 있었다. 하지만 상게의 지도에서, 무릉도도 우산도의 다른 이름으로 사용되고 있는 것을 처음 보았다. 이것은 한층 더 우산도가 '독도'가 아니란 것의 증거가 될 수 있다. 왜냐하면 명칭의 혼란이 일어날 정도로 울릉도와 우산도가 가까웠다고 하는 것을 나타내고 있기 때문이다.[8]

그렇지만 게리 비버(Gerry Bevers)가 주장하고 있는 것과 같이, 무릉도가 우산도의 다른 이름으로 기록된 것이 바로 우산도가 독도가 아니란 증거가 될 수 있는 것은 아니다. 왜냐하면 이렇게 명칭의 혼란을 보이는 지도가 이것 이외에는 존재하지 않기 때문이다.

실제로 강원도와 울릉도 사이에 무릉도가 표시되어 있는 것에 대해, 이상태李相泰는 아래와 같은 언급을 하고 있다.

무릉도란 칭호는 성종成宗 때에도 삼봉도三峰島를 수색하면서, 중종中宗 때에는 왜구에 대한 경계사를 논의하면서 사용했고, 명종明宗 때부터는 무릉도란 명칭은 사용하지 않고 오로지 울릉도란 명칭만 썼다. 본도本圖가 제작될 즈음에 안용복 사건이 발생하는데, 그때에도 울릉도란 명칭만 썼다. 본도에서처럼 독도를 울릉도의 좌측인 연안 쪽에 표시한 고지도는 「동람도東覽圖」에서부터 비롯되며 조선 전기에 제작되는 고지도의 표현 방법이다. 안용복 사건 이후에는 울릉도와 독도에 대한 지식이 분명해져 울릉도의 우측 바다 쪽에 독도를 우산도로 표현한다. 그런데 본도에서는 독도를 울릉도의 좌측에 표시하고 무릉도武陵島라고 적고 또는 우산도于山島라고 기록한 점이 주목된다. 조선실록에서는 울릉도를 무릉도라고 하였지 독도를 본도처럼 무릉도라고 하지 않았으며 고지도에도 그렇게 표시된 예가 없다. 그런 점에

---

8) 船杉力修, 앞의 글, 104~105쪽. 후나스기는 게리 비버의 홈페이지 주소를 http//www.occidetalism.org라고 하고 있으나, 이 홈페이지 주소로 들어가면 지도에 대한 설명은 나오지 않는다는 것을 밝혀둔다.

서 본 지도는 다른 지도와는 구별되는 독특한 면을 지니고 있다.9)

그러나 이 지도가 1682년경에 제작되었다고 하는 추정이 사실이라고 한다면, 이것과 안용복安龍福의 2차로 도일을 한 1696년과는 시간적으로 14년이란 기간이 존재한다. 따라서 이 지도의 제작과 안용복 사건과는 직접적인 관련이 있다고 보기는 어렵다. 하지만 이상태가 지적한 것과 같이, 『동국여지승람』에 첨부되어 있는 『팔도총도八道總圖』에서와 같이 이 지도에서도 울릉도의 좌측에 우산도를 그리고 있는 것은 조선 전기의 지도 표현 방법을 그대로 계승한 것이다. 그렇지만 <지도 1>과 <지도 4>를 비교하여 보면, 후자에서의 우산도의 위치가 전자와 같이 바로 우측이 아니라 약간 남쪽으로 내려간 서남쪽에 표시되었다는 차이가 있음을 알 수 있다.

이와 같은 점을 고려하지도 않고, 후나스기는 앞에서 소개한 게리 비버(Gerry Bevers)의 언급을 바탕으로 하여, "한국 측은, 종래 '울릉도는 무릉도라고 불렸으며, 우산도는 현재의 독도이다.'라고 하고 있지만, 이 회도에서는 우산도가 무릉도라고도 불리고 있었다는 것을 나타내고 있다. 실제 울릉도의 서쪽에는 이러한 섬이 존재하지 않는 것으로부터도, 당시 조선에서는 울릉도, 무릉도, 우산도의 위치, 명칭까지도 지리적으로 혼동하고 있는 것을 나타내는 것이다."10)라는 견해를 제시하였다.

하지만 우산도를 무릉도라고 표시한 지도는, 아직까지 이 『동여비고東輿備攷』의 「강원도 동서주군 총도－울진현도」 이외에는 발견되지 않고 있다는 점이 고려되어야 한다. 그럼에도 불구하고 하나의 자료만 가지고 자기들에게 유리하게끔 아전인수我田引水격의 해석을 하는 것

---

9) 이상태, 앞의 글, 21쪽.
10) 船杉力修, 앞의 글, 105쪽.

이 과연 타당성을 지닐 수 있을까 하는 의문을 가지지 않을 수 없다.

그런데도 후나스기는 "회도繪圖도 지지地誌도 이 시기에 섬들을 실제로 답사한 것이 아니라, 그 이전의 지지『세종실록지리지』(1454년 성립)와 현재의 울릉도의 답사 결과를 기록한 것으로 보이는『태종실록』,『세종실록』 등을 정리하여 고친 것에 지나지 않는 것이다. 이와 같이 회도, 지지의 분석으로부터, 당시 조선 왕조는 조선반도의 동쪽에 우산도와 울릉도의 두 섬을 인식하고 있었다고 하기보다는, 울릉도, 무릉도, 우산도를 혼동하여 인식하고 있었다는 것을 알 수 있다. 사료의 기재 내용으로부터도 이들 섬은 울릉도의 것을 기록하고 있었던 것에 지나지 않았다."[11]고 하여, 당시에 조선에서는 울릉도 하나만을 알고 있었다는 결론을 내리고 있다.

이러한 결론은 이미 서론에서부터 예상되었던 것이었으므로, 새로운 사실의 구명이라고 보기는 어렵다. 그리고 독도 문제를 객관적으로 해명하기보다는 일본 측에게 유리하다고 생각되는 자료를 제시하여 일방적인 해석을 함으로써, 한국 측이 독도를 인지하지 못했었다고 우기는 것은 쉽게 납득이 가지 않는다. 가능한 한 많은 자료들을 검토한 다음에 타당성 있는 결론을 추출하는 것이 독도 문제의 해결을 위한 하나의 방법이다. 이런 의미에서 후나스기의 견해가 타당성을 가지는가 어떤가 하는 문제는 반드시 검증되어야 한다.

3. 안용복의 도일과 자산도 및 지도상의 그 위치 문제

이런 의미에서 독도에 자산도子山島라는 이름을 붙인 안용복의 처사는 매우 중요한 의미를 가진다고 보지 않을 수 없다. 왜냐하면 일

---

11) 船杉力修, 앞의 글, 105쪽.

본이 송도松島라고 부르던 독도에 자산도라는 이름을 붙였으므로, 이 것을 오늘날의 죽도라고 주장할 수는 없기 때문이다.

그래서 먼저 「겐로쿠元祿 9(병자丙子)년 조선 배 착안着岸 한 권의 각 서」에 기재되어 있는 이 부분을 소개하기로 하겠다.

<자료 1>
안용복이 말하기를 대나무 섬竹嶋을 죽도竹嶋라고 합니다. 강원도 동래부 東萊府[12] 안에 울릉도라는 섬이 있는데, 이것을 대나무의 섬이라고 합니다. 곧 팔도의 지도八道之圖에 적혀 있는 것을 가지고 있습니다.
송도松嶋는 오른쪽의 같은 도右同道[13] 안에 자산子山(소우산)이라는 섬이 있 는데, 이것을 송도라고 합니다. 이것도 팔도의 지도에 적혀 있습니다.[14]

이 문서는 2005년 3월 일본의 시마네현 오키도隱岐島 오치군隱地郡 아마정海士町에 사는 무라카미 죠쿠로村上助九郎의 집에서 발견된 안용 복의 진술서이다. 이러한 이 문서에서 보는 것처럼, 안용복은 일본 사람들이 송도라고 부르는 곳을 '자산도子山島'라고 하였는데, 그 위 에 소우산ソウサン이라는 가타가나片仮名가 적혀 있다. 이것은 소우산 小于山, 곧 작은 우산도를 나타낸다는 의미로 쓰였을 가능성도 있다. 아니면 울릉도를 모도母島, 곧 어머니 섬이라고 보고, 이에 딸린 아들 섬이란 뜻으로 자산이란 명칭을 사용하였을 가능성도 배제할 수 없다.
이와 같은 자산이란 명칭에 대해, 송병기宋炳基는, "울릉도와 독도

---

12) 강원도 동래부 안에 울릉도가 있다고 한 것은 안용북이 동래 출신이기 때 문에 필답筆答을 하는 과정에서 생긴 오류가 아닐까 한다.
13) 세로로 쓰인 문장이므로 우右, 곧 오른쪽은 앞의 문장을 가리키는 것이다.
14) "安龍福申候ハ竹嶋ヲ竹ノ嶋と申候. 朝鮮國東萊府ノ內ニ鬱陵島と申嶋御座候. 是 ヲ竹ノ嶋と申由申候. 則八道ノ圖ニ記之所持仕候. 松嶋ハ右同道之內子山(ソウサ ン)と申嶋御座候. 是ヲ松嶋と申由. 是も八道之圖ニ記申候."(김정원 역, 「겐로쿠 9년 조선 배 착안 한 권의 각서」, 『독도연구』 1, 292~293쪽)

는 모자관계母子關係에 있는 섬들이다. 가령 독도의 옛 이름은 우산도이지만 혹은 자산도라고도 하였는데, 이는 모도母島인 울릉도의 자도子島라는 뜻도 함축되어 있는 것이다. 그러므로 독도의 역사는 울릉도와 관련지어 가면서 살피지 않으면 안 된다."15)는 지적을 한 바 있다.

이처럼 당시의 조선에서는 이미 울릉도와 독도를 모자관계를 가지는 섬으로 파악하고 있었다. 이런 인식은 민간에서뿐만 아니라, 조정에서도 그대로 수용되었던 같다. 이와 같은 추정은 『숙종실록』에도 자산도라는 명칭을 그대로 사용하고 있기 때문이다.

<자료 2>

비변사備邊司에서 안용복安龍福 등을 추문推問하였는데 안용복이 말하기를, "저는 본디 동래東萊에 사는데, 어머니를 보러 울산蔚山에 갔다가 마침 승려 뇌헌雷憲 등을 만나서 근년에 울릉도에 왕래한 일을 자세히 말하고, 또 그 섬에 해물海物이 많다는 것을 말하였더니, 뇌헌 등이 이롭게 여겼습니다. 드디어 같이 배를 타고 영해寧海에 사는 뱃사공 유일부劉日夫 등과 함께 떠나서 그 섬에 이르렀는데, 주산主山인 삼봉三峯은 삼각산三角山보다 높았고, 남에서 북까지는 이틀길이고 동에서 서까지도 그러하였습니다. 산에는 잡목雜木·매[鷹]·까마귀·고양이가 많았고, 왜선倭船도 많이 와서 정박하여 있었으므로 뱃사람들이 다 두려워하였습니다. 제가 앞장서서 말하기를, '울릉도는 본디 우리 지경인데, 왜인이 어찌하여 감히 지경을 넘어 침범하였는가? 너희들을 모두 포박하여야 하겠다.'라고 하고, 이어서 뱃머리에 나아가 큰소리로 꾸짖었더니, 왜인이 말하기를, '우리들은 본디 송도松島에 사는데 우연히 고기잡이 하러 나왔다. 이제 본소本所로 돌아갈 것이다.'라고 하므로, '송도는 자산도子山島로 그것도 우리나라 땅인데 너희들이 감히 거기에 사는가?'라고 하였습니다. 드디어 이튿날 새벽에 배를 몰아 자산도에 갔는데, 왜인들이 막 가마솥을 벌여 놓고 고기 기름을 다리고 있었습니다. 제가 막대기로 쳐서 깨뜨리고 큰 소리로 꾸짖었더니, 왜인들이 거두어 배에 싣고서

---

15) 송병기, 「독도조」, 『민족문화대백과사전』 7(성남, 1991, 한국정신문화연구원), 49쪽.

돛을 올리고 돌아가므로, 제가 곧 배를 타고 뒤쫓았습니다. 그런데 갑자기 광풍을 만나 표류하여 옥기도玉岐島에 이르렀는데, 도주島主가 들어온 까닭을 물으므로, 제가 말하기를, '근년에 내가 이곳에 들어와서 울릉도·자산도 등을 조선朝鮮의 지경으로 정하고, 관백關白의 서계書契까지 있는데, 이 나라에서는 정식定式이 없어서 이제 또 우리 지경을 침범하였으니, 이것이 무슨 도리인가?'라고 하자, 마땅히 호키주伯耆州에 전보轉報하겠다고 하였으나, 오랫동안 소식이 없었습니다. … 라고 하였다.[16)

『숙종실록』에서도 이처럼 자산도란 명칭을 그대로 기록했다는 것은, 안용복이 비변사에서 진술한 것을 그대로 받아들여 울릉도와 독도의 관계를 모자관계로 보았다는 것을 말해준다고 보아야 한다. 바꾸어 말하면 1696년에 안용복이 일본에 건너가서 당시에 우산도라고 불리던 독도에 자산도라는 이름을 붙였던 사실을 조정에서도 공식적으로 인정했다는 것이다.

그런데 이렇게 안용복이 붙인 자산도라는 이름의 섬이, 그 후에 지도로 방각倣刻되어 간행되었다는 점에 유의할 필요가 있다. <지도 5>는 대구광역시 수성구 파동에서 고서관古書館을 운영하는 김정원金正元이 제공한 것으로, 울릉도 아래쪽에 자산도가 방각되어 있다.[17)] 이런 지도가 존재했다는 것은 당시에 자산도라는 이름이 상당히 널리 통용되었음을 말해준다고 하겠다.

이러한 이 지도에서 울릉도 아래쪽에 그려진 자산도는 오늘날의 죽도가 아니라 독도가 분명하다. 이렇게 말하면 독도를 왜 울릉도의 동남쪽에 그리지 않았느냐고 반문할지도 모른다. 그렇지만 이『천하도天下圖』를 제작할 때에는 한 장에 하나의 도道를 그렸다는 점에 주목해야 한다. 따라서 강원도에 속하는 지역을 전부 한 면에 넣기 위

---

16) 『肅宗實錄』 22년 9월 무인戊寅 조.
17) 김정원 소장, 『천하도天下圖』 중의 강원도 지도.

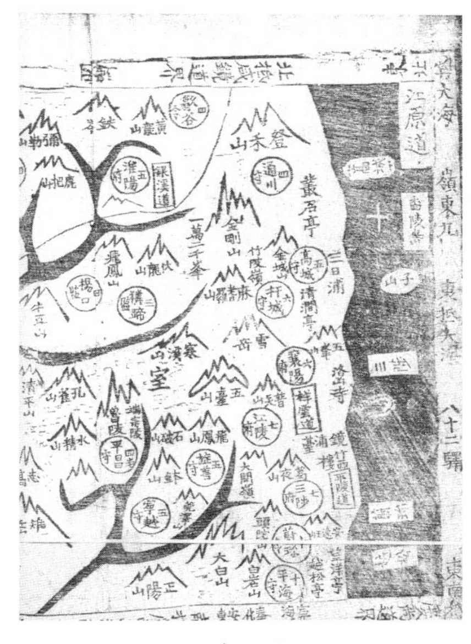

〈지도 5〉

해서는 아무래도 육지가 강조될 수밖에 없었을 것이다. 이처럼 육지가 중시되었다는 것은, 당연히 바다 쪽이 경시되었음을 나타낸다. 이것은 위의 〈지도 5〉를 보면 그대로 드러난다. 곧 바다 쪽을 좁게 그리다 보니, 자연스럽게 울릉도의 동남쪽에 있는 자산도(독도)가 울릉도의 아래쪽에 그려졌다고 보아야 한다는 것이다.

실제로 안용복은 "5월 15일 죽도竹嶋(울릉도)를 출선하여 같은 날 송도松嶋(독도)에 도착하였고, 동 16일 송도를 나서서 …중략… 죽도와 조선 사이는 30리이고, 죽도와 송도 사이는 50리입니다."[18]라고 진술하였다. 이런 진술은 상당히 정확한 지리적 인식이 있었음을 말해준다. 그러므로 자산도가 울릉도 아래에 표시되었다고 해서 자산도, 곧 우산도에 대한 지리적 지식이나 인식이 없었다고 볼 수는 없다는 것이다.[19]

그런데 모든 지도가 다 이와 같이 독도를 제 위치에 그리지 않고, 울릉도의 아래쪽, 곧 남쪽에만 그린 것은 아니었다. 정상기鄭尙驥가 그린

---

18) "五月十五日竹嶋出船 同日松嶋江着 同十六日松嶋ヲ出 …중략… 竹嶋と朝鮮之間三十里 竹嶋と松嶋之間五十里在之由申候."(樋野俊晴, 「元祿九丙子年朝鮮舟着岸一卷之覺書」, 『독도연구』 창간호(경산, 2005, 영남대독도연구소), 252쪽).

19) 이 문제에 대해서는 가와카미 겐죠川上健三도 안용복이 송도松島에 대한 인식을 가지고 있었을 것으로 추정하였다(川上健三, 『竹島の歷史地理學的研究』(東京, 1966, 古今書院), 169쪽).

「동국대전도東國大全圖」[20] <지도 6> 계열에 속하는 채색 필사본의 전국지도全國地圖에는 독도의 위치가 정확하게 그려져 있다는 사실을 확인할 수 있다.[21]

이것은 숭실대학교 도서관에 소장되어 있는 「조선전도朝鮮全圖」에서 울릉도와 독도 부분만을 옮긴 것이다. 누가 보아도 여

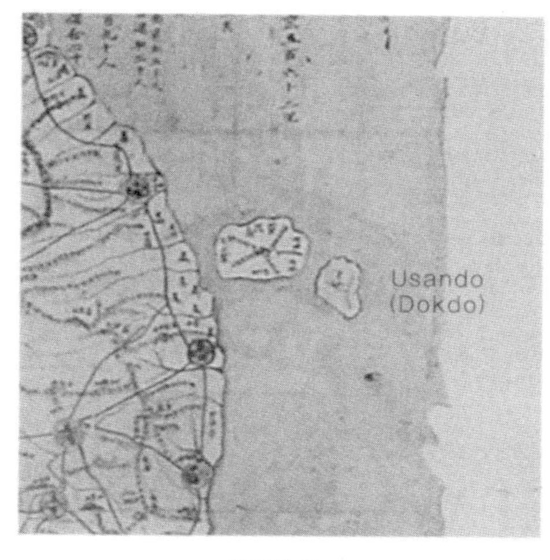

〈지도 6〉

기에 그려진 우산도가 오늘날의 죽도에 해당된다고 하지는 못할 것이다. 그 이유는 방향의 면에서 울릉도의 동남쪽에 있는 것은 독도가 명확하기 때문이다. 실제로 이상태李相泰는 이 지도에 대해, "산맥과 하천, 도로망의 표시가 비교적 자세하다. 울릉도를 자세하게 묘사하고 그 동쪽에 우산도(독도)를 표기하여 두 섬이 우리나라의 영토임을 분명히 하였다."[22]라는 해설을 하고 있다.

이렇게 보면, 지도를 제작하거나 그리는 사람의 지리적인 인식에 따라 독도를 울릉도의 동남쪽에 그린 것도 있고, 아니면 그 남쪽에 그린 것도 있다는 것을 알 수 있다. 그런데도 현재와 같이 정확한 지리적 지식을 가지고 한국의 고지도를 보려고 하는 것은, 자기들에게 유리한 논리를 전개하여 독도를 강탈하기 위한 억지를 부리는 것

---

20) 정상기의 『동국대전도』(서울대학교 규장각 소장)에서도 울릉도의 동쪽에 정확하게 우산도를 그리고 있다. 오상학, 「농포자 정상기와 동국지도」, 『공간이론의 산책』 26(서울, 1999, 국토지리원), 67쪽 지도 참조.
21) 이상태, 『사료가 증명하는 독도는 한국 땅』(서울, 2007, 경세원), 43쪽.
22) 이상태, 앞의 책, 43쪽.

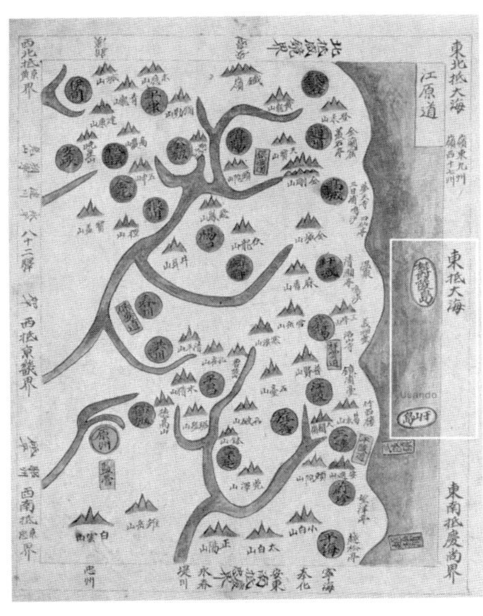

〈지도 7〉

에 지나지 않는다고 하겠
다. 사실 후나스기가 한국
의 많은 고지도를 분석의
대상으로 삼았으면서도, 울
릉도의 남쪽이나 동남쪽에
그려진 우산도 문제를 언
급하고 있지 않다는 것은
바로 이런 저의를 그대로
드러냈다고 보아도 크게
틀리지는 않을 것이다.

그리고 또 한 가지 지적
하고 넘어가야 하는 것이
있다. 그것은 지도에 섬을

그리거나 방각할 때에 거리에도 그다지 신경을 쓰지 않았다는 점이
다. 이런 지적을 하는 이유는, 앞에서 제시한『천하도』계열의 지도
들 가운데는 울릉도와 우산도의 위치를 간성杆城에서 정선旌善 정도
의 거리로 표시하여 실제의 거리를 의식한 것 같은 지도도 있기 때문
이다. 그래서 그런 <지도 7>을 제시하였다.

이것은 국립 중앙도서관에 소장되어 있는 것으로, 작자는 알 수 없지
만 1870년에 제작되었다고 한다. 이상태의 설명에 의하면, 「동람도東覽
圖」식의 채색 필사본 지도로 민간에서 많이 소장하였다는 것이다.23)

그런데『동국여지승람東國輿地勝覽』의『팔도총도八道總圖』, 곧「동람도」
계열의 지도들 가운데에도 앞에서 본 <지도 1>과 같이 우산도가 강
원도와 울릉도 사이에 그려지지 않고, 다음 <지도 8>에서 보는 것
처럼, 울릉도의 남쪽에 그려진 것도 있어 관심을 불러일으킨다. 이

---

23) 이상태, 강원도『여지도輿地圖』, 앞의 책, 72쪽.

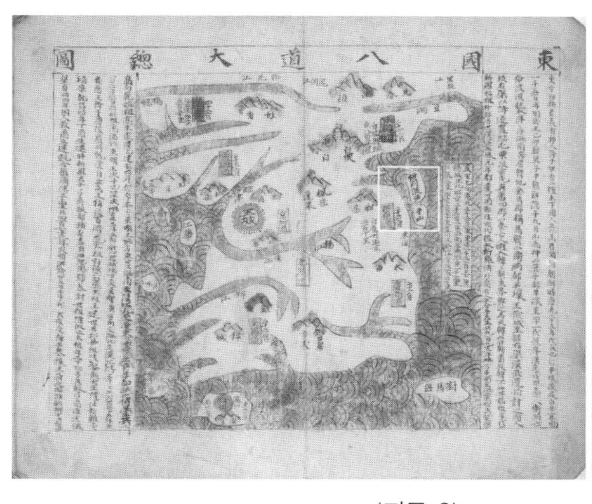 

〈지도 8〉

지도는 서울대학교 규장각에 소장되어 있는 것으로, "조선 후기에민간에 많이 보급되었던 13장으로 구성된 목판본 지도책을 필사하여 채색한 것"[24]이라고 한다.

따라서 <지도 1>에서 우산도가 울릉도의 서쪽에 그려진 것이 반드시 그 방향을 정확하게 인식한 것은 아니었다고 할 수 있다. 그렇다고 쯔카모도 다카시가 지적한 것처럼, 우산국이란 나라 이름이 잘못 전승되어 혼란을 일으킨 것이라고 보는 것은 더욱 더 말이 안 된다고 하겠다. 아무리 지리적인 인식이 없었던 사람들이라고 하더라도, 나라 이름과 섬 이름을 혼동할 정도의 사람들이 지도를 제작하였거나 그렸다고는 생각되지 않기 때문이다.

이런 지적을 하면서, 같은 『동람도』 계통에 속하는 지도이면서도, 후나스기가 무슨 대단한 발견이라도 한 것처럼 호들갑을 뜬, 경북대학교 소장의 『동여비고東輿備攷』의 「강원도 동서주군 총도－울진현도」와 같은 위치에 우산도를 표시한 지도가 있어 관심을 불

____

24) 이상태, 동국대팔도총도 『요도瑤圖』, 앞의 책, 62쪽.

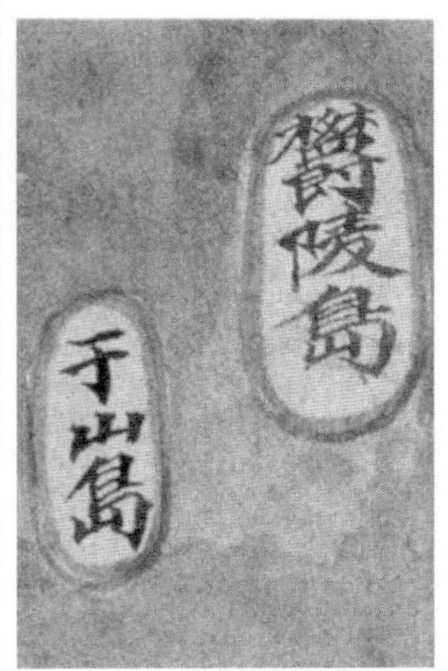

〈지도 9〉

러 일으킨다.

위의 <지도 9>는 국립 중앙도서관에 소장되어 있는 「조선총도朝鮮
摠圖」로 전국의 명산대천名山大川과 제사 처祭祀處만을 간단하게 표시하
면서, 울릉도를 강원도 위쪽에 표시하고 그 하단(서남쪽)에 우산도를
표시하고 있다.25) 이렇게 본다면,『동여비고』의「강원도 동서주군 총
도－울진현도」에 우산도가 울릉도의 서남쪽에 그려진 것이 그렇게
특이한 것이 아니라는 것을 알 수 있다. 좀 더 구체적으로 말한다면
울릉도의 남쪽, 곧 아래쪽에 자산도(우산도, 독도)를 표시하는 경우도 있
었다. 그렇지만 이 아래쪽에 있던 것이 왼쪽, 곧 서쪽으로 옮겨져 울
릉도의 서남쪽에 표시된 것이 바로 이 지도의 울진현도였다는 것이

______

25) 이상태, 조선총도『여지도』, 앞의 책, 60쪽.

다. 따라서 우산도를 무릉도라고 표시하였다고 해서 우산도의 위치
나 명칭을 혼동한 것이 아니라, 지도의 적당한 공간에 동해안에 존재
하는 두 섬을 그려 넣은 것에 불과하다고 보아야 하지 않을까 한다.

4. 〈소위 우산도 형〉과 〈우산도 형〉의 문제

한국의 많은 고지도들이 우산도를 울릉도의 바로 동쪽에 그리고
있다. 그래서 쯔카모도 다카시塚本孝는 앞에서도 인용한 것처럼, "B형
에 속하는 조선의 고지도에 그려진 우산도는, 울릉도에 부임했던 자
의 지견知見 — 동 섬의 동쪽 앞바다에 섬(죽도竹島)이 있는 것 — 과, 전통
적인 A형의 지식 — 우산도라고 하는 명칭 — 이 합해져서 그려진 것으
로 해석되어, 이것도 또한 일한日韓 사이에 귀속을 다투고 있는 죽도
(독도)와는 관계가 없다."[26]라고 하였다.

이와 같은 그의 지적은, 쉽게 말해 한국의 고지도에 표시된 우산도
는 울릉도 동북쪽에 있는 죽도竹島에 우산국의 우산을 가져와 우산도
라고 한 것에 불과하다는 것이다. 이런 견해의 뒤에는 한국에서 고지
도에 그려진 우산도가 오늘날의 독도라고 하는 주장은 잘못되었다는
속셈이 숨어 있다. 바로 이러한 속셈을 겉으로 드러낸 것이 후나스기
리키노부船杉力修의 연구였다. 그는 16개의 울릉도 관련 지도를 검토
하여, 우산도가 독도가 아니라 죽도라는 것을 누누이 강조하고 있다.

그러나 고지도, 특히 울릉도 지도鬱陵島地圖에 그려진 우산도의 경
우는 <소위 우산도 형>과 <우산도 형>이 있다는 사실에 유념하지
않으면 안 된다. 먼저 후나스기 리키노부가 각종 울릉도 지도에 관한
고찰을 하는 과정에서 <소위 우산도 형>에 속하는 자료들부터 살

---

26) 塚本孝, 앞의 글, 104쪽.

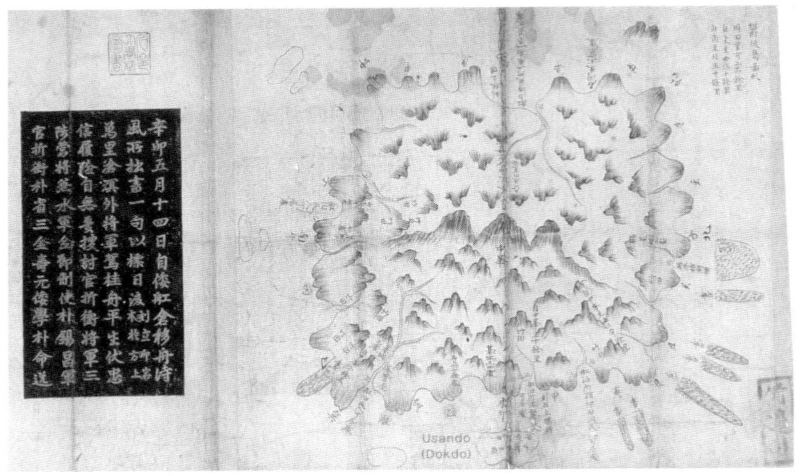

〈지도 10〉

펴보기로 하겠다.

이 유형에 들어가는 대표적인 지도로는 서울대학교 규장각에 소장되어 있는 「울릉도 도형鬱陵島圖形」<지도 10>이 있다.

여기에는 "신묘년 5월 14일에 왜의 강창舡倉(배를 넣어두던 창고)으로부터 바람을 피하는 곳으로 배를 옮겨, 한 구절을 써서 날짜를 표시한 다음에, (나무에 새겨 묘방卯方(동쪽 방향)의 바위 위에 세웠다) 만리 창해滄海 바깥에 장군으로 계수나무로 만든 아름다운 배를 타고 평생토록 충성과 신의忠信를 다했으니 험난함을 겪어도 걱정이 없노라. 수토관 절충장군 삼척영장 겸 수군첨절제사 박석창 군관절충 박성삼 김수원, 왜학 박명일"27)이라는 글귀가 있고, 또 울릉도에 박석창이 세운 비석이 남아 있어,28) 여기에서 말하는 신묘년을 1711년(숙종

---

27) "辛卯五月十四日　自倭舡倉移舟待風所　拙書一句以標日後 (刻木立於卯方岩上) 萬里滄溟外　將軍駕桂舟　平生伏忠信　履險自無憂　搜討官折衝將軍三陟營將兼水軍僉節制使朴昌錫　軍官折衝朴星三　金壽元　倭學　朴命逸."(이상태, 앞의 책, 92쪽).

37)으로 비정하고 있다. 그리고 위의 지도에서 보는 것처럼, 오른쪽에 비변사備邊司란 인장이 찍혀 있고, 그 뒤에 "영장 박석창이 만든 울릉도 지도"29)라는 기록이 있는 것으로 보아, 수토사로 갔던 박석창이란 인물이 군사용으로 제작하여 사용했던 지도인 것 같다.

그런데 이 지도에는 하단에 해당되는 동쪽에 "해장죽전 소위 우산도(海長竹田 所謂于山島)", 곧 "바닷가에 길게 대밭이 있는 이른 바 우산도"라고 하는 기록이 있어 주목을 끈다. 이것을 소장하고 있는 서울대학교 규장각의 해설에는 "여기 우산도라 기입한 섬이 바로 독도를 지칭한 듯하다."30)라고 하였다. 하지만 이 해설은 지도 자료를 엄격하게 검토하지 않은 것이 분명하다. 왜냐하면 바닷가에 길게 대나무 밭이 있었다고 한다면 그 섬은 독도가 아니라 오늘날의 죽도를 가리킨다고 보는 것이 마땅하기 때문이다.31) 실제로 오상학吳相學은 "이 섬은 그려진 위치와 '바닷가에 길게 죽전이 있다.'는 주기註記로 볼 때 울릉도 본섬에서 4km 정도 떨어진 죽도로 추정된다. 울릉도의 부속 도서로서 대밭이 길게 형성될 수 있는 섬은 죽도 이외에는 없기 때문이다."32)라고 하여, 이 섬을 죽도로 보았다.

---

28) 비석의 글귀는 다음과 같다.

"辛卯五月十初九日到泊于倭舡倉 以爲日後憑考次 萬里滄溟外 將軍駕桂舟 平生伏忠信 履險自無憂 搜討官折衝將軍三陟營將兼僉節制使朴昌錫 刻石于卯方 軍官折衝朴省三 折衝金壽元 倭學閑良朴命逸 軍官閑良金元聲 都沙工崔粉 江陵通引金蔓 營吏金孝良 中房朴一貫 及唱金時藝 庫直金危玄 食母金世長 奴子金禮發 使令金乙泰."(김원룡, 『울릉도』(서울, 1963, 국립박물관), 64쪽)

29) "營將朴錫昌所作 鬱陵島地圖."(서울대학교 규장각, 고지도 「울릉도 도형」(규 12166) 해설).

30) 서울대학교 규장각, 위의 글.

31) 오상학도 이 "소위 우산도"라고 하는 곳은 죽도(댓섬)이라고 보고 있다(오상학 공저, 『울릉도·독도 고지도첩 발간을 위한 기초연구』(서울, 2007, 한국해양수산개발원), 50쪽.

32) 오상학, 「조선시대 지도에 표시된 울릉도·독도 인식의 변화」, 『문화역사지

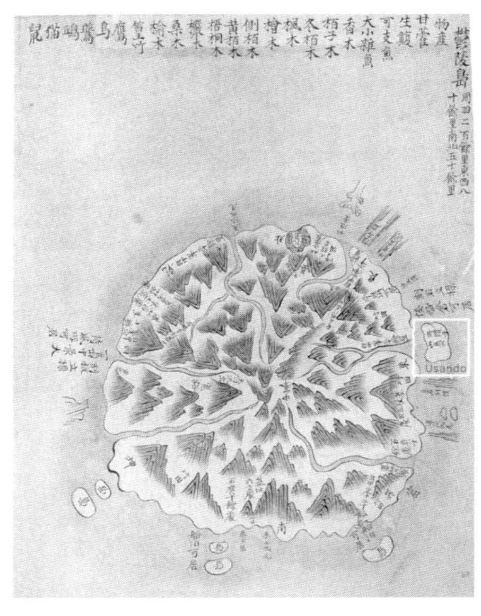

〈지도 11〉

이 점에 관해서는 후나스기의 지적이 타당한 것 같지만, 그의 주장은 울릉도의 동쪽에 그려진 우산도는 모두 지금의 죽도라고 하는 데 문제가 있다. 이것은 그의 연구가, 우산도가 독도를 지칭하는 것이라고 하는 한국 측의 주장을 부정하기 위해서 이루어졌다는 것을 말해준다.

어쨌든 이 <소위 우산도형>에 속하는 지도로는 『해동지도海東地圖』에 실려 있는 「울릉도」<지도 11>가 있다. 이것도 서울대학교 규장각에 소장되어 있는 것으로, 이상태는 "울릉도 지도에서는 산맥과 하천 등을 상세히 그렸고, 민간인들이 살고 있는 곳을 하나하나 표시하였으며, 몇 집이 살 수 있는가를 적어 놓았다. 울릉도 주변에 있는 섬들을 모두 표시하고 특별히 독도를 그린 후에 '소위 우산도(독도)'라고 기록하였다."[33]라는 해설을 하고 있다.

그러나 여기에서 '소위 우산도'라고 표기된 섬은 앞에서 살펴본 박석창이 그린 「울릉도 도형」<지도 10>과 마찬가지로 죽도로 보는 것이 타당하지 않을까 한다. 왜냐하면 '소위 우산도'라고 한 것은 그냥 '우산도'라고 표시한 것과는 구별하는 것이 타당하다고 생각되기 때문이다. 그렇지 않고는 굳이 '소위'라는 말을 붙일 이유가 없었을 것이다.

<hr>

리』 18-1(서울, 2006, 문화역사지리학회), 87~88쪽.
[33] 이상태, 앞의 책, 94쪽.

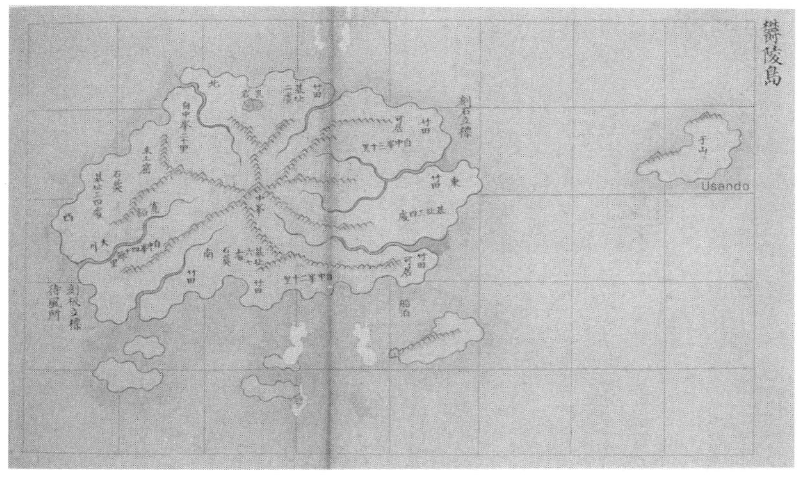

〈그림 12〉

　여기에서 왜 '소위 우산도'라고 했을까 하는 의문이 제기된다. 이것
은 어디까지나 추정에 불과하지만, 아마도 울릉도에 갔던 수토사搜討使
나 관리들은 우산도에 대한 지리적 인식이 명확하지 않았을 가능성
이 있다. 그런데도 울릉도 옆에 우산도가 있다는 것은 알고 있었으므
로, 죽도를 우산도로 비정하면서 앞에다 '소위'란 말을 일부러 붙였
던 것이 아닌가 한다.

　이런 의미에서 서울대학교 규장각에 소장되어 있는『조선지도朝鮮
地圖』의「울릉도」<지도 12>는 매우 중요한 의미를 가진다고 하겠다.
이것은 "채색 필사본의 방안方眼 지도책으로 비교적 정확하며 비변사
에서 소장하였던 지도"로, "각 군현 지도를 그릴 때 울릉도의 중요성
을 강조하여 울릉도는 군현이 아니지만 독립하여 그렸고 우산도(독도)
를 그 동쪽에 표기하였다."[34]는 것이다.

　그런데 이것도 <지도 10>과 같이 비변사에서 소장하던 것이면서

---

34) 이상태, 앞의 책, 93쪽.

도, 여기에서는 "소위 우산도"라고 하지 않고, 그냥 "우산도"라고 표기하고 있다.

이에 대해 후나스기는 "이 회도에도 울릉도의 동쪽에 '우산'이라고 쓰인 섬이 그려져 있다. 울릉도로부터의 거리는 약 30리(약 12km)의 곳에 쓰여 있다. 독도는 울릉도의 남동 약 90km에 있으므로, 이 섬은 울릉도의 2km에 위치하는 죽서(한국 이름 죽도)인 것으로 보인다."[35]라고 하여, 역시 죽도로 비정하였다.

그러나 이와 같은 그의 추정은 이상한 계산법을 동원한 것이다. 그는 "지금까지의 회도에 없었던 방안선方眼線이 그려져 있다. 지금까지의 회도의 주기註記에는 섬의 동서는 약 80여리, 남북은 약 50여리라고 하고 있다. 방안은 20리(8km)에 그어져 있다고 되어 있으므로, 회도에서는 동서는 약 90리, 남북은 약 60리가 되어, 수치는 가깝다고 할 수 있다."[36]라고 하였다. 그러면서도 울릉도와 우산도와의 거리를 12km로 본 것은 지도상의 거리를 가능한 한 가깝게 기술하려고 하는 저의를 드러낸 것이라고 보지 않을 수 없다. 그 이유는 방안이 8km라면 울릉도의 동쪽 14km 정도의 거리에 우산도가 그려져 있다고 보아야 한다. 그리고 18세기에 그려진 이 지도를 가지고 현재의 측정 거리인 90km가 되지 않으므로 이 섬이 죽도라고 하는 것은 우산도는 무조건 죽도가 되어야 한다는, 미리 정해놓은 결론을 이끌어내기 위한 수단에 지나지 않기 때문이다.

필자의 생각으로는 당시에 이 정도의 거리에 표시한 우산도라면, 그것은 독도를 가리키는 것이라고 간주해야 한다는 것이다.[37] 실제

---

35) 船杉力修, 앞의 글, 113쪽.
36) 船杉力修, 앞의 글, 113쪽.
37) 오상학도 이 섬을 "울릉도 근처의 부속도서와는 다른 별개의 섬인 독도를 그린 것으로 보인다."라고 하였다(오상학, 「조선시대 지도에 표현된 울릉도·독도 인식」, 『가 보고 싶은 우리 땅 독도』(서울, 2006, 국립중앙박물관), 202쪽).

로 정상기鄭尙驥가『동국대전도東國大全圖』를 제작하고 난 다음부터는 울릉도 동쪽에 우산도가 있다는 인식이 상당히 널리 유포되었었다. 그래서 그런 세부도細部圖 <지도 13>를 제시하기로 한다.

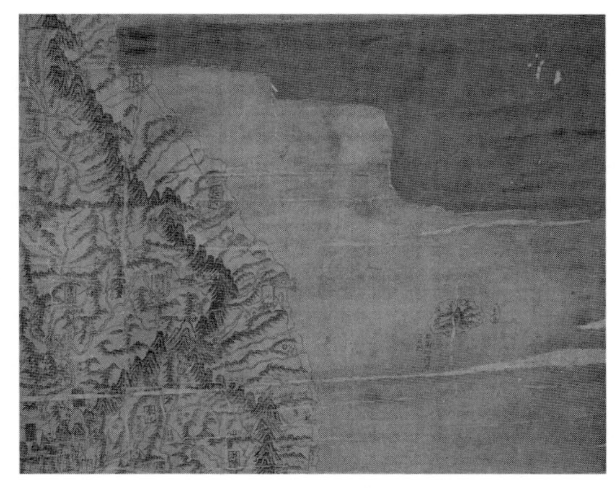

〈지도 13〉

이 지도에 대해, 오상학吳相學은 "지도 세부도<지도 13>를 보면 울진의 동쪽 바다에 울릉도와 우산도가 그려져 있다.『동람도』계열의 지도와는 다르게 울릉도가 크게 그려져 있고 그 동쪽에 우산도가 훨씬 작게 그려져 있다.『동람도』에서처럼 울릉도와 우산도가 거의 동등한 섬이 아니라 울릉도가 주도主島이고 우산도는 부속 섬으로 그려져 있는 것이다. 여기에 그려진 우산도는 당시 일본인들이 마쓰시마松島라고 부르던 섬으로 지금의 독도에 해당한다. 18세기에 들어와 새롭게 형성된 울릉도·독도 인식이 그대로 반영된 것이다."[38]라는 견해를 밝혔다.

그러면서 그는 안용복 사건과 이 문제를 다룬 이익李瀷의『성호사설星湖僿說』을 거쳐 신경준申景濬에 의해 재정리되고, 이것이 국가적 사업으로 편찬된『동국문헌비고東國文獻備考』에서 공식화되면서, 울릉도·독도에 대한 이와 같은 인식이『동국대전도』에 반영되었다고 보았다.[39]

---

38) 오상학 공저,『울릉도·독도 고지도첩 발간을 위한 기초연구』(서울, 2007, 한국해양수산개발원), 35~36쪽.

〈지도 14〉

따라서 이와 같이 하여 18세기 들어와 울릉도·독도에 대한 인식이 확실해졌다고 보는 경우에는, 『조선지도』에 그려진 「울릉도」<지도 12>도 이러한 지리적 지식을 바탕으로 하여 제작된 것임이 틀림없다고 하겠다. 그리고 이와 같은 추정은 지도를 통해서도 그 타당성을 인정받을 수 있다. 곧 위의 <지도 14>는 국립 중앙도서관에 소장되어 있는 『해동여지도海東輿地圖』의 「강원도」 지도로, 19세기 전기에 제작된 것으로 추정하고 있다.40) 이런 이 지도에서는 울릉도의 북쪽에 명확하게 죽도를 표시하고 있어, 우산도가 죽도라는 주장은 잘못되었다는 것을 말해주고 있다.

이 지도를 보면, 적어도 19세기 전기에는 울릉도의 북쪽에 죽도가 있고, 동쪽에 우산도 곧 독도가 존재한다는 확실한 인식을 가지고 있었다는 사실을 확인할 수 있다. 이런 사실의 확인은 우산도로 표시된 섬이 독도를 가리킨다는 것을 증명하는 증거가 된다. 환언하면 후나스기 리키노부가 주장하고 있는 것처럼, 울릉도 동쪽에 그려진 우산도가 전부 죽도를 나타내는 것이 아니라, '소위 우산도'라고 한 것은 죽도를 나타내고 '우산도'라고 한 것은 독도를 가리키는 것으로 보아야 한다는 것이다.

---

39) 오상학 공저, 앞의 책, 34쪽.
40) 이찬, 『한국의 고지도』 도판해설(서울, 1991, 범우사), 392~393쪽.

5. 고찰의 의의

본 논고는 후나스기 리키노부가 독도와 관련된 한국 고지도들의 왜곡된 해석의 문제점을 바로잡기 위해서 마련되었다. 그는 지금까지 살펴본 것과 같이 한국의 고지도들 가운데에서 울릉도의 서쪽과 동쪽에 그려진 우산도만 고찰의 대상으로 하였다. 다시 말해 울릉도의 북쪽이나 남쪽, 혹은 동남쪽이나 서남쪽에 위치한 우산도 지도에 대한 고찰은 하지 않았다는 것이다. 이와 같은 대상의 선택은 한국 사람들이 독도에 대해 정확한 인식을 가지고 있지 않았었다는 것을 입증하기 위한 것이었다고 할 수 있다. 그래서 본 연구에서는 여러 방위에 그려진, 14개의 지도 자료를 검토함으로써 후나스기의 연구가 얼마나 사실을 왜곡하고 있는가 하는 것을 구명하였다. 이제까지 논의된 것을 간단하게 요약하면 아래와 같다.

먼저 『동여비고』의 「강원도 동서주군 총도－울진현도」에 무릉도가 "일운 우산－云 于山"이라고 하여 울릉도의 동남쪽에 그려져 있는 것에 대해, 후나스기는 실제로 울릉도의 서쪽에는 섬이 존재하지 않는다는데 착안하여 조선에서는 울릉도, 무릉도, 우산도의 위치와 명칭을 지리적으로 혼동하고 있었던 것으로 보았다.

그러나 이 문제는 우산도를 무릉도라고 표시한 지도가 이것 이외에는 존재하지 않는다는 사실을 감안하여야 한다. 그래서 우선 안용복이 2차로 도일渡日을 하면서 당시에 일본이 송도松島라고 부르던 오늘날의 독도에 자산도란 이름을 붙였고, 『숙종실록』에도 이 명칭이 그대로 기록되었다는 데 주목하였다. 그리하여 조정에서 이 명칭을 사용한 것은 그 이름을 공식적으로 인정한 것이고, 또 지도에 자산도가 방각되었다는 것은 이 명칭이 널리 사용된 증거로 간주하였다.

그런데 이 지도에는 자산도가 울릉도의 남쪽에 표시되어 있었다. 이것은 지도를 제작하는 과정에서 육지를 중시하였으므로, 바다를 좁은 지면 위에 그렸기 때문이라고 보면서, 「조선전도」에 표시된 우산도 지도를 제시하여 당시에는 우산도의 위치에 대한 정확한 인식이 있었다는 사실을 확인하였다. 이러한 인식은 안용복의 진술을 통해서도 입증할 수 있었다.

그리고 당시의 지도에서는 섬을 그리거나 방각할 때에 거리에는 그다지 신경을 쓰지 않았다는 사실도 규명하였다. 또 『동람도』 계통의 지도에서도 우산도를 울릉도와 강원도 사이에 그리지 않고, 울릉도의 남쪽(아래쪽)에 그린 것도 있었고, 『동여비고』의 「강원도 동서주군 총도-울진현도」에서와 같이 울릉도의 서남쪽에 표시한 것도 있었다. 이와 같은 지도들이 존재한다는 것은 우산도에 대한 인식이 없었다는 것을 말하는 것이 아니라, 지도의 적당한 공간에 동해안에 존재하는 두 섬을 그려 넣은 것으로 보아야 한다는 지적을 하였다.

다음으로 울릉도의 동쪽에 그려진 우산도를 전부 오늘날의 죽도로 보아야 한다는, 후나스기 주장의 허구성을 검토하였다. 그리하여 이 문제는 우산도의 지도에서 '소위 우산도 형'과 '우산도 형'으로 구분하여야 한다는 대안을 제시하였다. 곧 1711년(숙종 37)에 박석창朴錫昌이 그린 것으로 추정되는 「울릉도 도형」에서 "해장죽전 소위 우산도(海長竹田 所謂于山島)"라고 한 것은 전자에 속하는 것으로 지금의 죽도를 가리키는 데 반해, 『조선지도』의 「울릉도」에 표시된 우산도와 같은 유형은 독도를 지칭하는 것으로 보아야 한다는 것이다. 이렇게 보는 이유는 안용복 사건 이후에 울릉도와 독도에 대한 인식이 변하였고, 이런 인식에 따라 울릉도와 독도를 지도에 표시했다고 볼 수 있기 때문이다.

이러한 견해를 제시하면서, 지도에 그려진 독도에 대한 문제는 어느 한쪽에 유리한 자료들만 대상으로 할 것이 아니라, 모든 자료를 엄격하게 검토하여야 하는 과제라는 것을 거듭 지적해둔다.

제4절 일본의 독도 인식에 관한 연구
-「일로청한 명세신도」에 그려진 국경과
독도의 귀속을 중심으로 한 고찰-

1. 머리말

지금까지 독도에 관한 많은 자료들이 제시되고 연구되어 왔다. 그 렇지만 일본에서는 현재 내각의 전신이었던 태정관太政官에서 작성한 문서1)를 비롯하여 관련 자료들의 실체를 부정하고,2) 1905년 2월 22일 시마네현島根縣의 고시 40호로 독도를 강탈한 사실이 타당했다는 것 만을 강조하고 있다.

그리하여 일본의 외무성外務省은 『죽도, 죽도 문제를 이해하기 위한 10의 포인트』란 팸플릿을 만들고, 그것을 9개 외국어로 번역하여 독 도에 대한 역사적 진실을 알지 못하고 있는 외국인들에게까지 자기 들 주장의 정당성을 강조하고 있다.3) 게다가 문부과학성文部科學省은

---

1) 태정관 문서에 대해서는 본 절의 '섬 이름의 혼란과 독도'에서 자세하게 논 의한다는 것을 밝혀둔다.
2) 일본에서 17세기에 독도가 자기네 땅이었다는 증거로 제시하는 『인슈시청 합기隱州視聽合記』에 나오는 "이 주를 일본의 서북 경계로 삼는다(日本之乾地 以此州爲限矣)."라는 글귀가 있다. 이에 대해 이케우치 사토시池內敏가 이 주 를 오키도隱岐島로 해석해야 한다고 것은 초보적인 미스라고 주장하는 시모 죠 마사오의 견해와 같은 자료 해석의 오류를 들 수 있다(下條正男,「竹島の 日條例から二年」,『最終報告書』(松江, 2007, 竹島問題硏究會), 5쪽).
3) 外務省,『竹島問題を理解するため10のポイント』(東京, 2008, 外務省 アジア大洋州

중·고등학교 사회 교과목 학습지도 요령 해설서의 개정을 통해, 지리나 공민公民 교과서에 독도가 자국의 영토란 사실을 교과서에 삽입하도록 하는 장치를 마련하였다.4) 그러더니 2010년 3월 31일에는 초등학교 사회와 지리 교과서에 독도가 자국 영토임을 표현하는 검인정 교과서를 승인하는 조치를 취하였다.5)

이와 같은 일련의 과정 속에서 대구광역시에 거주하는 유성철兪成哲 씨가 「일로청한 명세신도日露淸韓明細新圖」를 입수하여 제공하였으므로, 2010년 4월 1일 이 지도를 언론에 공개한 바 있다. 이것은 1903년(메이지明治 36)에 일본의 「제국 육해 측량부帝國陸海測量部」가 편찬한 구 대륙 전도이다.

이러한 이 지도에는 경도經度와 위도緯度가 그려져 있고, 또 청일전쟁이 끝나고 난 다음에 취득한 타이완臺灣까지도 일본의 경역에 넣고 있었다. 그리고 이 지도의 또 한 가지 특징은 바다에 한국과 일본, 중국의 경계선을 명확하게 그어 놓았다는 것이다. 이것은 어느 의미에서 보면 한·중·일 간의 국경을 최초로 획정한 지도라고 할 수 있다는 점에서 매우 중요한 의의를 가진다고 하겠다. 특히 이러한 이 지도가 국가 기관에 의해 제작된 것이라고 한다면, 이 국경의 획정은 공식적인 조치였다고 볼 수도 있어 관심을 불러일으키는 것도 사실이다.

그런데 이렇게 그려진 한국의 국경 안에 독도를 나타내는 송도松島가 들어 있다는 것은 그들이 독도를 한국의 영토로 인정하고 있었음을 말해주는 것이 아닌가 하여 주목을 끈다. 따라서 이 지도를 보는

　　局 北東アジア課)

4) 文部科學省, 『中學校學習指導要領解說』社會編(東京, 2008, 文部科學省), 49쪽; 文部科學省, 『高等學校學習指導要領解說』社會編(東京, 2009, 文部科學省), 107쪽.

5) 김봉철, 「일, 초등교과서 독도 영유권 표기 확대 파문」, 『독립신문』(2010.3.31.) 기사.

경우, 일본의 외무성이 과연 독도를 "역사적 사실에 비추어 보더라도, 또 국제법상으로도 명백하게 우리나라 고유의 영토입니다."[6]라고 주장할 수 있을까 하는 의심을 가지게 되는 것은 어쩌면 당연한 이치라고 할 수 있다. 더욱이 아직 판단력도 제대로 형성되지도 않은 초등학교 학생들에게 "죽도竹島(독도)가 일본 땅"이라는 지도를 통한 시각적인 교육을 하겠다는 문부과학성의 판단이 얼마만큼 역사적 진실성을 지닌 조치인가를 묻지 않을 수 없다.

그래서 본고에서는 이 지도가 독도 문제의 해결에 어떤 의미를 지니고 있는가 하는 것을 중점적으로 고찰하려고 한다. 이와 함께 이러한 사실을 통해서 독도를 강탈하기 이전에 일본이 가졌던 이 섬에 대한 인식을 구명함으로써, 올바른 독도 역사의 재구에도 이바지하는 것을 본 연구의 목적으로 한다는 것을 미리 밝혀둔다.

2. 문제의 제기

이 지도를 2010년 4월 1일 언론에 공개하고 난 다음, 같은 해 4월 5일 독도연구소 정기 세미나에서 필자가 「일로청한 명세신도의 사료적 가치」란 가제假題로 발표를 한다는 공고를 하였다. 그러자 제일 먼저 문제를 제기해온 사람은 호사카 유지保坂裕二였다. 그는 아래와 같은 문제점의 지적과 함께 몇 가지의 질의를 해왔다.

1. 당시 '육해 측량부'라는 부처는 일본 정부 내에 존재하지 않았습니다. 1871년에 일본 병부성 내에 설치된 육군 참모국參謀局이 초기에 내무성 지

---

6) 日本外務省ホームページ アジア竹島問題. http://www.mofa.go.jp/mofaj/area/takeshima/index.html

리국과 같이 지도제작 업무를 맡고 있다가 1888년에 '육지 측량부'로 통합되어 1945년까지 지도를 작성하는 공식 기관으로 존재했습니다. 일본이 2차 대전에 패전한 후에 '육지 측량부'는 현재의 '국토 지리원'으로 인수 인계됩니다. 그런데 '육해 측량부'라는 공식 기관은 존재하지 않았으며 그러므로 발표하신 지도는 국가의 공식 지도가 아닐 가능성이 높습니다.

2. 더욱이 왼쪽 여백을 보면 민간인이 발행인으로 되어 있습니다. '육지 측량부' 발행지도에는 민간인 발행인 같은 것을 기재하지 않습니다. 그러므로 이 지도는 민간인이 작성한 지도에 '육지 측량부'를 잘못 '육해 측량부'로 적은 오류를 범한 지도가 아닐까 생각됩니다.

3. 동아일보를 통해 본인은 2006년 10월 25일에, 다케시마와 마쓰시마[7]를 조선 령으로 동해에 선을 긋고 명기한 지도(1895년 제작)를 공개했습니다. 그러나 그것은 민간인이 제작한 '일청한 군용정도'였습니다. 그러므로 공개하신 지도가 민간인 제작의 지도라면 이번이 동해에 선을 그은 지도는 최초 공개된 것이 아닙니다.

4. 일본이 1880년 이후 울릉도를 마쓰시마, 독도를 리앙코도로 기재하기 시작합니다. 그 좋은 예가 일본의 '해군성 수로국'이 1885년 이후에 발행을 계속한 각종 『수로지』입니다. 『수로지』에는 1905년 이전에는 독도를 '리앙코르도 열암', 울릉도를 '송도'로 기재해 놓았습니다.[8]

한편 일본의 공식 지도에는 1880년 이후 울릉도는 마쓰시마, 혹은 울릉도로 기재되어 있습니다. 독도가 지도상에 모습을 나타낼 때는 1880년 이후 일본의 공식 지도는 리앙코도로 적었습니다. 1880년 이후 일본 정부 제작의 공식 지도들 중에 독도를 '송도'로 기재한 지도는 존재하지 않는 것으로 알고 있습니다.

5. 1880년 이후 울릉도를 죽도, 독도를 송도로 표기한 지도는 민간 지도이

---

7) 호사카 유지保坂裕二가 '다케시마'와 '마쓰시마'라고 쓰고 있기 때문에 그대로 옮겨 적었으나, 필자로서는 이미 조선시대부터 일본에서 부르는 이 명칭들이 실록에 기록되어 있다는 점에 착안하여 한국어 발음대로 '죽도'와 '송도'라고 표기하기로 한다.

8) 일본의 해군 수로부에서 『조선수로지』 초판을 발간한 것은 1894년(明治 27) 이었고, 이 책에는 독도를 '리앙코르도 열암'으로 지칭하고 있으며, 울릉도는 그대로 '울릉도'라고 한 다음에 괄호를 하여 '송도'라고 표기하고 있다 (水路部, 『朝鮮水路誌』 全, 再版(東京, 1895, 水路部), 255~257쪽).

고 그들은 전통적인 명칭 사용을 계속했다고 할 수 있습니다. 그러나 섬의 위치는 시볼트의 「일본도」(1840)의 영향을 받아 송도를 울릉도의 경·위도에 그린 것이 대부분입니다. 몇 가지 예외도 있습니다. 그것은 1882년, 1894년 민간인 제작의 「조선국전도」이며 독도가 송도로 기재되어 독도의 경위도에 그려져 있습니다(이 2점은 제가 조선일보와 중앙일보에 이미 발표했습니다).

그런데 2006년에 제가 공개한 「일청한 군용청도」지도도 그렇고 이번에 공개하신 지도도 그렇고 송도의 위치는 울릉도의 위치에 있습니다.

그런 흐름으로 볼 때 이번에 발표하신 지도는 어디까지나 민간지도이며 편찬자를 잘못 기재한 오류까지 범한 문제가 있는 지도로 볼 수밖에 없습니다.

6. 이번에 공개하신 지도를 일본 국가가 제작한 공식 지도로 주장하기 위해서는 우선 '육해 측량부'라는 부처가 존재했는지를 확실히 하시고 마쓰시마에 대한 고찰을 더 깊이 하셔야 할 것입니다. 그렇지 못하면 위와 같은 내용을 잘 아는 일본인들이 한국의 연구는 신뢰할 수 없다는 반응을 보일 가능성이 큽니다. 오히려 우리 쪽 연구 수준이 낮다는 증명이 되지 않도록 부탁드리겠습니다.

7. 덧붙여서 이번 공개하신 지도는 일본 메이지 대학교에 소장되어 있습니다. 제가 시간이 있으면 참석해서 이상과 같은 토론을 할 것입니다. 그러므로 위의 내용을 세미나 때 활용하셔서 본인에게 답을 주시면 고맙겠습니다. 감사합니다.9)

이와 같은 호사카의 지적은 이 지도가 '육해 측량부'라는 국가기관이 만들었을 가능성이 있다고 발표한 것에 대한 우려의 표시라고 할 수 있다. 그리고 국경선이 그려진 지도는 그가 이미 발표한 바 있으며, 이 지도에 그려진 송도松島는 오늘날의 독도 위치에 그려진 것이 아니라 울릉도의 위치에 그려졌다는 것이다. 또 송도라는 명칭이 1903년 무렵에는 사용되지 않았다는 것을 전제로 하여, 이것이 민간

---

9) 이 E-Mail은 본 연구소에 연구원으로 근무하는 김미영 군 앞으로 2010년 4월 2일에 온 것이다.

지도라는 것을 기정사실화하고 있다.

또 뒤이어서 일본 시마네현의 죽도 문제 연구회 좌장을 맡고 있는 시모죠 마사오下條正男도 이 지도에 대해 이론異論을 제기해왔다. 그는 일본의 시마네현島根縣 총무과에서 관장하는 웹(Web) 죽도문제연구회의 연구 정보인 '실사구시實事求是' 26회에 올린 그의 「동북아시아 역사재단 주최의 '동해 독도 고지도전'에 대하여」라는 글에서 아래와 같은 주장을 하고 나섰다.

이번의 '동해 독도 고지도전'에서는, 당 비르(J. B. d'Anville)의 「조선왕국전도朝鮮王國全圖(Royaume de Corée)」(1737년)에 그려진 'Tchian-chan-tao(千山島의 중국 발음)'를 죽도(독도)로 보고 있으나, 그 'Tchian-chan-tao'는 「팔도총도八道總圖」의 오류를 답습한 것으로, 죽도(독도)가 한국 령이었던 증거로는 되지 않는 것이다. 한국 측에서는, 문헌 비판을 게을리 하면서 문헌과 고지도를 자의적으로 해석하여, 죽도(독도)를 한국 령이라고 하지만, 공정한 역사 연구의 수법이 결여된 주장은 망언일 수밖에 없다.

이 (2010년) 4월 1일, 영남대학교의 독도연구소가 공개한 「일로청한명세신도」도, 그 예외는 아니다. 이 「일로청한 명세신도」는 1903년에 제국 육해측량부에 의해 편찬된 것으로, 거기에는 일본과 한국의 사이에 경계선이 그어졌고, 한국 측에 죽도(울릉도)와 송도(독도)가 그려져 있다. 그래서 영남대학교의 독도연구소는, 지도에는 "일본 측에서 칭하는 죽도(울릉도)와 송도(독도)를 조선계朝鮮界에 속하는 것으로 표기하고 있다."고 하여, 독도연구소의 김화경 소장도 "일본 측은 스스로 국경선을 나누어, 독도를 한국 영토로 인정한 증거가 있는 상황에, 독도의 영유권 주장은 중지되지 않으면 안 된다."고 하는 것이다.

하지만 「일로청한 명세신도」에 그려진 죽도(울릉도)와 송도(독도)는, 그 경도經度로부터 보더라도 환영幻影의 섬 아르고노트 섬(Argonaut Island)을 의미하는 죽도(?)와, 울릉도에 해당되는 송도라고 해야 하는 것이다. 왜냐하면 일본에서는 메이지明治 16년(1883) 전후로부터 울릉도를 송도로 인식하고 있었기 때문이다. 그 원인遠因은, 시볼트(P. F. von Siebold)가 서양에 전한 「일본도日本圖」에 있다. 시볼트의 「일본도」(1840년)에서는, 소재 불명의 아르고노트 섬

(동경 129도 50분)을 죽도(?)[10]로 표기하고, 동경 130도 56분의 울릉도(다쥬레 섬, Island Dagelet)를 송도松島라고 불렀기 때문이다. 그로 인해 시볼트의 「일본도」 이후, 서양의 해도海圖와 지도에는, 소재 불명의 죽도(아르고노트 섬)와 송도(다쥬레 섬)라고 불리게 되었던 울릉도가 그려졌고, 일본에서도 그것을 답습했기 때문이다. 오늘날 한국 측이 불법 점령하고 있는 죽도(독도)는 동경 131도 55분에 위치한다. 시볼트의 「일본도」가 전한 동경 129도 50분의 죽도(?)와, 동경 130도 56분의 울릉도(송도)와는, 당연히 관계가 없는 것이다.

　　따라서 1903년에 제국 육해 측량부가 편찬한 「일로청한 명세신도」의 죽도와 송도는, 위도와 경도로부터 보더라도 아르고노트 섬과 다쥬레 섬이다. 그것을 독도연구소의 김화경 소장이, "일본 측은 스스로 국경선을 나누어, 독도를 한국 영토로 인정한 증거"라고 하는 것은, 역사의 사실을 무시한 벽설僻說이다. 에도 시대, 송도라고 불리고 있던 현재의 죽도(리앙쿠르 암초)는, 시볼트의 지도에서 울릉도가 송도로 불렸기 때문에, 1905년 일본 령으로 편입했을 때, 호칭이 뒤바뀌어져, 울릉도를 의미한 죽도로 명명되었던 것이다.[11]

　　이와 같은 시모죠의 이의異議는 일고의 가치도 없는, 허구에 불과한 것이다. 하지만 말이 되지 않는다고 그대로 내버려두면 그의 망발을 묵인하는 꼴이 되고 만다. 그는 밑줄을 그은 곳에서 보는 것처럼 "한국 측에서는, 문헌 비판을 게을리 하면서 문헌과 고지도를 자의적으로 해석하여, 죽도(독도)를 한국 령이라고 하지만, 공정한 역사 연구의 수법이 결여된 주장은 망언妄言일 수밖에 없다."라고 하여, 한국 학자들의 독도 연구를 학문의 기본이 갖추어지지 않은, 억지 주장이라고 매도하고 있다. 그렇지만 이런 지적을 한 시모죠 자신이야말로 앞에서 살펴본 것처럼,[12] 자기 마음대로 사료史料를 짜깁기하는 사료 왜

---

10) 일본 사람들은 Takasima(I. Arganaute)로 표기되어 있는 것을 죽도竹島를 의미하는 '다케시마'의 잘못 된 표기로 읽고 있다.

11) 下條正男, 「東北アジア歷史財團の主催の東海獨島古地圖展について」, 『實事求是』 26, 2010. 研究情報 http://www.pref.shimane.lg.jp/soumu/takesima/

12) 이 책 25~29쪽에서 시모죠의 사료왜곡 실태를 지적한 바 있다.

곡의 대가라는 점을 지적하지 않을 수 없다.

따라서 호사카 유지와 시모죠 마사오의 위에서와 같은 문제 제기에 대해서는 직접 지도를 제시하면서 그 지적들이 가지는 문제점들을 실증적으로 해명해나가는 것이 이 지도가 지니고 있는 의의와 가치를 구명하는 방법일 것이다. 그래서 우선 그 제작 주체와 연대에 대한 문제부터 고찰하기로 한다.

3. 본 지도의 제작 주체와 그 연도

이 지도는 '제국 육해 측량부'가 편찬한 것으로 되어 있다. 하지만 현재로서는 이것이 어떤 성격을 가진 기관이었는지가 정확하게 확인이 되지 않고 있다. 그렇지만 '제국'이란 단어가 앞에 붙어 있는 것으로 보아, 국가기관이었던 것만은 사실인 듯하다. 왜냐하면 메이지 시대明治時代 초기에는 왕정王政이 복고되면서 민간들이 제국이란 단어를 함부로 사용하지 않았기 때문이다.

여기에서 호사카 유지가 지적한 것처럼, 그 당시에 '육지 측량부'란 기관이 존재했었다는 사실에 유의할 필요가 있다. 이 기관은 1888년 5월 칙령勅令에 의해 육군 참모본부參謀本部의 측량국測量局이 승격한 것으로, 해군의 수로부水路部 및 지질 조사소地質調査所와 더불어 지도 작성의 3대 기관의 하나였다. 1871년 7월 병부성兵部省에 신설된 참모국이 지질 조사·지도 작성·간첩 통보 등의 업무를 장악하게 됨으로써 시작되었다. 1873년부터 측량 사업을 시작하였는데, 1874년 6월에 참모국이 7개의 과課로 개편되면서, 국외의 조사에 중점을 두게 되었다. 이때 지도 정지地圖政誌 담당의 제5과, 측량 담당의 제6과가 만들어져, 후일 육지 측량부의 모체가 되었다.[13] 또 위에서 언급한 해군의 수로부水路部에도 측량과가 설치·운영되고 있었다.14) 이처럼 육군과 해군에 별도의 측량부서가 존재했었다는 사실을 고려하면, 러일전쟁을 준비하는 과정에서 이들 두 기관을 임시로 통합하여 '제국 육해 측량부'라는 기관을 만들었을 가능성을 배제할 수 없게 된다. 그렇지만 이 기구에 대해서는 앞으로 일본의 토지 측량사測量史나 육지 측량부의 연혁沿革 등을 면밀히 검토하여 정확한 사실을 구명하는 작업이 뒤따라야 한다는 것을 지적해둔다.

또 이 지도는 구리모토 쵸시치栗本長質라는 사람이 출판한 것으로 되어 있다. 구리모토에 대해서도 그다지 알려진 정보가 없다. 하지만 그는 1896년에는 『민법民法』이란 책을 집필하여 간행하였고,15) 1904년에 『개정 징병령』이란 책을 저술하여 청일전쟁 이후 영토 팽창을 지향하고 있던 당시의 징병제도에 대한 해설을 한 바 있다.16) 또 1905년에는 『재향군인의 지식』이란 책을 집필하여 그 당시에 직접 군대에 입대하지 않고 있던 사람들이 알아두어야 할 사항들을 자세하게 논의하기도 하였다.17) 그리고 이처럼 몇 권의 책들을 저술하는데 그치지 않고, 1894년에는 『기독교 삼강령基督敎三綱領』이란 책을 출판하기도 하였다.

이러한 사실들로부터 유추한다면, 이 지도를 출판할 무렵에는 그가 군軍과 밀접한 관계를 가지고 활동을 했던 것은 사실인 것 같다. 이렇게 군과 긴밀한 관계를 가졌을 것으로 상정되는 인물이 '제국 육해 측량부' 편찬의 지도를 발행하였다는 것은 민간인의 신분으로서는 가능한 일이 아니었을 것이다. 그러므로 그가 러일전쟁의 준비

---

13) 佐藤侊,『國史大辭典』14(東京, 1993, 吉川弘文館), 540쪽의 陸地測量部條 參照.
14) 海上保安廳水路部 編,『日本水路史』(東京, 1981, 日本水路協會) 水路部條例, 勅令第49號(1888年).
15) 栗本長質,『民法』(東京, 1896, 一二三館).
16) 栗本長質,『改正徵兵令』(東京, 1904, 一二三館).
17) 栗本長質,『在鄕軍人の心得』(東京, 1905, 一二三館).

에 상당히 깊이 관여를 하면서 국가기관의 도움을 받았거나 아니면 준국가기관의 성격을 가지는 곳의 지원을 받아 이 지도를 발행하였다고 보는 것이 좋을 듯하다. 이런 추정은 이것이 민간 제작의 지도로는 볼 수 없을 정도로 대단히 정교하게 만들어졌다는 점에서도 그 타당성을 인정해도 좋지 않을까 한다.

다음으로는 이 지도가 간행된 1903년 10월이란 시기에 주목할 필요가 있다. 이때는 이른 바 청일전쟁에서 승리한 여세를 몰아, 조선에서 러시아 세력을 몰아내기 위한 전쟁을 준비하고 있던 시기였다. 주지하다시피 고종은 민비閔妃가 살해된 을미사변乙未事變 이후 신변에 위협을 느낀 나머지, 러시아 공사 베베르(Waeber)와 협의하여 러시아 공관으로 이동하는 아관파천俄館播遷을 단행했다. 이 아관파천으로 인해 한국이 러시아의 보호국과 같은 지위로 전락되었다는 것은 주지의 사실이다. 이렇게 되자, 한국을 식민지로 만들려고 획책하던 일본의 계획은 적지 않은 차질을 빚지 않을 수 없었다.

그러나 러시아의 간섭이 심해지자, 고종은 그 영향에서 벗어나라는 내외의 압력을 이기지 못하고 러시아 공관을 떠나 경운궁(현재의 덕수궁)으로 환궁하여, 1899년 8월 17일 '대한국 국제大韓國國制'를 공포하였다. 이에 따라 국호를 대한제국大韓帝國으로 바꾸고 연호를 광무光武로 고치면서, 황제 즉위식을 거행하여 독립제국임을 내외에 선포했다. 이와 같은 일련의 상황 변화를 지켜보고 있던 일본은 러시아와의 전쟁을 통해 한국에서의 우위를 확보하고, 나아가서 한국을 식민지화하려는 계획을 본격화하기에 이르렀다. 그런 방침을 확정한 것이 이른 바 1903년 6월 23일에 열렸던 어전회의御前會議였다. 이 회의에서는 한국에 대한 일본의 우선권과 만주에 대한 러시아의 우선권을 각각 인정하는 만·한 교환론滿韓交換論이 대두되어 눈길을 끌었다.[18] 그렇

---

18) 최문형,『국제관계로 본 러일전쟁과 일본의 한국 합병』(서울, 2004, 지식산

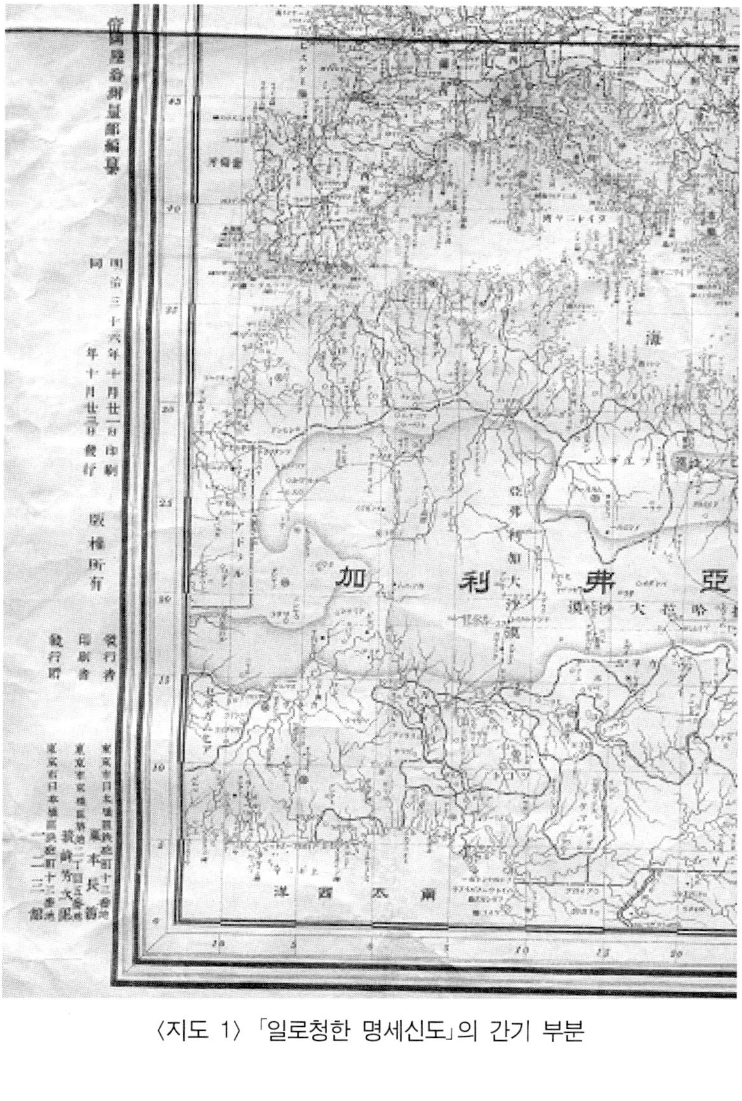

〈지도 1〉 「일로청한 명세신도」의 간기 부분

지만 러시아가 이 제안을 받아들이지 않는다는 것은 너무도 자명했다.
그 이유는 일본의 한국 지배가 러시아의 만주 경영을 위협할 것이라

업사), 201~202쪽.

「일로청한 명세신도」의 범례에 있는
3국의 경계 표시

는 사실이 명백했기 때문이었다.[19]

따라서 1903년은 일본이 이미 한국 문제의 타결을 위해서는 전쟁을 감수할 수밖에 없다는 확고한 방침을 세웠던 시기였다. 그런 때에 이 지도가 제작되었다는 것은 이것이 러일전쟁을 준비하기 위한 작업의 일환이었다고 보아도 아무런 지장이 없을 것이다. 이런 의미에서 이 지도의 명칭은 「일로청한 명세신도」, 곧 일본과 러시아, 청국, 한국을 자세하게 그린 새로운 지도라고 하였으나, 실제로는 한국의 전략적 가치를 고려하여 전쟁 전에 국경선을 명확하게 해둘 필요가 있어 만든 지도라고 보는 것이 훨씬 더 설득력을 가진다고 할 수 있다. 바꾸어 말하면 장래 전장戰場으로 변할 것으로 상정되는 한국과 만주, 그리고 동해나 동지나해東支那海[20]를 중심으로 하여 만든 지도가 분명하다는 것이다.

이와 같은 추정이 가능한 까닭은 위의 경계 표시에서 보는 것처럼, 바다의 국경을 나타내는 것에서 조선의 경계는 점 하나를 찍었고(一·一), 일본의 경우는 점 두 개(一··一)를, 지나支那의 경우는 점 세 개(一···一)를 찍고 있다. 이런 사실은 한국을 중심으로 일본과 청국의 국경선을 표시했음을 말해주는 것이 거의 확실하다고 하겠다. 그렇지 않고는 한국의 바다 경계를 "一·一"와 같은 형태로 표시할 하등의 이유가 없기 때문이다. 곧 한국을 중심으로 하여 주변 바다의

---

19) 최문형, 위의 책, 202쪽.
20) 이 「일로청한 명세신도」에서는 '동해東海'로 표기되어 있다.

경계선을 그었다고 보는 것이 타당하다는 것이다.

실제로 일본 메이지 대학明治大學 소장의 아시다 문고蘆田文庫 지도 목록에 실려 있는, 1904년에 발행된 이 지도의 축소판縮小版21)에는 '군대 포켓용'22)이라는 글귀가 들어있다. 이로 미루어 보아, 이 지도가 전쟁용으로 제작되었다는 것은 거의 확실하다고 보아도 좋을 것이다.

4. 한·일 경계선과 독도

이처럼 바다에 한국과 중국, 일본의 경계선을 명확하게 표시한 지도는 이 「일로청한 명세신도」가 처음이었다. 물론 앞에서 호사카 유지가 자신이 공개했다고 한 「실측 일청한 군용정도實測日淸韓軍用精圖」가 있기는 하다. 이것은 그가 2005년 10월 25일 동아일보를 통해 공개한 것으로, "일본 군부가 10여 년 동안 조사한 내용을 바탕으로 민간인 요시쿠라 세이지로吉倉淸次郞가 1895년에 편집한 지도"23)라고 한다.

이 지도는 가로 약 105㎝, 세로 약 75㎝로 된 것으로 여기에는 경도와 위도가 표시되어 있으며, 조선과 청나라, 일본, 러시아 일부가 그려져 있다. 그리고 다음에 제시하는 <지도 2>24)에서 보는 것과 같이, 울릉도(죽도, 竹島로 표기)와 독도(송도, 松島로 표기)가 조선 영해에

---

21) 이것을 축소판이라고 하는 이유는 이번에 공개한 유성철 씨 소장의 지도가 54.5×78.5㎝인데 비해, 메이지 대학 소장본은 35×51㎝로 되어 있기 때문이다.

22) 帝國陸海測量部 編纂, 「日露淸韓明細新圖」, 東京日本橋, 栗本長質 明治37年 (1904) 1枚 石版(色刷) 35×51㎝ * 袋に<軍隊用ポケット入>とある. http://www. lib.meiji.ac.jp/ashida/articles/report-2000/cat/cat02.html

23) 조은아, 「1895년 일본군 지도에도 독도를 한국 땅으로 표기」, 『동아일보』 (2005.10.25.) 기사.

24) 이 지도는 호사카 유지保坂裕二가 E-Mail을 통해서 보내준 것임을 밝혀둔다.

〈지도 2〉 「실측 일청한 군용정도」에 그려진 경계표시

위치해 있다. 이에 대해 호사카는 "뚜렷하게 그어진 조선 국경선 안에 독도가 포함된 지도는 이번에 처음 공개된 것"이라며, "일본이 독도를 시마네현에 편입시킨 1905년 이전의 정확한 지도가 공개돼 현재 일본의 주장이 거짓임을 보여주고 있다."는 평을 하였다.[25]

이와 같은 호사카의 지적이 타당성을 가지기 위해서는 왜 동해의 일부에만 이렇게 경계가 표시되었는가 하는 문제가 규명되어야 한다. 물론 일본 사람들의 일반적인 인식을 바탕으로 경계선을 그은 것이라고 한다면 그만일 수도 있다. 하지만 명백한 역사적 사실을 부정하면서까지 독도의 영유권을 주장하고 있는 일본 사람들이 이것을 가지고 당시에 독도를 조선의 영토로 인식했었다고 믿어줄 수 있을

---

25) 조은아, 위의 기사.

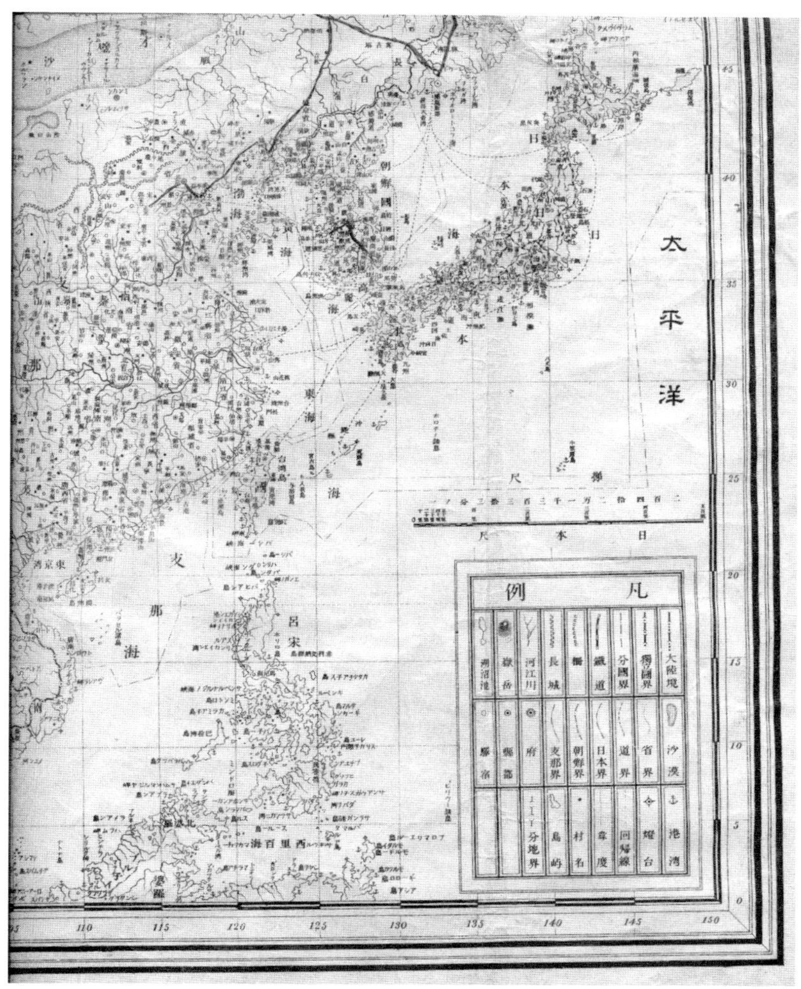

〈지도 3〉「일로청한명세지도」한국과 일본 부분도)

까 하는 의문을 떨쳐버릴 수는 없는 것도 사실이다. 그런데 이 지도에도 조선의 송도松島(독도)와 일본의 오키도隱岐島 사이의 일부 바다에 선과 선 사이에 하나의 점만을 찍은 "—·—" 형태의 경계선이 표시되어 있다. 이런 경계의 표시는 「일로청한 명세신도」에서 조선지계朝

鮮地界로 나타낸 것과 같은 형태여서 관심을 끈다. 이와 같은 이들 두 지도의 공통점은 그 당시 동해東海에 조선과 일본과의 경계선을 그리면서 이러한 형태의 선을 사용했을 가능성을 드러내는 것이어서 앞으로 발견되는 자료들을 통해서 검증할 필요가 있을 것이다.

이 문제는 어찌 되었든, 유성철 씨의 제공으로 필자가 공개한 「일로청한 명세신도」에 표시된 한·일 간의 경계선은, <지도 3>에서 보는 것처럼 호사카에 의해 학계에 알려진 1895년 제작의 「실측 일청한 군용정도」와는 전혀 다른 형태로 되어 있다.

이 지도는 위의 부분도部分圖에서 보는 바와 같이, 우선 한국이나 일본, 중국의 해상에 있어서의 경계가 부분적으로가 아니라 전체적으로 그려져 있고, 또 각 나라의 영해領海 사이에는 공해公海에 해당되는 구역이 구분되어 있다는 특징을 지니고 있다. 이와 같은 특징은 당시에 바다의 경계를 명시적으로 표현할 필요성에 입각한 것이었다고 보아야 한다. 그런 필요성이 없었다고 한다면, 굳이 한·중·일 세 나라의 바다 경계선을 이렇게 표시할 하등의 이유가 없었기 때문이다.

그러면 그 이유는 무엇이었을까 하는 것을 생각해보지 않을 수 없다. 그 이유의 해명을 위해서는 앞에서 언급한 것과 같이 이 지도가 제작된 시기가 매우 중요한 의미를 지니고 있다. 곧 이것이 만들어진 1903년 10월은 러일전쟁이 일어나기 불과 5개월 여 정도 전이었다. 따라서 러일전쟁에서 예상되는 해전海戰을 수행하기 위해 세 나라의 바다에 대한 경계를 명확하게 할 필요가 있었을 것으로 상정된다.

만약에 이런 상정이 타당하다고 한다면, '제국 육해 측량부'에서 어떤 기준에 의해 국경선을 설정하였는가 하는 것을 구명하지 않으면 안 된다. 이 문제의 구명을 위해 위의 지도 가운데에서 문제가 되는 송도(독도)와 오키도가 있는 부분만을 확대하여 제시하기로 한다.

이것은 원래의 지도에서 동경 130도와 135도, 북위 35도와 40도 사이에 그려진 경계선을 보다 명확하게 알아보기 위해 그 부분을 확대한 것이다. 이 확대도에는 이 구간 안에는 들어가야 할 울릉도(죽도)는 들어가지 않고, 송도(독도)와 오키도隱岐島만 들어가 있다. 이렇게 두 개의 섬만을 하나의 구간에 표시한 까닭은 이들 두 섬을 기점으로 하여 한국과 일본 사이의 경계를 획정하기 위한 수단이었을 것으로

〈지도 4〉: 독도와 오키도 사이의 경계도

추정된다. 실제로 전자와 조선의 경계선(표시 ①) 및 후자와 일본의 경계선(표시 ①')까지의 거리가 같은 거리이고, 또 송도(독도)에서 굽은 곳까지(표시 ②)와 노도 반도能登半島의 나나오七尾 항만까지의 거리도 같은 거리이다(표시 ②').26) 실제 원 지도에서는 ①과 ①'가 0.486cm로 표시되어 있고, ②와 ②'는 1.016cm로 되어 있다.

이와 같은 사실은 이 지도를 편찬한 '제국 육해 측량부'가 한국의 동쪽 끝을 독도로 보았고, 일본의 서쪽 끝을 오키도로 보았다는 것을 말해주는 증거이다. 따라서 러일전쟁을 앞두고 이 지도를 만들 때까지는 매우 합리적인 방법에 의해 두 나라의 경계를 획정하고 있었다는 것을 확인할 수 있다. 이런 의미에서 일본은 독도를 강탈하기 이전에 독도를 한국의 영토로 간주하고 있었고, 또 독도와 오키도를 기

---

26) 그 밖의 경계선도 제각기 기점이 있어, 한국과 일본, 중국 사이에 등거리의 원칙이 적용되었다는 것을 확인할 수 있다. 이런 사실은 자료 제공자인 유성철 씨의 가르침에 의한 것임을 밝혀둔다.

점으로 하여 두 나라 사이에 경계선을 긋고 있었다는 사실을 구명하였다고 하겠다.

5. 섬 이름의 혼란과 독도

이 「일로청한 명세신도」에 그려진 한국의 경계 안에 독도에 해당되는 송도가 들어있다는 사실을 공개하자, 시모죠 마사오는 앞에서 언급한 것처럼 "「일로청한 명세신도」에 그려진 죽도(울릉도)와 송도(독도)는, 그 경도부터 보더라도 환영幻影의 섬 아르고노트 섬(Argonaut Island)을 의미하는 죽도(?)와, 울릉도에 해당되는 송도라고 해야 하는 것이다. 왜냐하면 일본에서는 1883년(메이지明治 16) 전후로부터 울릉도를 송도로 인식하고 있었기 때문이다. 그 원인遠因은 시볼트가 서양에 전한 「일본도」에 있다. 시볼트의 「일본도」(1840년)에서는, 소재 불명의 아르고노트 섬(동경 129도 50분)을 죽도(?)로 표기하고, 동경 130도 56분의 울릉도(다쥬레 섬, Island Dagelet)를 송도松島라고 불렀기 때문이다. 그로 인해 시볼트의 「일본도」 이후, 서양의 해도海圖와 지도에는, 소재 불명의 죽도(아르고노트 섬)과 송도(다쥬레 섬)라고 불리게 되었던 울릉도가 그려졌고, 일본에서도 그것을 답습했기 때문이다. 오늘날 한국 측이 불법 점령하고 있는 죽도(독도)는 동경 131도 55분에 위치한다. 시볼트의 「일본도」가 전한 동경 129도 50분의 죽도(?)와, 동경 130도 56분의 울릉도(송도)와는, 당연히 관계가 없는 것이다.[27]"라고 하여, 여기에 표시된 송도가 울릉도라는 주장을 밝혔다.

그러나 이러한 시모죠의 이론異論 제기는 일본인 특유의 자국중심주의적인 태도, 즉 자기들에게 유리한 자료는 침소봉대針小棒大하여 그

---

27) 下條正男, 주 11)의 글,

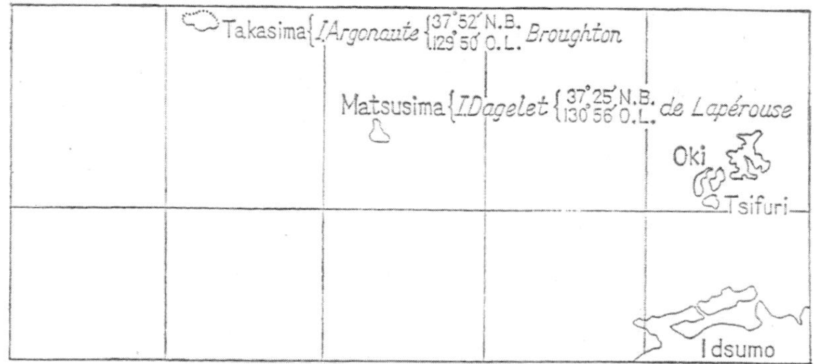

〈지도 5〉 시볼트의 「일본도」(1840년)[32]

당위성을 내세우고, 불리한 자료의 경우는 무슨 빌미를 잡아서라도 부정을 하려고 드는 자세를 그대로 반영하는 것이라고 할 수 있다.[28] 특히 시모죠의 이와 같은 주장은 독도 강탈의 미련을 버리지 못하고 있음을 드러내는 것이라고 하지 않을 수 없다. 그래서 그의 이런 주장이 지니고 있는 문제점을 짚고 넘어가지 않을 수 없다.

우선 시모죠가 무슨 대단한 발견이라도 한 것처럼, 일본의 막부시대부터 전통적으로 사용되어 오던 죽도(울릉도)와 송도(독도)에 대한 지명 혼란의 모든 책임을 덮어씌우고 있는 시볼트(P. F. von Siebold)의 지도부터 살펴보기로 한다.

시볼트의 「일본도日本圖」에는 죽도와 송도, 곧 일본 이름의 다카시마(Takasima)[29]와 마쓰시마(Matsuma)가 위의 <지도 5>에서 보는 바와 같이 조선과 일본의 오키도 사이에 명확하게 그려져 있다. 그렇지만 이들 두 섬의 위치를 나타내는 경도와 위도는 잘못 표기하였다.

---

28) 이를테면 안용복을 거짓말쟁이로 몰면서, 그의 말을 전부 부정하려는 태도가 이러한 예에 속할 것이다(下條正男, 『竹島は日韓どちらのものか』(東京, 2004, 文藝春秋), 69~77쪽).

29) 이것은 아마도 다케시마(竹島: Takesima)의 잘못이 아닌가 한다.

다시 말해 울릉도에 해당되는 죽도를 아르고노트 섬(I. Argonaute)이라고 하여, 북위 37도 52분 동경 129도 50분에 위치하는 것으로 표시하였다. 그리고 독도에 해당되는 송도를 다쥬레 섬(I. Dagelet)라고 하면서, 북위 37도 25분 동경 130도 56분에 자리하고 있는 것으로 표시하였다. 따라서 두 개의 섬이 존재한다는 인식은 정확한 사실에 바탕을 둔 것이지만, 그 위도와 경도의 표기에 오류를 범했다는 것을 알 수 있다.

그러나 일본 사람들은 이들 두 섬에 대한 이름의 혼란 원인을 이 지도의 탓으로 돌리고 있다. 이렇게 기묘한 이유를 최초로 고안한 사람은 일본에서 독도 문제를 본격적으로 연구하기 시작한 가와카미 겐죠川上健三였다. 그는 『죽도의 역사지리학적 연구』라는 저서에서 '섬 이름의 혼란'이란 절을 설정하여 이 문제를 아래와 같은 지적을 한 바 있다.

일본의 제 문헌과 지도에, 오키도와 조선 반도와의 사이의 일본해(동해를 가리킴: 인용자 주)에, 일본 가까이에 송도, 조선 가까이에 죽도라고 하는 두 개의 섬이 있다는 것을 알았던 ① 시볼트는, 다른 유럽의 지도에는 같은 해역海域에 일본 가까이에 다쥬레, 조선 가까이에 아르고노트라고 하는 두 개의 섬이 그려져 있는 것으로부터, 다쥬레 섬을 송도로, 아르고노크 섬을 죽도(Takasima)로 비정하여, 그것을 그의 「일본도日本圖」에 기입했다. ② 이것이 종래, 죽도(또는 기죽도磯竹島)라고 불리고 있던 울릉도가, 송도라고 불리는 잘못을 범하는 단서가 되었던 것이다. 이것에 대해 좀 더 상세하게 기술한다면, ③ 울릉도가 잘못되어 다쥬레와 아르고노트라고 하는, 마치 두 개의 각각의 섬인 것처럼 지도상에 기재되게 된 다음, 1854년에 이르러 러시아의 군함 팔라다호(Pallada)가 울릉도의 위치를 자세하게 측량하였다. 그 결과, 이전에 콜네트(James Colnett)[31]가 아르고노트라고 부른 울릉도의

---

30) 川上健三, 『竹島の歴史地理學的研究』(東京, 1966, 古今書院), 12쪽.
31) 콜네트는 영국의 연안 탐험가로, 1789년에 울릉도를 발견하여 아르고노트

위치로 보고된 경·위도가 부정확했다는 것을 알았다. 그 때문에, ④ 그 후의 구미歐美에서 제작된 지도 내에는, 아르고노트 섬을 점선으로 나타내기도 하고, '현존하지 않는다(nicht vorhanden).'라고 주를 붙인 것 등이 나타나게 되어, 드디어 아르고노트라고 하는 섬 이름은, 지도상에서 그 모습을 감추게 되는 것이다.

⑤ 그 사이에 금일의 죽도(독도)가, 1849년에 프랑스의 포경선捕鯨船 리앙쿠르호(Liancourt)에 의해 발견되어, 리앙쿠르라고 이름 붙여지게 되었던 것은, 앞에서 언급한 대로이다. 이어서 1854년에는, 울릉도를 실측한 러시아 함정 팔라다호도 오늘날의 죽도(독도) 위치를 측정하고, 이것을 마나라이(Manalai) 및 올리부짜(Olivutsa)라고 명명하였으나, 그 다음 1855년에는 영국의 중국 함대 소속 기주함汽走艦 호네트호(Hornet)의 함장艦長 찰스 씨 포시드(Charles. C. Forsyth)도 이 섬을 측량하였는데, 영국의 해도海圖에는 그 후, 그것이 호네트 암(Hornet rocks)의 이름으로 기재되게 되었다.

이로 인해, 일시는 아르고노트, 다쥬레, 리앙쿠르(또는 호네트)란 세 개의 섬이 기재되어 있는 구미 제작의 지도도 출현하게 되었다. 그 대표적인 것으로서는, 1856년 판의 ⑥ 페리(M. C. Perry) 제독의 『일본 원정기日本遠征記』 제1권의 접힌 지도인 「일본 근역도日本近域圖」와, 동 원정에 참가한 빌헬름 하이네(Wllhelm Heina)의 『중국·일본 등 원정기』에 게재되어 있는 「중국 및 일본 연안도」를 들 수가 있다. 두 지도 다 같이 시볼트의 「일본도」에 바탕을 두고 일본 부근을 그렸고, 거기에 내항할 때의 측량의 결과와 그 밖의 최신의 지식을 더하여, 1855년에 제작한 지도인 것이다.[32]

이와 같은 가와카미의 주장은 사실을 호도하기 위한 궤변에 지나지 않는다. 바꾸어 말하면 일본에서는 막부시대부터 전통적으로 울릉도를 '죽도'로, 독도를 '송도'라고 지칭해왔다. 그러다가 1905년에 독도를 강탈하면서 거기에 '죽도'라는 이름을 붙였다. 이것은 그때까지의 관행에서 벗어난 것으로, 독도를 빼앗기 위해 섬의 이름을 바꾸었다는 것을 의미한다.[33] 이런 사실을 은폐할 목적으로 위에서와 같

섬이라고 명명한 것을 가리킨다(川上健三, 위의 책, 10쪽).

32) 川上健三, 위의 책, 12~13쪽.

은 변명을 늘어놓았다고 볼 수밖에 없다는 것이다.

우선 가와카미도 ①에서 지적한 것처럼 시볼트가 한국에 치우쳐 있는 섬을 죽도竹島(아르고노트 섬)라고 했고, 일본에 치우쳐 있는 섬을 송도松島(다쥬레 섬)이라고 했다는 것을 인정하고 있다. 하지만 이렇게 표기한 것이 ②에서 말하는 울릉도가 송도라고 불리는 잘못을 범하는 단서가 되었다고 단정할 수는 없다. 그 까닭은 시볼트가 분명하게 울릉도를 죽도(다카시마)로, 독도를 송도(마쓰시마)로 표기하고 있기 때문이다.

이처럼 명확한 사실로부터 자기들의 구미에 맞는 논리를 개발하려고 하다 보니, ③에서와 같은 구차한 변명을 늘어놓게 되었다. 다시 말해 ⑤에서와 같이 실제 측량에 의해 독도가 '리랑쿠르 암'이라든가, '마나라이', '호네트 암'과 같은 명칭을 갖게 되자, ③에서 언급하고 있는 것과 같이 "울릉도가 잘못되어 다쥬레와 아르고노트라고 하는, 마치 두 개의 각각의 섬인 것처럼 지도상에 기재되게" 되었다는 것이다. 그렇지만 ④에서와 같이 곧 이어 아르고노트 섬이 실존하지 않는다는 것이 알려져 지도상에서 모습을 감추었다는 점을 감안하면 세 개의 섬이 그려진 지도가 일반화되지 않았던 것은 분명하다고 하겠다.

그런데도 위에서와 같은 설명을 하면서 가와카미는 페리 제독의 『일본 원정기』에 접히어 붙어있는 <지도 6>을 제시하였다. 그러면서 그가 붙인 해명이란 것이 밑줄을 그은 ⑥이다. 여기에서 그는 페리 제독이 『일본 원정기』에 붙인 지도가 시볼트의 그것에 바탕을 두고 일본의 부근을 그렸다는 것을 강조하고 있다.

그러나 페리 제독의 책에 들어 있는 「일본 근역도」가 시볼드의 「일본도」를 근거로 하여 그려졌다고 하는 정확한 근거는 없다. 그 뿐만

---

33) 섬 이름의 개칭에 대해서는 다음 절에서 자세하게 논의하였음을 밝혀둔다.

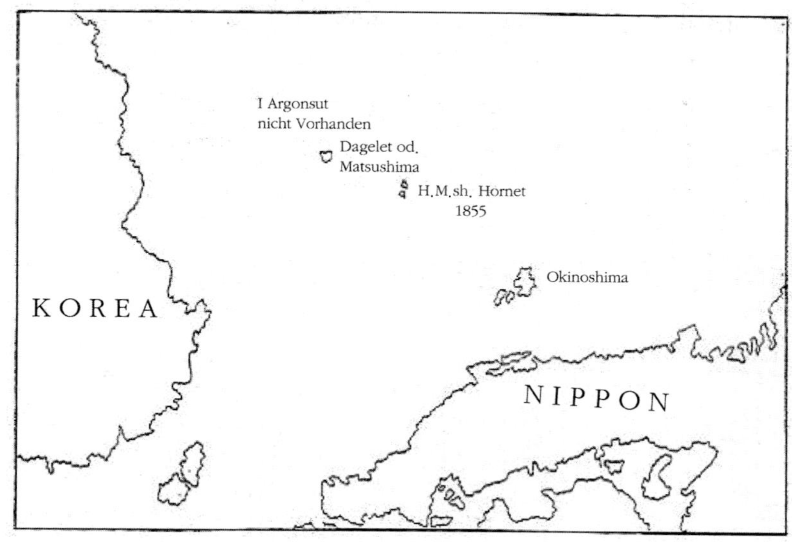

〈지도 6〉 페리 제독의 『일본 원정기』 제1권 소재 「일본 근역도」(1856)[36]

아니라 여기에는 아르고노트 섬은 존재하지 않는다고 확실하게 기록하고 있다. 이 때문에 다쥬레 섬, 즉 '마쓰시마(송도)'라고 표기된 섬이 울릉도가 되었고, 리앙쿠르 암이 독도로 인식하였던 것은 사실인 것 같다. 하지만 그렇다고 하여 리앙쿠르 섬이 '죽도'라고 명명된 것은 아니란 것도 분명하게 해둘 필요가 있다. 단지 일본 사람들의 잘못된 인식으로 섬 이름의 혼란이 생겼을 뿐이다. 그럼에도 불구하고 그들은 섬 이름의 혼란 책임을 전부 시볼트에게 전가하고 있다. 이것은 그들의 독도 강탈에 대한 왜곡된 논리의 조작 그 이상도 이하도 아니라는 것을 말해준다.

사실이 이런데도 시모죠는 가와카미 겐죠의 논리를 원용하여 「일로청한 명세신도」에 그려진 '죽도'는 존재하지 않는 섬이고, '송도'

---

34) 川上健三, 위의 책, 13쪽.

는 울릉도이기 때문에 당연히 일본과는 관계가 없는 것이라고 주장하고 있다. 그의 이와 같은 견해는 1877년 태정관太政官의 우대신 이와쿠라 도모미岩倉具視가 내렸던 지령문을 부정하기 위해 만들어진 것이기 때문에 여기에서 간단하게 별견하기로 한다.

　지적편찬에 관한 질의의 전말顚末을, 『공문록公文錄』과 『태정류전太政類典』에서 확인해보면, 시마네현이 질의를 한 "죽도 타 1도"와, 태정관이 판단한 "죽도 타 1도"에는 차이가 있다. 『공문록』에 첨부된 시마네현 제출의 『기죽도약도磯竹島略圖』에는, 현재의 죽도(독도)와 기죽도(현재의 울릉도)가 그려져 있어, 시마네현에서는 울릉도와 죽도를 일본 령日本領으로 인식하고 있었다.
　그런데 태정관이 "관계가 없다."고 한 "죽도 타 1도"를, 『공문록』과 『태정류전』에 수록된 관련 문서에서 보면, 울릉도에 해당하는 죽도와 "돗토리번鳥取藩 요나고米子의 오야 집안大谷家 (사람들이) 표착한漂着한" 송도에 관한 기록이 있을 뿐으로, 현재의 죽도에 관해서는 아무 것도 적혀 있지 않은 것이다.
　결론부터 말한다면, 태정관이 "관계가 없다."라고 한 "죽도 타 1도"는, 두 개의 울릉도를 가리키고 있으며, 현재의 죽도와는 관계가 없었던 것이다. 이것은 당시, 사용되고 있던 지도에 기인起因하고 있다. 거기에는, 실재하지 않는 죽도(아르고노토 섬)와 송도(다쥬레 섬)의 두 섬이 그려져 있기 때문이다. 그 원인遠因은, 시볼트가 서구에 전한 「일본도日本圖」에 있다. 시볼트의 『일본도』에는, 동경東經 129도 50분에 위치하는 죽도와, 동경 130도 56분의 송도가 그려져 있다. 그렇지만 현재의 죽도는 동경 131도 5분에 위치하며, 당시는 '리양쿠르 섬'이라고 불렸던 암초暗礁였다. 동경 129도 59분의 죽도와, 동경 131도 56분의 송도는, 처음부터 "본방本邦 여기 관계가 없다."였던 것이다.
　태정관 지령으로부터 3년 후, 태정관이 "타 1도他一島"라고 한 송도(다쥬레 섬)는, 울릉도였던 것이 판명되었다. 1880년, 외무성이 아마키함天城艦을 송도에 파견하여, 측정조사를 명령했기 때문이다. 측량을 끝낸 아마시로함은 "송도. 한국 사람들 이것을 울릉도라고 칭한다."라고 보고하여, 송도는 한국의 울릉도라는 것이 확인되었다.[35]

그의 이와 같은 견해에 대해서는 필자가 이미 「끝없는 위증의 연속－시마네현 죽도문제연구회 『최종보고서』의 문제점」이란 논고를 통해서 자세하게 논한 바 있으나, 그 문제점의 파악을 위해 간단하게 요약한다면 다음과 같다. 곧 1876년 10월 16일 시마네현 참사參事인 사카이 지로境二郎가 내무성의 내무경內務卿 오쿠보 도시미치大久保利通에게 「일본해(동해를 가리킴: 인용자 주) 내 죽도 외 1도 지적 편찬에 관한 질의(日本海內竹島外一嶋地籍編纂方伺)」를 하면서, "산인山陰 일대의 서부에 뀐 듯이 붙여야만貫附 한다."고 하면서, 울릉도와 현재의 독도를 시마네현의 지적에 편입해야 하는지 어떤지를 질의하였다. 이런 질의를 하면서 붙인 지도가 다음과 같은 「기죽도 약도」이다.

그러자 내무경 오쿠보 도시미치의 대리代理인 내무소보內務少輔 마에시마 히소카前島密가 "판도版圖의 취사는 중대한 사건"이라는 인식에서, 이것을 그 이듬해인 1877년 3월 17일 태정관의 우대신 이와쿠라 도모미岩倉具視에게 문의했다. 이렇게 하여 같은 해 3월 29일 태정관의 우대신이 내린 것이 "문의한 죽도 외 1도에 대하여 우리나라本邦와는 관계가 없다는 것을 주지할 것"[36]이라는 지령문이었다.

이와 같은 일련의 과정에서 일본의 독도 강탈을 정당화하는 데 가장 큰 걸림돌이 되는 것이 위의 <지도 7> 「기죽도 약도」와 "죽도 외 1도는 우리나라와 관계가 없다."고 우대신의 지령이었다. 이런 자기들의 약점을 잘 알고 있던 시모죠는 위에서 인용한 것처럼, "시볼트의 「일본도」에는, 동경東經 129도 50분에 위치하는 죽도와, 동경 130도 56분의 송도가 그려져 있다. 그렇지만 현재의 죽도는 동경 131도 5분에 위치하며, 당시는 '리양쿠르 섬'이라고 불렸던 암초暗礁

---

35) 下條正男, 2004, 앞의 글, 2쪽.

36) "伺之趣竹島外一嶋之儀本邦關係無之儀卜可相心得事."(송병기 편, 『독도영유권자료선』(춘천, 2004, 한림대출판부), 155쪽).

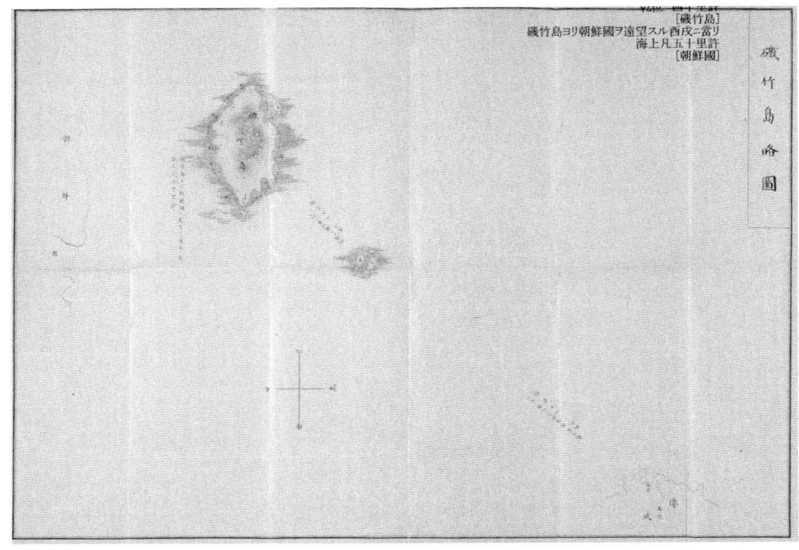

〈지도 7〉 시마네현에서 첨부했던 「기죽도 약도」(지)[39]

였다. 동경 129도 59분의 죽도와, 동경 131도 56분의 송도는, 처음부터 "본방本邦 여기 관계가 없다."였던 것이라고 하는 해괴한 논리를 날조해냈던 것이다.

그러나 시모죠의 논리가 사실이라고 한다면, 태정관의 우대신 이와쿠라 도모미는 첨부된 <지도 7>의 「기죽도 약도」를 보지 않고 일부러 소재 불명의 엉터리 지도(<지도 6>과 같은 것)를 참조한 정신이상자였다고 볼 수밖에 없다. 하지만 이와쿠라가 그 정도로 분별력이 없는 사람은 아니었다. 그는 이토 히로부미伊藤博文과 더불어 당시에 개화를 적극적으로 추진했던 지식인이었다. 그런 그가 지도 한 장을 제대로 볼 수 있는 능력을 갖추지 않았다는 것은 시모죠 이외에는 믿을 사람이 없을 것이다.

---

37) 島根縣 總務課, '日本海內竹島外一島地籍編纂方伺' 添附 <磯竹島略圖>, 『公文錄』.

시모죠의 논리가 말이 되지 않는 다는 것은 위 인용문의 밑줄을 그은 곳에서 보는 것처럼, "『공문록』에 첨부된 시마네현 제출의 『기죽도 약도磯竹島略圖』에는, 현재의 죽도(독도)와 기죽도(현재의 울릉도)가 그려져 있어, 시마네현에서는 울릉도와 죽도를 일본 령日本領으로 인식하고 있었다."라고 하는 주장이다. 그의 말대로 시마네현이 울릉도와 죽도가 그려진 지도를 첨부한 것이 그 섬들을 일본 령으로 인식한 증거라고 한다면, 굳이 내무성에 그 편입 여부를 문의할 이유가 없다는 것은 너무도 분명하다.

그러나 그는 이와 같은 어불성설의 논리를 가지고 이번에 공개된 「일로청한 명세신도」에 대해서도 그대로 사용하고 있다. 말하자면 시볼트의 잘못 표기된 경도와 위도를 근거로 하여 또 죽도는 존재하지 않는 섬이고 송도는 울릉도라는 이론異論을 제기하였다.

하지만 이런 그의 주장은 타당성을 지닌 것이 아니다. 단지 독도를 일본의 땅으로 만들겠다는 생각에서 역사적 사실을 왜곡했을 뿐이다. 그가 사실을 왜곡하고 있다는 것은 한국과 일본의 오키도 사이에 존재하는 두 개의 섬을, 하나는 허구의 섬이고 다른 하나는 울릉도라고 하는 것을 통해서도 입증이 된다. 아무리 경도와 위도가 다르다고 하더라도 존재하지도 않는 섬을 그려 넣는다는 것은 생각할 수도 없기 때문이다.

이런 의미에서 이번에 공개한 「일로청한 명세신도」에 그려진 송도는 독도가 틀림없다는 것이다. 그리고 이런 독도를 한국의 동쪽 끝으로, 오키도를 일본의 서쪽 끝으로 인정하여, 같은 거리에 국경선을 그었다는 것은, 일본 사람들도 러일전쟁을 준비하는 과정에서는 독도를 한국의 영토로 간주하였다는 사실을 말해준다고 할 수 있다.

6. 고찰의 의의

이제까지 유성철 씨의 제공으로 공개한 「일로청한 명세신도」를 대상으로 하여, 이 지도에 표현된 일본 사람들의 독도에 대한 인식을 고찰하였다. 특히 이 지도가 공개되자, 호사카 유지로부터 몇 가지의 질의가 있었고, 시모죠 마사오로부터는 자료의 가치를 부정하는 이의異議 제기가 있었다. 그래서 본고는 이들이 제기한 문제점을 중심으로 그 사실 여부를 검토했다. 그러면서 얻은 성과들을 간단하게 요약하면 다음과 같다.

첫째 이 지도는 '제국 육해 측량부'에서 편찬한 것으로 되어 있으나, 현재로서는 이것이 어떤 기구였는지 확인할 수 없었다. 하지만 당시 육군에 육지 측량부가 존재했었고, 해군 수로부에 측량과가 존재했었다. 그리하여 러일전쟁을 준비하기 위해서 이들 두 기구를 임시로 통합하여 만든 것이 '제국 육해 측량부'가 아니었을까 하는 추정을 하였다.

둘째 이 지도의 출판자는 구리모토 쵸시치栗本長質란 사람이었다. 이 사람에 대해서도 정확하게 알려진 것이 없지만, 그는 그 무렵에 『민법』과 『개정 징병령』, 『재향군인의 지식』과 같은 책들을 저술하였고, 또 『기독교 삼강령』과 같은 책을 출판하기도 하였다. 이런 사람이 '제국 육해 측량부' 편찬의 지도를 발행했다는 것은, 그가 러일전쟁의 준비에 상당히 깊이 관여를 하면서 국가기관의 도움을 얻었거나 아니면 준국가기관의 성격을 가지는 곳의 도움을 받아 이 지도를 발행하였을 것이라고 상정하였다.

셋째 이 지도가 1903년 10월에 발행되었다는 사실에 주목하였다. 두루 알다시피 이 시기는 이미 일본이 한국을 합병하기 위해서는 러시아와 전쟁을 감수할 수밖에 없다는 확고한 방침을 세웠던 시기였다. 그런 때에 이 지도가 제작되었다는 것은 이것이 러일전쟁의 준비하기 위한 작업의 일환으로 보았다. 이런 추정은 일본 메이지 대학明治大學 소장 아시다 문고蘆田文庫의 지도 목록에 실려 있는, 1904년에 발행된 이 지도의 축소판에 "군대 포켓용"이라는 글귀가 있는 것을 통해서도 그 타당성을 인정받을 수 있다.

넷째 그리고 러일전쟁 준비용으로 제작된 이 지도에는 한국과 중국, 일본의 바다에 국경선이 그어져 있는데, 그 경계의 표시가 한국을 중심으로 한 것으로 간주하였다. 이렇게 본 이유는 선과 선 사이에 점을 찍었는데, 한국의 경우는 한 개(—·—)로 하였고, 일본의 경우는 두 개(—··—)로, 중국의 경우는 세 개(—···—)로 하여, 한국을 기초로 한 것으로 볼 수 있기 때문이었다.

다섯째 동해안의 국경 표시에서는 독도에 해당되는 송도를 한국의 동단東端으로 하였고, 일본은 오키도를 서단西端으로 하여 같은 거리에 경계선을 표시한 다음, 그 사이는 공해公海로 생각하여 비워 두었다는 것을 확인하였다. 이와 같은 사실은 일본이 러일전쟁 발발 전까지만 해도 독도를 자기네 땅이나 임자가 없는 땅으로 보지 않았다는 것을 말해준다고 할 수 있다. 이런 의미에서 1905년 독도를 강탈하기 이전에 일본 사람들은 독도를 한국의 영토로 인식하고 있었다는 것을 알 수 있었다.

여섯째 이 지도에 그려진 죽도(울릉도)는 존재하지 않는 섬이고, 송도(독도)는 울릉도를 가리킨다고 하는 시모죠 마사오의 주장이 독도 강탈의 정당성을 확보하기 위한 사실의 왜곡으로 파악하였다. 왜냐하면 그들이 섬 이름 혼란의 원인이 1840년에 제작된 시볼트의 「일본도日本圖」에 있다고 하였지만, 이 지도에는 분명하게 죽도(울릉도)와 송도(독도)를 표시하고 있기 때문이었다. 단지 그 경도와 위도 표기에 오류가 있었으나, 시볼트가 두 섬의 존재를 인식하고 있었던 것은 부정할 수 없는 사실임을 확인하였다. 그리고 시모죠가 동해에 세 섬이 그려진 지도들을 보고 태정관의 우대신 이와쿠라 도모미가 "죽도(울릉도) 외 1도는 우리나라와 관계가 없다는 것을 주지할 것"이라는 지령을 내렸다고 주장하는 것 역시 어불성설의 거짓말이라는 사실을 밝혔다.

이와 같은 결론을 내리면서, 독도 문제를 해결하기 위해서는 한·일 양국의 학자들이 지금까지 제시된 모든 사료와 자료들을 내어놓고, 사심 없는 학자적 양심으로 돌아가 허심탄회한 토론을 했으면 한다는 것을 첨언해둔다.

제5절 일본의 독도 명칭 변경에 관한 연구
- 송도에서 죽도로의 개칭에 대한 고찰을 중심으로 -

1. 문제의 제기

일본은 에도시대江戸時代부터 조선의 독도와 울릉도를 '송도松島'와 '죽도竹島'로 불러왔다. 그렇지만 그 뒤를 이은 메이지 정부明治政府는 독도를 강탈하면서, 독도에 '송도' 대신에 '죽도'란 이름을 붙였다. 바꾸어 말하면 일본 측은 그 전까지 울릉도를 지칭해오던 '죽도'라는 명칭을 갑자기 독도를 지칭하는 이름으로 바꾸었던 것이다.

이러한 독도 명칭의 변경은 1905년 1월 28일의 내각회의內閣會議 결정문에 그 바탕을 두고 있다. 곧 그들은 "북위 37도 9분 30초, 동경 131도 55분, 오키도隱岐島에서 떨어져 서북으로 85리에 있는 무인도는 다른 나라에서 이를 점령했다고 인정할만한 형적形跡이 없다."[1]는 것을 전제로 하였다. 그리고 "이 계제에 소속 및 섬 이름을 확정할 필요가 있으므로 당해當該 섬을 '죽도'라고 명명하고 지금부터 시마네현 소속 오키도사隱岐島司의 소관으로 하려고 한다.[2]"는 것을 결정

---

1) "北緯三十七度九分三十秒東經百三十一島五十分隱岐島ヲ距ル西北八十五里ニ 在ル無人島ハ他國ニ於テ之ヲ占領シタルト認ムヘキ形跡ナク"(『公文類聚』 第29編 卷1 1906年 竹島編入の閣議決定文)

2) "此際所屬及島名ヲ確定スルノ必要アルヲ以テ該島ヲ竹島ト名ケ自今島根縣所屬隱 岐島司ノ所管ト爲サン"(『公文類聚』第29編 卷1, 1906年 竹島編入の閣議決定文)

했다. 이로써 독도에 대한 일본에서의 공식 명칭은 '죽도'로 고착하게 되었다.

그러나 내각회의의 이러한 결정은 분명하게 그들의 전통적인 호칭을 무시한 처사였다. 이렇게 전통을 무시한, 섬 이름의 개칭은 독도를 강탈하기 위한 의도적인 조처가 아니었을까 하는 의구심을 자아내게 한다. 그 때문에 일본의 학자들은 이런 의구심을 불식하기 위해서, 일찍부터 이 문제에 대한 해명에 많은 노력을 경주하여 왔다. 그들 가운데 한 사람인 다보하시 기요시田保橋潔는 1931년에 발표한 「울릉도 그 발견과 영유」라는 논고를 통해서 아래와 같은 해명을 시도하였다.

> 금일 울릉도의 명칭을 송도, 리양쿠르도의 별명을 죽도라고 하는 것은, 영국 해군의 관용慣用에 따른 것이라고 믿어진다. 영국 해군 수로지에 다쥬레 섬(Daagelet 島)의 본명을 송도라고 하고, 프랑스의 지리학자 루이 비비안 드 세인트 마르틴(Louis Vivian de Saint-Martin)도 역시 이것에 따라, 그 대저『신찬 세계 지명 대사전新撰世界地名大辭典』에 다쥬레 섬의 일본 이름을 송도로 하고 있다. 리양쿠르도에 대해서는 그 일본 이름을 들지 않았으나, 이미 울릉도의 별명이 송도松島로 규정된 이상은, 죽도竹島가 리양쿠르도의 별명으로 된 것도 자연스러운 도리이다.3)

다보하시는 이처럼 섬 이름의 혼란 책임을 영국의 해군 수로지水路誌 탓으로 돌렸다. 그리하여 그는 울릉도에 다쥬레 섬이라는 이름과 함께 일본의 명칭인 송도를 병기함으로써 울릉도가 송도로 불리게 되었으므로, 프랑스에서 리양쿠르도라고 한 곳은 죽도로 명명되는 것이 자연스러웠다는 것이다. 이와 같은 그의 주장은 그 뒤의 연구에 상당한 영향을 미쳤다고 할 수 있다. 다시 말해 일본에서 이루어진

---

3) 田保橋潔, 「鬱陵島 その發見と領有」, 『靑丘學叢』 3(東京, 1931, 靑丘學會), 3쪽.

독도에 대한 섬 이름의 개칭에 관한 연구들에서는 다보하시의 이런 견해가 어떤 형태로든 수용되었다는 것이다. 그 결과, 그들은 섬 이름의 혼란 책임을 외국인들에게 전가하는 논리를 개발하기에 이르렀다. 이러한 연구의 하나가 아키오카 다케지로秋岡武次郎의 「일본해 서남의 송도와 죽도」란 글이었다.

우리나라에서는 에도시대江戶時代의 모든 지도에서 이 송도, 죽도의 위치와 명칭을 옳게 기술하고 있었고, 그 위에 메이지 전반기에도 이것을 답습한 올바른 지도가 많았다. 하지만 한편으로 ① 메이지 후반기에는 구미歐美 지도상의 송도의 잘못된 이름 영향을 받았기 때문인지, 또는 우리나라에 있어서 자연스러운 실수 때문인지, 혹은 두 가지의 이유가 함께 작용했는지 알 수 없으나, 울릉도를 송도의 이름으로 부르는 자가 생기게 되었으며, 뒤에는 그러한 지도도 간행되었다. 지도의 예는 생략하고 이 섬 이름의 혼란한 예도 들어본다면, 메이지 유신 후반이 아닌데도 이 섬에 대해서 송도 개척론이라는 것이 주창되고 있다. 그러나 이것은 군함 아마키天城에 의해 송도 즉 울릉도인 것이 판명되어 이 의론은 중단되었다. 그렇지만 그 후에도 일본은 역시 울릉도에 송도의 표목을 세우고 몰래 살았으므로, 조선 정부에서는 메이지 14년 이후 일본 외무성에 위 건의 엄격한 방지를 교섭하였다. 이것 등에 의해 울릉도가 조선 령인 것은 메이지 정부에 의해서도 확인되었다.

한편 이에 대해서 우리나라 입장에서 예로부터의 ② 송도는 조선으로서는 전연 이것에 관여하지 않았고, 또 조선 측의 손으로 된 여러 종류의 지도에도 이 섬을 표시하고 있는 것은 하나도 발견되지 않는, 완전한 일본의 도서였다. 단지 이미 기술한 것처럼 유럽인이 이 섬을 바라보고, 그들의 지도에 리양쿠르 혹은 호넷트라고 한 것이었다. 그런데 구미 제작 및 우리나라 제작 지도에 있어서 울릉도를 송도라고 기술하기에 이르렀기 때문에, 이 섬의 존재가 우리나라 자신에 있어서까지 무시되어, 현금의 우리나라 제작의 여러 종류의 지도에도 그 존재를 표시하고 있는 것은 적다.4)

---

4) 秋岡武次郎, 「日本海西南の松島と竹島」, 『社會地理』 27(東京, 1940, 日本社會地理協會), 9~10쪽.

아키오카의 이러한 해명은 한국 측의 독도 영유 사실을 부정하기 위한 것이었다고 볼 수밖에 없다. 왜냐하면 ②에서 보는 바와 같이 울릉도로부터 건너다보이는 독도를 조선과는 관계가 없는 섬으로, 완전한 일본의 도서였다는 논지를 전개하고 있기 때문이다.

그러나 이와 같은 그의 주장은 1905년 1월 28일의 내각회의 결정문과도 상치되는 것이었으므로, 일본의 독도 강탈이 앞뒤가 맞지 않는다는 것을 스스로 증명해주는 모양새가 되었다. 바꾸어 말하면 아키오카의 주장대로 완전한 일본의 도서였다고 한다면, 굳이 일본 영토로 편입하는 절차를 거칠 하등의 이유가 없었다. 그런데도 그들이 편입 조처를 취했다는 것은 편입 그 자체가 사리에 맞지 않는 처사였음을 스스로 드러낸 것이었다.

그런데 아키오카는 ①에서 보는 것처럼, 섬 이름의 혼란 원인으로 세 개의 가능성을 들었다. 즉 구미歐美 지도상의 잘못 된 이름 영향을 받았을 가능성과 일본에서의 자연스러운 실수일 가능성, 그리고 이 두 가지 이유가 함께 작용했을 가능성 등이 그것이다. 하지만 그가 지적한 이들 세 가지의 가능성들은 일본의 섬 이름 개칭에 타당성을 부여하기 위한 구차한 변명에 지나지 않는 것이었다.

그렇지만 그가 일본에서 울릉도를 송도라고 부르는 사람들이 있었다는 것을 지적한 것은 그 나름의 의의를 가지고 있다. 일본인들의 이와 같은 이름 개칭은 울릉도 자원 탈취 문제와 불가분의 관계를 가지는 것이었다. 그리고 이렇게 바꾸어진 명칭은 그들이 독도 점취占取를 '무주지 선점無主地先占'이라고 주장하는데 이용되었다는 점에서 그 전말을 면밀하게 검토하지 않으면 안 된다.

그러나 지금까지 이 문제에 대한 논의는 거의 이루어지지 않고 있다. 이것은 일본 측 주장에 대한 엄밀한 검토를 하지 않고 있는, 한국 독도 연구의 실태를 그대로 반영하는 것이 아닐까 한다. 그래서 본고에서는 일본 측의 독도에 대한 섬 이름의 개칭이 외국인들 때문에 일어난 것이 아니라, 울릉도의 자원을 탈취하고 독도를 강탈하겠다는 저의에 의해서 자행되었다는 것을 구명하려고 한다. 이러한 연구는 일본 측의 섬 이름 혼란이 일본인들의 의도적인 처사였다는 사실을 해명함으로써, 그들의 독도 강탈이 제국주의적인 영토 팽창의 일환으로 이루어졌음을 증명하는데 그 목적이 있다는 것을 밝혀둔다.

2. 섬 이름 변경의 경위

일본 측의 독도에 대한 섬 이름의 개칭이 의도적이었다는 사실을 구명하기 위해서는, 먼저 그 과정부터 고찰하지 않으면 안 된다. 앞에서도 지적한 것처럼, 일본은 그들이 독도를 강탈하기 이전에는 이 섬을 송도라고 불러왔었다. 그러다가 1905년에 독도를 점취하면서 갑자기 그 이름을 죽도로 바꾸었다. 이렇게 명칭을 변경하면서, 일본 측에서 취했던 조처는 당시 시마네현의 내무부장이었던 호리 신지堀信次가 오키도사隱岐島司에게 아래와 같은 문의를 한 것이 고작이었다.

<자료 1>

서제 1073호

스키군 사이고정 나카이 요사부로로부터 영토 편입 및 대여의 건을 별지와 같이 출원한 건에 대해 현재 조사 중에 있는바 마침내 소속을 정하는 경우에 있어 오키도청隱岐島廳의 소관으로 해도 지장이 없다고 생각합니까? 또 도서島嶼의 명명에 대해서도 의견을 듣고 싶어 이 건을 조회합니다.

메이지 37년 11월 15일
시마네현 내무부장
서기관 호리 신지

오키도사 아즈마 후미스케 님[5)]

이 문서를 통해서 위와 같은 질의를 하기에 앞서, 일본에서는 이미 독도를 강탈하여 그 관할을 오키도청으로 한다는 것이 정해져 있었음을 확인할 수 있다. 그렇지만 이런 조처는 시마네현의 내무부장 수준에서 결정할 문제가 아니었다. 다른 나라의 영토 점취는 중앙정부가 직·간접적으로 관여하지 않고는 불가능한 일이었다. 그러므로 중앙정부의 지시에 따라, 이 문서를 시마네현에서 오키도청으로 보냈다고 보는 것이 순리일 것이다.

그리고 이 문서에서 또 한 가지 문제가 되는 것은, 호리堀가 그 당시까지 '송도'라고 불러왔던 독도에 대해 어떤 이름을 붙여야 하는가 하는 것을 물었다는 점이다. 이런 형식을 취한 것은 한국으로부터 독도를 빼앗기에 앞서, 이 섬이 이름이 없는 무주지無主地였다는 사실을 강조하기 위한 술책이었을 가능성을 내포하고 있다.

이와 같은 내무부장의 문의에 대해 오키도사 아즈마 후미스케東文輔는 그 달 30일에 다음과 같은 회신을 하였다.

<자료 2>

을서 152호

본월 15일 서제 1073호로 도서의 소속 건에 대해 조회하신 뜻을 승낙하고, 우右[6]는 우리 영토로 편입하는 이상 오키도 소관에 속하게 하는 것에 아무런 지장이 없으며, 그 섬 이름은 죽도竹島가 적당하다고 생각합니다.

원래 조선의 동쪽 해상에 송도松島·죽도竹島 두 섬이 존재하는 것은 일반

---

5) "庶第1073號

周吉郡西鄕町中井養三郎ヨリ領土編入竝ニ貸下ノ件別紙之通出願ニ付目下調査中之趣ニ候處弥々所屬ヲ定メラルル場合ニ於テハ隱岐島廳ノ所管トセラルルモ差支ナキ御見込ニ候ヤ又島嶼ノ命名ニ付併セテ御意見承知致度此段及照會候也.

明治37年11月15日　島根縣內務部長　書記官　堀信次　隱岐島司　東文輔殿"(川上健三,『竹島の歷史地理學的研究』(東京, 1966, 古今書院) 47~48쪽에서 재인용)

6) 원문이 세로로 쓰여 있기 때문에, 이렇게 좌左라고 적었다는 것을 밝혀둔다.

의 구비口碑로 전해지는 바인데, 종래 당 지방으로부터 초경업자樵耕業者들
이 왕래하는 울릉도를 '죽도'라고 통칭하였지만, 사실은 송도라고 하는 것
은 해도海圖에 의해서도 요연瞭然한 바가 있습니다. 좌左와 같이 이 새로운
섬에 있어서는 달리 '죽도'에 해당시킬 수밖에 없습니다. 따라서 종래에 잘
못 칭하던 것을 전용하여 '죽도'의 통칭을 새로운 섬에 붙이는 것이 옳다고
생각하여, 이에 회신을 올립니다.

메이지 37년 11월 30일

오키도사 아즈마 후미스케

시마네현 내무부장

　　　　서시관 호리 신지 님7)

　　이 회신에 의하면, 오키도사가 불과 보름 사이에 섬의 이름을 결정
한 것으로 되어 있다. 하지만 이처럼 짧은 기간 내에 결정된 섬 이름
이란 것이 재래의 전통적인 명칭이 아니라, 해도海圖에서 울릉도를
송도라고 하니 송도라고 불러오던 독도는 죽도로 해야 한다는 것, 곧
종래에 오칭하던 것을 전용하여 죽도로 하는 것이 고작이었다.

　　오키도사의 이와 같은 회신에 대해, 가와카미 겐죠川上健三는 아래
와 같은 견해를 제시하였다.

　　종래 울릉도를 죽도라고 칭했던 것을 잘못 칭하던誤稱 것이라고 한 것은

---

7) "乙庶第152號

本月十五日庶第1073号ヲ以テ島嶼所屬等ノ義ニ付御照會之趣了乘, 右ハ我領土
ニ編入ノ上隱岐島ノ所管ニ屬セラルル何等差支無之, 其名稱ハ竹島ヲ適當ト存候.
元來朝鮮ノ東方海上ニ松竹兩島ノ存在スルハ一般口碑ノ傳フル所, 而シテ從來當
地方ヨリ樵耕業者ノ往來スル鬱陵島ヲ竹島ト通稱スルモ, 其實ハ松島ニシテ, 海圖
ニ依ルモ瞭然タル次第ニ有之候. 左スレバ此新島ヲ措テ他ニ竹島ニ該當スベキモノ
無之, 依テ從來誤稱シタル名稱ヲ轉用シ, 竹島ノ通稱ヲ新島ニ冠ヤシメ候可然ト存候,
此段回答候也.
明治 37年 11月 30日 隱岐島司 東文輔 島根縣內務部長 書記官 堀信次殿"
(川上健三, 앞의 책, 48쪽에서 재인용).

위에서 진술한 섬 이름의 역사적 경위[8]를 충분히 이해하고 있지 않는 것에 의한 것이지만, 그것은 어쨌든, 이 답신이 기초가 되어 메이지 38년(1905)에 동 섬을 시마네현 오키도사의 소관에 편입함에 있어, 정식으로 이것을 죽도竹島로 명명하여, 여기에 고래의 송도·죽도의 섬 이름이 완전히 전도되는 결과로 되었던 것이다.[9]

이것을 보면 가와카미마저도 독도에 죽도란 이름을 붙인 것은 "섬 이름의 역사적 경위를 충분히 이해하고 있지 않은 것"이었다고 했을 정도로, 독도에 대한 섬 이름 변경 문제는 과거의 역사를 송두리째 무시한 조치였음이 확실하다. 그럼에도 불구하고 가와카미는 "이것을 죽도로 명명하여, 여기에 고래의 송도·죽도의 섬 이름이 완전히 전도되는 결과로 되었던 것"이라고 하여, 명칭의 전도 그 자체를 기정사실로 받아들이는 자세를 취했다.

하지만 이와 같은 그의 설명은 섬 이름의 전도가 의도적으로 자행되었다는 사실을 부정하기 위한 것이었다. 이런 지적을 하는 까닭은 중앙 부처의 지시를 받아 행해지고 있던 독도의 강탈 과정에서 그 이름의 역사적 경위조차 제대로 조사하지 않았다고 하는 것은 있을 수 없는 거짓말이 분명하기 때문이다. 이런 의미에서 나이토 세이쮸 內藤正中의 아래와 같은 언급은 좋은 참고가 된다.

오키도사는, 역사적 배경을 완전히 무시하고 울릉도를 죽도竹島라고 부르고 있는 것은 오칭誤稱이라고 하며 해도海圖에 보이는 것처럼 송도松島라고 한다면, 새 섬[新島]은 죽도로 명명하는 것이 좋다고 회답한 것이다. 도사는,

---

8) 가와카미가 그의 저서 『죽도의 역사지리학적 연구』 제1장 역사적 배경에서 '섬 이름의 혼란'을 설명하면서, 시볼트의 잘못 된 지도 때문에 일본에서 명칭의 혼란이 야기되었다는 견해를 밝힌 것을 말한다(川上健三, 위의 책(1966), 9~19쪽).
9) 川上健三, 위의 책(1966), 49쪽.

"조선의 동쪽 해상에 송도·죽도 두 섬이 존재하는 것은 일반의 구비口碑로 전해지는 바인데"라고 하고 있으면서, 거기에서 울릉도를 송도라고 한다면 새 섬은 죽도가 된다고 하고 있지만, 에도시대江戶時代에는 오랫동안 울릉도를 죽도라고 불러오고 있던 것에는 아무런 고려도 하지 않고 있는 것이다. 죽도를 둘러싼 역사를 알고 있다면, 새 섬은 송도라고 명명했어야만 했다.

이 새 섬의 명명에 대해서는, 시마네 현청縣廳 안에서도 이론異論이 없이 도사의 회답대로 죽도라고 하는 것으로 내무성에 보고되어, 그대로 각의閣議에서 결정된 것이다. 새 섬 죽도에 대해서의 인식이, 본 고장에서도 얼마나 희박했던가를 알 수가 있는 것으로, 그러한 것을 고유 영토라고 말할 수 없는 것은 분명하다.10)

나이토는 여기에서 오키도사의 답변이 역사적인 사실, 곧 에도시대에 울릉도를 죽도라고 불렀던 것을 전혀 고려하지 않은 것이었으며, 그 역사를 알고 있었다면 당연히 독도는 송도로 명명되었어야 한다는 것을 지적하고 있다. 그러면서 그는 오쿠하라 헤키운奧原碧雲이 그의 저서 『죽도 및 울릉도』에서 언급한 의문을 인용하여 그 부당성을 입증하려고 하였다.

수로지水路誌 및 해도海圖 중에 이미 울릉도를 송도라고 명명한 이상은, 죽도에 해당되는 섬은 리앙코 도를 두고 다른 데서 찾을 수가 없다고 하면서, 그리하여 죽도로 명명하게 되었다는 것이다. (여기에서) 단지 우리가 의심을 품을 수밖에 없는 것은, 수로부水路部에 있어서 어떠한 사료史料에 의해 울릉도 일명 송도라고 명명한 것인지 이것이 근본적인 문제이다. 이 의문만 풀어진다면 죽도의 명명은 가만히 있어도 저절로 해결될 것이다. 이 점이 내가 세상의 식자들에게 간절히 가르침을 청하는 바이다.11)

---

10) 內藤正中, 「竹島の領土編入は無主地先占といえるのか」, 『鄕土石見』74(石見, 2007, 石見鄕土硏究懇談會), 13~14쪽.

11) "水路誌及び海圖中旣に鬱陵島を松島と命名せられし以上は, 竹島に當るべき島嶼は, リヤンコ島を措きて他に求むべからず, とし仍て竹島と命名せられし所以なり. ただここに吾人の疑を挾むべきは, 水路部に於て, 如何なる史料によりて, 鬱陵島一名松

나이토는 에도시대부터 사용되어 오던 울릉도의 명칭이 왜 송도로 바뀌었는지를 알 수가 없다는 의미에서, 오쿠하라의 이와 같은 견해를 인용한 것이 아닌가 한다. 오쿠하라는 독도의 강탈에 대하여, "지리상으로 혹은 경영상으로 보더라도, 또한 역사상으로 논하더라도 당연히 우리 영토로 편입해야 하는 것임에 이론異論의 여지가 없다는 것은 분명하다."12)고 주장한 사람이었다. 이런 사람까지도 울릉도를 송도라고 한 이유를 알 수 없다고 했다는 것은 그들의 명칭 전도는 이해가 되지 않는 처사였다고 할 수 있다.

3. 시볼트의 「일본도」와 섬 이름의 혼란

이런 의문에 대해 보다 명확한 해명을 하려고 했던 사람이 바로 가와카미 겐죠川上健三였다. 그는 원래 러시아 전문의 외교관이었으나, 이승만 대통령이 1952년에 「대한민국 인접해양의 주권에 대한 대통령 선언」을 하자 독도를 연구하여 1953년에 『죽도의 영유』13)라는 것을 프린트 판으로 출판하였고, 1966년에는 이것을 증보하여 『죽도의 역사지리학적 연구』를 간행하였다. 그가 이 책을 통해서 독도가 일본의 영토라는 이론적 틀을 마련함으로써, 그 후에 수행된 일본의 독도 연구는 이것을 보완하는 형태를 취하고 있는 실정이다.

이렇게 일본의 독도 강탈을 합리화하려고 한 가와카미는, 독도에 대한 섬 이름의 혼란 책임을 전적으로 시볼트(Philipp Franz von Siebold)의

島とせられしか, これ根本的疑問なり. この疑問だに氷解せられんか, 竹島の命名は刃を迎えずして直に解決せらるべきなり. これ吾人の世の識者に向って, 切に, 指敎を請んする處なり."(奧原碧雲, 『竹島及鬱陵島』(松江, 1907, 報光社), 33쪽)

12) 奧原碧雲, 위의 책, 32~33쪽.

13) 川上健三, 『竹島の領有』(東京, 1953, 外務省條約局) 참조.

실수에 의한 것으로 보았다.

　　일본의 제 문헌과 지도에 오키도와 조선반도 사이의 일본해日本海(동해를 가리킴: 인용자 주)에 일본 근처에 송도, 조선 근처에 죽도라고 하는 두 개의 있다는 것을 안 시볼트는, 다른 유럽 지도에는 같은 해역에 일본 근처에 다쥬레 섬(Island Dagelet), 조선 근처에 아르고노트 섬(Island Argonaute)이라고 하는 두 개의 섬이 그려져 있는 것으로부터, 다쥬레 섬을 송도로, 아르고노트 섬을 다케시마(Takasima)로 비정하여, 그것을 그의 지도에 기입하였다. 이것이 종래 다케시마(또는 기죽도)라고 부르고 있던 울릉도가, 송도로 불리는 오류를 범하는 단서가 되었던 것이다.

　　이에 대해 보다 자세하게 말한다면, ① 울릉도가 잘못하여 다쥬레와 아르고노트라고 하는, 마치 두 개의 섬인 것처럼 지도상에 기재되게 된 뒤, 1854년에 이르러 러시아의 군함 팔라다호(Pallada)가 울릉도의 위치를 정확하게 측정했다. 그 결과 전에 콜넷트(James Colnett)가 아르고노트라고 불렀던 울릉도의 위치로 보고된 경위도가 부정확했다는 것을 알았다. 그 때문에 ② 그 후의 구미 제작의 지도 가운데에는 아르고노트 섬을 점선으로 나타내기도 하고, "현존하지 않는다(nicht vorhanden)"고 주로 기록한 것 등이 나타나게 되어, 드디어 아르고노트라고 하는 섬 이름은 지도상에서 그 모습을 감추게 된 것이다.14)

　　이상과 같은 가와카미의 주장에는 쉽사리 납득할 수 없는 점이 있다. 시볼트가 그린 지도에는 한국과 일본 사이에 분명하게 죽도(울릉도)와 송도(독도)가 존재하는 것으로 명시되어 있다. 그런데도 이 지도에 명시된 영문 명칭 때문에 섬 이름 혼란의 단서가 되었다고 하는 것은 수긍이 가지 않는다는 것이다.

　　다음에 제시하는 시볼트의 지도에서 보는 것처럼, 한국과 일본 사이에 존재하는 두 섬의 위도와 경도가 잘못 표기된 것은 사실이다. 하지만 그 섬들의 이름은 본명하게 'Takasima(I. Argonaute)'와 'Matsusima

---

14) 川上健三, 앞의 책(1966), 11~12쪽.

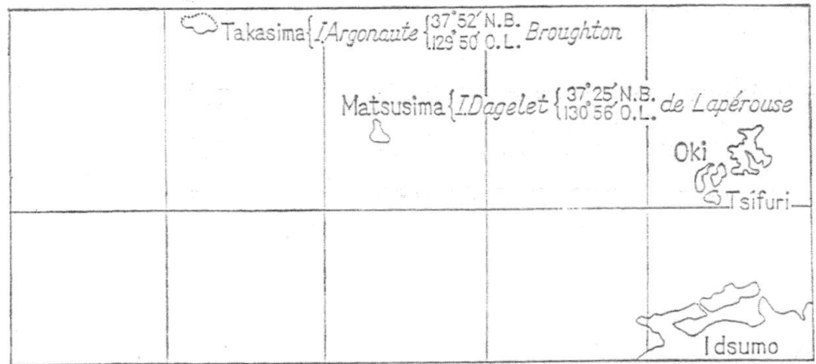

〈지도 1〉 시볼트의 일본도(1840년)[15]

(I. Dagelet)'로 표기되어 있다. 그리고 여기에서 'Takasima'가 '다케시마' 곧 '울릉도'를 지칭하고, 'Matsusima'는 '송도' 곧 '독도'를 지칭한다는 것은 누구나 다 인정하지 않을 수 없을 것이다.

그렇지만 가와카미는 이것이 "종래 죽도라고 부르고 있던 울릉도가, 송도로 불리는 오류를 범하는 단서가 되었던 것"이라고 하였다. 이와 같은 그의 지적은 일본어 명칭이 앞에 표기되어 있는데도, 그것을 읽지 않고 굳이 괄호 안의 영문 표기 지명을 읽음으로써 혼란이 야기되었다는 것이다. 곧 죽도의 영문 표기인 아르고노트 섬(I. Argonaute)이란 명칭 때문에 일본에서 죽도라고 불러오던 울릉도에 송도란 명칭이 사용되는 오류의 원인이 되었다는 식으로 사실을 호도하였다.

그러나 이러한 궤변은 밑줄을 그은 ①에서 보는 바와 같이, 1854년에 러시아의 군함軍艦 팔라다호(Pallada)가 울릉도의 위치를 정확하게 측정한 바 있고, 그에 따라 콜넷트(James Colnett)가 아르고노트라고 불렀던 울릉도의 위치로 보고된 경위도가 부정확했음이 알려지게 되었다는 것과 정면으로 상치된다. 특히 가와카미가 ②에서 지적한 바와

---

15) 川上健三, 위의 책(1966), 12쪽.

같이, 아르고노트 섬은 점선으로 표기되기도 하고 또 "현존하지 않는
다(nicht Vorhanden)."로 기록되어, 이미 지도상에서 그 자취를 감추어 버
렸다. 그럼에도 불구하고 이 지도가 일본에서의 섬 이름이 혼란되는
단초가 되었다고 한 것은 그 책임을 외국인에게 전가하는, 교묘한 말
장난이라고 할 수밖에 없다.

그 때문인지는 확실하지 않지만, 가와카미는 페리 제독(M. C. Perry)이
『일본 원정기日本遠征記』에 실었던 「일본 근역도日本近域圖」를 제시하면
서, 아래와 같은 설명을 덧붙였다.

> 이들 지도에는 조선반도와 오키도隱岐島 사이의 북서쪽에서 남동쪽을 향
> 해 3개의 섬이 그려져 있고, 북서부의 제1도를 아르고노트, 중앙의 제2도를
> 다쥬레 또는 송도, 남동부의 제3도는 섬 이름을 들지 않고 영국 군함 호네
> 트, 1855라고 적고 있다. 또 아르고노트에 대해서는 "현존하지 않는다."라고
> 주기注記하고, 섬의 형태를 그리지 않은 것이 주목된다.
> 1879년(메이지明治 12) 및 1894년(메이지 27)의 스탠포드의 「일본도」(Stanford's
> Library Map of Japan, 1879. Stanford's Map of Eastern China, and Japan and
> Korea, the Seat of War in 1894) 등도 이것과 같은 계통의 것으로, 아르고노
> 트, 다쥬레, 호네트의 세 섬이 그려져 있다. 다만 1879년 지도에는 다카시
> 마, 송도, 리앙쿠르 락스로 되어 있고, 1894년 지도에는 아르고노트 섬(다카
> 시마), 다쥬레 섬(송도), 호네트 제도(410피트)라고 되어 있다.
> 하지만 1872년(메이지 5)의 피터 고타(A. Peterman Gotha)의 「중국, 한국과 일
> 본(China, Korea and Japan)」의 지도나, 또 1880년(메이지 13)의 J. Rittau 편찬의
> 「Topographische Karte von Japan」 등의 지도가 되면, 이미 아르고노트의 이
> 름은 지도상에서 그 자취를 감추고 다쥬레(송도)와 리앙쿠르(호네트 락스) 두
> 섬만 남게 된다.
> 이렇게 해서 1900년대가 되면 구미 제 지도에서는 일반적으로 다쥬레 또
> 는 송도. 리앙쿠르 또는 호네트라고 하는 2개의 섬만 기재하게 되어, 옛날
> 우리나라에서 죽도 또는 기죽도磯竹島로 알려졌던 울릉도는 다쥬레 또는 송
> 도라는 이름으로 바뀌게 된다.[16]

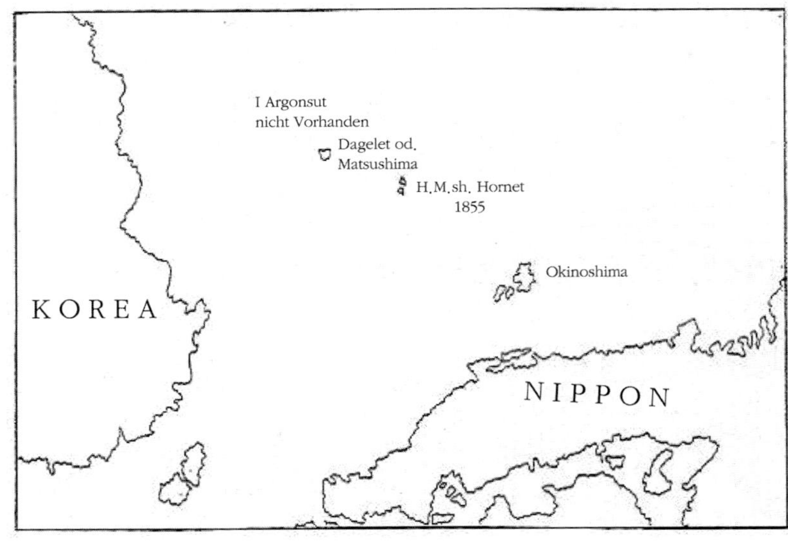

〈지도 2〉 페리 제독의 「일본 근역도」(1856)[17]

그러나 이와 같은 가와카미의 지적은 사실을 구명하려고 한 것이 아니라, 일본에서 일어난 섬 이름의 혼란 책임을 외국인들에게 떠넘기려고 한 것 같은 인상을 주고 있다. 그 이유는 이미 페리에 의해 그려진 <지도 2>에서 아르고노트 섬은 존재하지 않는다고 하면서 섬의 형태도 그려지지 않았다. 그런데도 그 후에 제작된 지도들이 아르고노트, 다쥬레, 호네트의 세 섬이 그려진 것도 있고, 또 "다쥬레, 리앙쿠르 두 섬만 남게 되었다."고 한 것은 지도 제작자들의 지리적인 인식 부족을 드러내는 것이지, 일본에서 일어난 섬 이름 혼란의 원인이 되었다고 볼 수는 없기 때문이다.

그리고 일본인들이 전통적으로 불러오던 죽도(울릉도)와 송도(독도)라는 이름이, 일반에게 널리 알려지지도 않았던 서구 지도의 영향을

16) 川上健三, 앞의 책(1966), 13~15쪽.
17) 川上健三, 앞의 책(1966), 13쪽.

받아 전도되었다는 것은 누가 보더라도 납득이 되지 않는다. 바꾸어 말하면 일본의 관리들이 재래의 자국 지도를 제쳐두고, 잘못 된 서양 사람들 제작의 지도를 참조하였기 때문에 섬 이름의 혼란이 초래되었다고 볼 수는 없다는 것이다. 특히 어떤 섬을 새로운 영토로 편입하기 위해서는 엄밀한 역사적 사실의 검토가 선행되어야 한다. 그럼에도 시볼트가 송도(다쥬레)로 표시했던 독도를 울릉도의 옛 명칭인 죽도로 명명했다는 변명이 통용될 수 없다는 것은 너무도 자명한 이치가 아닐까 한다.

4. 일본인들의 울릉도 이름 변경

일본인들이 처음으로 울릉도를 '송도松島'라고 지칭했다는 것은 이규원李奎遠의 울릉도 검찰 복명에서 그 흔적을 찾을 수 있다.

<자료 3>
울릉도 검찰사 이규원을 소견召見하였다. 복명하였기 때문이다. …중략… 하교하기를, "① 서계書契와 별단別單은 이미 열람했고 지도地圖도 보았다. 산 위에 있는 나리동羅里洞이 넓기는 넓은데 단지 물이 없는 것이 흠이다. 그 속에 나무들이 하늘이 안 보이게 꽉 들어서 있던가?"라고 하니, 이규원이 아뢰기를, "나리동 산 위에 따로 넓은 평지가 펼쳐져 있어 이른바 천부天府의 땅이라 할 수 있습니다. 그러나 산기슭에서부터 얼마 멀지 않은 곳에 있는 크고 작은 냇물들이 모두 복류伏流인 것이 하나의 큰 흠이었습니다. 나무들이 하늘을 찌를 듯이 꽉 들어서서 종일 걸어도 햇빛이 새들어오는 것을 볼 수 없었습니다."라고 하였다.
하교하기를, "② 일본인이 푯말을 박아놓고 송도라고 한다는데, 그들에게 말을 하지 않을 수 없다."라고 하니, 이규원이 아뢰기를, "그들이 세워놓은 푯말에는 송도라고 하였습니다. 송도라고 한 데 대해서는 이전부터 서로 말

<u>이 있었습니다. 그러니 일차로 하나부사 요시타다花房義質에게 공문을 보내
지 않을 수 없으며 또한 일본 외무성에 편지를 보내지 않을 수 없습니다.”
라고 하였다.</u>

　하교하기를, “이 내용을 총리대신과 시임 재상들에게 이야기하여 주어라.
지금 보니 한시라도 등한히 내버려둘 수 없고 한 조각의 땅이라도 버릴 수
없다.”라고 하니, 이규원이 아뢰기를, “이 전교를 일일이 총리대신과 시임
대신들에게 알려주겠습니다. 설사 한 치의 땅이라도 그것은 바로 조종의 강
토인데 어떻게 등한히 내버려둘 수 있겠습니까?”라고 하였다.[18]

　이 기사의 밑줄을 그은 ①에는 이규원이 고종을 알현하기에 앞서
미리 별단을 제출했었다는 사실이 드러나 있다. 그리고 이 별단에는
②에서 보는 것과 같이, 이규원이 일본인들이 울릉도에 푯말을 세우
고 ‘송도松島’라고 했다는 것을 보고하였으며, 고종 역시 이런 사실을
매우 무겁게 받아들이고 있었다는 것을 확인할 수 있다.

　그러나 이 기사만으로는 표목에 새긴 글귀의 구체적인 내용을 정
확하게 알 수가 없다. 하지만 이규원의 『울릉도 검찰일기』계초본에
는 “(5월) 6일 장작지포에서 통구미로 향했는데, 해변 돌길 위에 서
있는 표목이 길이 6척 넓이 1척으로 ‘대일본국 송도松島 규곡槻谷 메
이지 2년 2월 13일 이와자키 다카데라가 세우다.’라고 쓰여 있어서,
과연 왜인과 문답한 바와 같았습니다.”[19]라는 기록이 남아있다.

----

18) “召見 鬱陵島檢察使李奎遠. 復命也. …中略… 敎曰 書契與別單 旣覽之 地圖
　　亦見之. 山上羅里洞 廣則廣矣. 但無水可欠, 其中樹木參天否. 奎遠曰 羅里洞
　　山上 別開局面 可謂天府之地. 而自山根 無過數喉之地 巨細川流 盡爲伏流
　　一大欠事. 樹木參天 終日行役 不見隙光矣. 敎曰 日人立標 謂之松島 不可無
　　言於彼. 奎遠曰 彼立標木 書以松島 松島云者. 自前相語者也. 不可無一次公
　　幹於 花房義質處 亦不可無致書於日本外務省矣. 敎曰 以此意言於總理大臣及
　　時相也. 以今觀之 不可一時等棄 雖片土 不可棄也. 奎遠曰 以此傳敎 這這傳
　　諭於總理大臣及時任大臣矣. 雖尺寸之地 乃是祖宗疆土 何可等棄乎.”(『高宗實
　　錄』高宗 19年 6月 己未(5日) 條)

여기에서 당시에 울릉도에 건너왔던 일본인들이 전통적으로 사용해오던 '죽도'란 명칭을 사용하지 않고, '송도'라는 이름의 표목을 세웠었다는 것은 상당히 많은 것을 시사해준다. 우선 문제가 되는 것이 울릉도를 '죽도'라고 부른다는 것을 알고 있었으면서도, 왜 '송도'란 호칭을 사용하였는가 하는 것이다.

이러한 호칭의 사용이 섬 이름의 혼란 때문에 야기된 것은 아니었다. 더욱이 그 당시에 울릉도에 건너왔던 일본인들이 서양의 지도를 가지고 다녔을 가능성은 없었다. 왜냐하면 일본인들이 항해를 위해 지도를 이용하였다면, 그것은 서양의 지도가 아니라 자기들에게 전해오던 전통적인 지도였을 것으로 추정되기 때문이다.

이 경우에 1836년 12월에 처형된 아이즈야 하치에몽會津屋八右衛門 사건을 상기하지 않을 수 없다. 두루 알다시피 숙종 때에 일본의 에도막부江戶幕府는 조선과 울릉도의 영유권과 어업권을 둘러싸고 분쟁을 벌였었다. 이것을 한국에서는 울릉도 쟁계鬱陵島爭界라고 하고, 일본에서는 '죽도 일건竹島一件'이라고 하는데, 그 결과는 막부가 일본 어부들에게 울릉도 도해渡海를 금지하는 것으로 일단락되었다.

그 후에 막부는 일본인들의 울릉도 도항을 철저하게 금지하고 있었다. 그러므로 정상적으로는 울릉도에 도해할 수가 없었다. 그러던 중에 1836년에 '아이즈야 하치에몽의 밀무역 사건'이 발생했다. 이때에 아이즈야는 하마타번浜田藩의 회계였던 하시모토 산베橋本三兵衛와 더불어 울릉도에 건너와서 일본도日本刀와 같은 무기류를 거래하다가 발각되어 사형에 처해졌다.[20] 이 사건을 계기로, 막부는 다시 '덴보

---

19) "初六日 自長祈之浦 向桶邱尾 海邊石逕上 立標木 長六尺 廣一尺 書之曰 大日本國 松島槻谷 明治二年二越十三日 岩崎忠照建之 果如倭人問答."(이혜은·이형군, 『만은 이규원의 울릉도 검찰일기』(서울, 2006, 독도연구센터), 206쪽)
20) 藤原芳男 編, 『竹島事件史, 會津屋八右衛門』(浜田, 1988, 浜田市觀光協會), 12쪽.

죽도 도해 금령天保竹島渡海禁令'을 내려, 일본인들의 죽도(울릉도) 도해를 엄금했다. 죽도(울릉도)가 일본의 판도 바깥이라는 정치적 확인이 에도 막부에 의해 거듭 확인되었던 것이다.[21]

따라서 시마네현을 비롯한 일본 서해안 일대의 주민들은 이 사실을 너무도 잘 알고 있었을 것으로 상정된다. 바꾸어 말하면 조선의 영토인 죽도(울릉도)에 건너가면 처벌을 받는다는 사실이 널리 알려져 있었다는 것이다. 그렇지만 이 섬은 많은 자원이 있어 돈을 벌 수 있는 곳이었으므로, 기회를 노리다가 금지령을 무릅쓰고 울릉도에 도해를 감행하는 사람들도 생겨나게 되었다.

그 때에 그들이 생각해낸 것이 도해 금지령을 내린 곳은 죽도라고 부르던 울릉도였기 때문에, 이 섬을 죽도가 아니라 송도松島인 줄 알고 도해를 했다고 하는 것이 아니었을까 한다. 다시 말해 울릉도에 건너온 일본인들은 도해 금지령 위반의 처벌을 면하기 위해서, 의도적으로 이 섬을 송도라고 지칭했다는 것이다.

이러한 상정은 위에서 언급한 아이즈야 하치에몽의 진술을 통해서도 그 타당성을 입증할 수가 있다. 그의 공술供述 내용은 1990년 도쿄대학東京大學 부속도서관에 소장되어 있던 『죽도 도해 일건기竹島渡海一件記 전』이 발견됨으로써 그 대강이 밝혀졌다.

<자료 4>

오카다 타노모岡田賴母 님의 허락을 받아 도해할 수 있도록, 하시모토 산베橋本三兵衛에 부탁해 두었던 바, 정월 18일 에도江戸 근무의 무라이 슈에몽村井荻右衛門 님으로부터 제 앞으로 편지가 왔다. 죽도는 일본의 땅이라고 결정하기 어려우므로, 도해 계획을 포기하라는 것이었다. 예상에 반하는 회답이어서 유감스럽지 않았으나, 하시모토 산베에게 이 편지를 지참하고 (가

---

21) 池内敏, 「近世日本の西北境界」, 『史林』 90-1(京都, 2007, 京都大學史學科), 124쪽.

서), 다시 오카다 타노모 님에게 허락을 받도록 부탁해두었다. 얼마 있다가, 하시모토 산베에게 형편을 물으러 갔더니, 에도 사무소로부터의 전언傳言은 ①"죽도는 그만두고 송도에 도해를 시도해보면 어떨까?" 하는 것이었다. ② 송도는 작은 섬으로 예정에 없었으나, 에도 사무소에는 송도에 (간다)라는 구실을 남겨두고, 죽도에 도해를 시도해보면 어떨까? 만일 다른 사람들로부터 (이 도해가) 누설되었을 때는 표류하다가 도착한 것으로 가장하자는 등, 세세한 상의를 하시모토 산베와 하고 빨리 도해하기로 하였다.[22]

그의 공술은 어디까지 진실이고 어디까지가 거짓인지를 구분하기가 쉽지 않다. 문맥상의 내용으로는, 그가 ①의 전언을 들은 곳은 에도 근무의 무라이 슈에몽인 것 같다. 하지만 처벌자 명단에 무라이가 보이지 않는 것으로 보아,[23] ②에서와 같은 변명을 하기 위해 일부러 무라이를 끌어들였을 가능성도 배제할 수 없다.

만약에 이러한 추정이 타당성을 가진 것이라고 한다면, 아이즈야 하치에몽은 당시 일본에서 죽도라고 부르던 울릉도에 건너가 자원을 수탈하고 밀무역을 하기 위해서 의도적으로 그 이름을 바꾸려고 했다는 것을 알 수 있다. 곧 울릉도인 죽도에 건너가면서도, 독도인 송도에 건너간다고 했다는 것이다. 따라서 그의 이런 의도적인 섬 이름의 전도는 그 후에 죽도라고 부르던 울릉도를 송도로 바꾸어 부르는 단초가 되었다고 보는 것이 사리에 맞을 것 같다.

이와 같은 상정은 1876년(明治 9) 7월에 무토 헤이가쿠武藤平學가 일본 외무성에 제출하였던 「송도 개척에 대한 안건」을 통해서 더욱 분명한 확증을 얻을 수 있다.

　　<자료 5>
　　① 우리나라 오키의 북쪽에 있는 송도는 대략 남북으로 5~6리, 동서로

---

22) 森須和男, 『八右衛門とその時代』(浜田, 2002, 浜田市教育委員會), 19~20쪽.
23) 藤原芳男 編, 앞의 책(1988), 19~20쪽.

2~3리 정도가 되는 하나의 고도孤島로서 해상에서 본 바 한 채의 인가도 없는 섬입니다. ② 이 송도와 죽도竹島는 모두 일본과 조선 사이에 있는 섬들인데, 죽도竹島는 조선에 가깝고 송도松島는 일본에 가깝습니다. ③ 송도의 서북쪽 해안은 높은 암벽으로 되어 있어, 깎아지른 듯한 절벽이 즐비하므로 나는 새가 아니면 가까이 갈 수 없는 곳입니다. 또 남쪽 해안은 산맥이 바다 쪽으로 향할수록 점차 낮아져서 평탄한 곳을 이루었으며, 산꼭대기 조금 밑에서부터 폭이 수백 간이 되는 폭포수가 떨어지므로 평지에 전답을 만들어 경작하기에 편합니다. 또 해변 여기저기에 작은 만灣이 있으므로 배를 댈 수 있습니다. 이에 더하여 그 섬은 소나무가 울창하여 늘 검푸른 것을 볼 수 있습니다. 광산도 있다고 합니다. …중략… 특히 ④ 지난 메이지明治 8년(1875) 11월에 블라디보스토크에 도해했을 때, 그 섬의 남쪽에서 폭풍을 만났고, 밤이 되자 배가 송도와 충돌할지도 모른다는 두려움에 배에 있던 사람들이 천신만고하였는데, 어두운 밤이었고 또 비바람이 심하게 치고 많은 눈이 내리기도 하여 더더욱 그 섬이 보이지 않았으므로 어찌될지 몰라 배안의 모든 사람들이 한마디 말도 없이 한숨만 크게 내 쉰 적도 있었으니, 우선 그 섬에 신속히 등대를 설치해주시기를 청원합니다.

메이지 9년 7월 무토 헤이가쿠[24]

무토가 이와 같은 개척원을 제출하면서 내세운 것은 국가에 대한 충성과 국익을 위한다는 명분이었다. 이런 명분 아래서 개척을 희망

---

24) "我カ隱州ノ北二在ル松島ハ南北凡五六里東西二三里ノ一孤島二シテ海上ヨリ一見スルニ一宇ノ人家ナシ. 此松島ト竹島ハ共二日本ト朝鮮トノ間二在レドモ竹島ハ朝鮮二近ク松島ハ日本二近シ松島ノ西北之海岸ハ岩石壁立シテ斷岸數百丈飛鳥二非サルヨリハ近ツクヘカラス. 其南海濱ハ山勢海面二向テ漸次二平坦二屬シ山頂ヨリ三四分ノ所二其幅數百間ナル瀑水アレハ平地ノ所二田畑ヲ設ケ耕作スルニ便ナルベシ. 又海邊諸所二小灣アレハ船舶ヲ繫グヘシ. 加之本島ハ松樹鬱々トシテ常二深綠ヲ呈シ鑛山モ有ト云ヘリ. …中略… 殊二昨明治八年十一月ウラジヲストックニ渡海セシ時ハ彼島ノ以南ヨリ難風二逢ヒ夜二入リ松島二觸シ事ヲ恐レ船中ノ衆人千辛萬苦スレトモ暗夜二シテ且大風雨或ハ大雪トナリ, 更二此島ヲ見事能ハス如何アラント船中ノ衆人只大息ヲ發シ默スルノミノ事モアリツレハ先ヅ此島二燈臺ヲ設立アラン事ヲ請フ. 明治 9年 7月 武藤平學"(北澤正誠, 『竹島考證』 下(東京, 1996, エムティ出版 復刻板), 173~181쪽)

한 곳은 바로 한국의 울릉도였다. 그는 밑줄을 그은 ②에서 "이 송도와 죽도竹島는 모두 일본과 조선 사이에 있는 섬들인데, 죽도竹島는 조선에 가깝고 송도松島는 일본에 가깝습니다."라고 하여, 죽도를 울릉도, 송도를 독도로 인식하고 있는 듯한 태도를 취했다.

그러나 무토는 ①에서 "우리나라 오키의 북쪽에 있는 송도는 대략 남북으로 5~6리, 동서로 2~3리 정도가 되는 하나의 고도孤島로서 해상에서 본 바 한 채의 인가도 없는 섬입니다."라고 한 것과, ③에서 "송도의 서북쪽 해안은 높은 암벽으로 되어 있어, 깎아지른 듯한 절벽이 즐비하므로 나는 새가 아니면 가까이 갈 수 없는 곳입니다. 또 남쪽 해안은 산맥이 바다 쪽으로 향할수록 점차 낮아져서 평탄한 곳을 이루었으며, 산꼭대기 조금 밑에서부터 폭이 수백 간이 되는 폭포수가 떨어지므로 평지에 전답을 만들어 경작하기에 편합니다. 또 해변 여기저기에 작은 만灣이 있으므로 배를 댈 수 있습니다. 이에 더하여 그 섬은 소나무가 울창하여 늘 검푸른 것을 볼 수 있습니다. 광산도 있다고 합니다."라고 한 것은, 그들이 전통적으로 불러오던 송도, 곧 독도가 아니었다.

여기에서 무토 헤이가쿠가 울릉도를 자기들에게 가까운 송도라고 한 것은, 외무성 당국자를 속여서 개발의 허가를 얻기 위한 의도적인 섬 이름의 전도였다. 이러한 단정은 그가 섬 이름을 일부러 바꾸어 지칭한 것이 명확하기 때문이다.

따라서 이와 같은 명칭의 전도는 다음과 같은 효과를 기대한 처사였을 것으로 추정된다. 곧 정부 당국이 금지하고 있는 울릉도의 개발 허가를 얻기 위해서, '죽도'가 아닌 '송도'라는 이름을 사용하였다. 그리고 이렇게 해도 개발 허가를 얻지 못하고 도해를 하였다가 발각이 되는 경우에, 그 섬이 금지의 대상이라는 사실을 몰랐었다는 변명이 가능하다고 생각했다는 것이다.

이런 상정을 할 수 있는 것은 앞에서 소개한 <자료 4>에서 밑줄을 그은 ② 때문이다. 여기에서 아이즈야 하치에몽은, "송도는 작은 섬으로 예정에 없었으나, 에도 사무소에는 송도에 (간다)라는 구실을 남겨두고, 죽도에 도해를 시도해보면 어떨까? 만일 다른 사람들로부터 (이 도해가) 누설되었을 때는 표류하다가 도착漂着한 것으로 가장하자는 등, 세세한 상의를 하시모토 산베와 하고 빨리 도해하기로 하였다."라고 한 공술을 한 것은 그들이 갔던 곳이 금지의 대상이었던 죽도(울릉도)가 아니라 송도였다고 하여 그 죄를 모면하려고 하였다는 것을 확인할 수 있다.

그런데 이와 같은 추정을 하면서, 무토가 울릉도에 표착했던 적이 있었던 것 같은 기술을 했다는 점에 주목할 필요가 있다. 이런 흔적이 발견되는 곳은 밑줄을 그은 ④의 문장이다. 여기에서는 1875년 11월에 블라디보스토크로 도해를 하다가 폭풍을 만났는데, 밤이 되자 배가 송도와 충돌할지도 모르는 두려움을 느꼈다고 표현하고 있다. 이것은 섬에 아주 가깝게 접근했었음을 말해준다. 그리고 위의 인용문 그 앞에는 송도에 "집 한 채도 없고 한 필지의 경작지도 없습니다."라고 하여, 실제로 자기가 확인을 한 것처럼 표현을 하였다.

만약에 이렇게 무토 일행이 울릉도에 상륙한 적이 있었다고 한다면, 그가 이 섬에 대해 「송도 개척에 대한 안건」을 제출한 것은 자신의 도해 책임을 모면하기 위한 수단으로, 의도적으로 섬 이름을 변경했다고 보아도 무방하지 않을까 한다.

5. 독도 이름의 변경 저의

위에서와 같이 민간에서 섬 이름을 바꾸어 불렀다는 것이 정부 당국에 어떤 영향을 미쳤는가 하는 것을 구명하기란 그렇게 쉬운 일이 아니다. 하지만 어떻게 하여 정부에서 민간들 사이에서 이루어진 섬 이름의 변경을 수용하였는가 하는 문제를 해명할 수만 있다면, 일본 정부가 의도적으로 섬 이름을 전도시켰던 저의를 어느 정도 파악할 수가 있을 것이다.

그래서 먼저 이러한 섬 이름의 혼란과 그 과정을 연도 별로 정리하기로 한다.[25]

울릉도의 명칭의 변화 과정[26]

연월 사항	관 련 사 항	비고
1836년 12월	아이즈야 하치에몽 죽도(울릉도)에서의 밀무역 발각으로 사형	
1837년	에도 막부 재차 죽도 도해 금령 하달	
1869년 2월	이와자키 다카데라 울릉도에 송도란 표목 건립	
1876년 9월	무토 헤이가쿠 송도(울릉도) 개척에 대한 안건을 외무성에 제출	
1874~1878년	내무성 지리국 편찬의 『일본지지제요日本地誌提要』에는 죽도(울릉도)와 송도(독도)로 명기	
1877년 3월	시마네현 「죽도(울릉도) 외 1도 지적 편찬에 관한 질의」 내무성에 제출	
1877년 3월	태정관 우대신 이와쿠라 도모미 위의 질의에 대한 회신	
1881년 8월	기타자와 세이세이 외무성의 명을 받아 조사한 『죽도(울릉도)고증』 제출	
1881년 8월	기타자와 세이세이 『죽도(울릉도) 판도 소속고』 외무성에 제출	
1904년 9월	나카이 요사부로 「양코도 영토편입 및 대여원」 내무성과 외무성, 농상무성에 제출	
1904년 11월	시마네현 내무부장 호리 신지 오키도사에게 섬 이름 명명에 대한 질의	
1904년 11월	오키도사 아즈마 후미스케 내무부장에게 '송도'로 할 것을 회신	
1905년 1월	내각회의 '송도'로 할 것을 결정	
1905년 2월	시마네현 '송도'의 영토 편입을 결정	

이것을 보면, 일본 정부에서 이 섬을 송도로 명명했던 이유를 어느

---

25) 이 표를 만들면서 참고한 자료는 아래와 같다.
　(신용하, 『독도의 민족영토사 연구』(서울, 1996, 지식산업사), 139~240쪽; 신용하 편, 『독도 영유권 자료의 연구』 3(서울, 2000, 독도연구보전협회), 224~231쪽; 송병기, 『울릉도와 독도』(서울, 1999, 단국대출판부), 133~167쪽; 송병기 편, 『독도영유권자료선』(춘천, 2004, 한림대 아시아문화연구소), 136~156쪽; 奧原碧雲, 앞의 책(1907), 44쪽.

정도 유추할 수가 있다. 1836년 아이즈야 하치에몽이 "송도(독도)는 작은 섬으로 예정에 없었으나, 에도 사무소에 송도에 (간다)라는 구실을 남겨두고, 죽도에 도해를 시도"하려고 한 다음, 민간에서는 울릉도를 송도라고 지칭하였다. 하지만 에도막부와 그 뒤를 이은 메이지明治 정부에서는 일관되게 울릉도를 죽도로 불러왔었다. 특히 일본인들의 불법적인 울릉도 도해가 한·일 간의 외교 문제로 비화되자, 외무성이 기타자와 세이세이北澤正誠에게 의뢰하여 울릉도의 소속 문제를 조사·보고하였는데, 그것이 출판된 1881년의 『죽도고증竹島考證』에서도 울릉도를 '죽도'하고 지칭했었다.

그러나 1904년 9월 나카이 요사부로中井養三郎가 이 섬을 영토로 편입하여 대여해달라고 하는 원서를 제출했을 때에는, 송도라고 불러오던 독도의 이름이 '양코도'로 바뀌었다. 이때에 나카이가 영토 편입원 및 대여원을 제출한 것은 당시 관리들의 사주에 의한 것이었다. 두루 알다시피 나카이는 독도의 대여를 대한제국 정부에 청원하여 독점적인 어업권을 확보하려고 했었다. 그렇지만 농상무성 수산국장인 마키 나오마사牧朴眞가 반드시 한국 령에 속하지 않을지도 모른다는 의심을 가지게 만들었고, 해군 수로국장 기모쯔키 가네유키肝付兼行는 이 섬이 완전히 소속이 없다는 주장을 하였으며, 외무성 정무국장 야마자 엔지로山座圓次郎는 러일전쟁의 시국으로 볼 때 영토 편입이 급하게 필요하다고 하였다. 이처럼 제국주의의 영토 탈취에 앞장섰던 관리들의 사주를 받아, 나카이는 독도의 영토 편입 및 그 대여원을 제출하였다.[26]

그러므로 독도의 영토 편입은 국가권력에 의해 자행된 대한제국 국토의 강탈이었다고 할 수 있다. 이렇게 나카이를 앞세워 독도를 강

---

26) 김화경, 「동해해전과 독도의 전략적 가치」, 『대구사학』 103(대두, 2011, 대구사학회), 152~156쪽.

탈하면서, 그들은 재래에 호칭인 송도란 이름을 그대로 사용한다는 것은, 무주지 선점론無主地先占論이라는 그들의 대의명분을 크게 그르칠 우려가 있었다. 그리고 전통적으로 불러오던 송도를 새로운 영토로 편입한다는 것은 대한제국의 영토를 빼앗았다는 항의를 받을 수도 있다고 생각했을 것이다. 특히 일본인들이 울릉도를 죽도, 독도를 송도로 지칭해왔다는 것은 후자가 전자에 부속된 섬이었다는 것을 인정하는 것이었다. 그 까닭은 그들이 전통적으로 송도를 독립된 섬으로 보지 않고 죽도에 부속된 섬으로 보아왔기 때문이었다. 바로 이러한 예의 하나가 시마네현이 내무성에 보냈던 「일본해(동해) 내 죽도 외 1도의 지적편찬에 관한 질의」였다. 여기에서 그들이 말한 죽도(울릉도) 외 1도는 송도(독도)가 분명했다.27)

 따라서 한국의 영토였던 독도를 점취하기 위해서는 그에 따른 새로운 명분의 축적이 필요했다. 그래서 고안해낸 것이 시마네현으로 하여금 그 명칭을 조회하도록 하는 조처였을 것이다. 거듭 말하지만 새로운 영토의 취득은 국가의 중대사가 명확했다. 그럼에도 불구하고 불과 20여 년 전까지 사용해오던 송도란 호칭에 대해 역사적인 검증을 실시하지 않았다. 그 대신에 시마네현 내무부장이었던 호리 신지堀信次로 하여금 오키도사隱岐島司 아즈마 후미스케東文輔에게 섬 이름을 조회하도록 한 것이 고작이었다.

 이 과정에서 오키도사였던 아즈마가 독도를 송도라고 지칭해오던 사실을 몰랐을 리가 만무하다. 그곳은 1881년까지 송도라고 불렀던 곳이었다. 그런데도 그러한 사실을 전혀 몰랐었다는 것은 말이 되지 않는다. 게다가 아즈마 후미스케가 자신이 관할하는 오키도의 주민들에 의해 죽도로 호칭되다가, 도해 금지령의 위반으로 야기될 처벌을 피하기 위하여 송도라고 부르는 섬이 울릉도였다는 사실을 알지

---

27) 김화경, 『독도의 역사』(경산, 2011, 영남대 출판부), 257~265쪽.

못하고 있었다는 것도 이해가 되지 않는다.

그러므로 일본 정부가 시마네현의 내무부장 호리 신지로 하여금 오키도사 아즈마 후미스케에게 그 명칭을 조회하는 형태를 취하도록 한 것은 전통적으로 사용해오던 이름을 버리고, 새로운 영토의 취득이라는 명분을 충족시키는 이름의 변경을 위한 절차에 지나지 않는 처사였다고 할 수 있다. 이러한 추정이 사실이라고 한다면, 독도에 대해 전통적으로 불러오던 송도란 이름 대신에 죽도란 이름을 사용한 것은 서구의 잘못 된 지도 탓이 아니라, 정부 당국의 계획에 따른 의도적인 조처였다고 할 수 있다.

6. 고찰의 의의

일본은 에도시대부터 독도를 송도, 울릉도를 죽도로 불러왔었다. 하지만 1905년 일본이 독도를 점취할 때에는 여기에 죽도란 이름을 붙였다. 이러한 섬 이름의 변경은 대한제국의 영토를 탈취하기 위한, 매우 의도적인 조처였을 가능성이 짙다. 하지만 일본의 학자들은 이러한 사실을 호도하기 위해서 서구 사람들, 특히 시볼트의 잘못 된 「일본도日本圖」 때문에 섬 이름의 혼란이 야기되었고, 이러한 혼란으로 인해 독도에 죽도란 이름이 붙여졌다고 하여, 그 책임을 외국인들에게 전가하고 있다.

본 연구는 이러한 일본 학자들의 왜곡된 연구를 바로잡기 위해서 마련되었다. 그리하여 논의를 해오면서 얻어진 성과를 간단하게 요약한다면 아래와 같다.

첫째 가와카미 겐죠가 시볼트의 잘못 된 지도 때문에 일어난 섬 이름의 혼란으로 인해, 독도에 죽도란 이름이 붙여지게 되었다고 한 주장은 허구라는 사실을 구명하였다. 여기에서 시볼트의 지도에는 분명하게 울릉도를 Takasima죽도, 독도를 Matsusima송도라고 하고 있었다. 단지 그 위도와 경도의 표시에는 오류가 있었다는 것은 사실이었다.

둘째 그 뒤에 동해에 아르고노트와 다쥬레, 호네트 세 섬이 그려진 지도가 서구에서 제작되었다고 하였으나, 이것은 부족한 지리적 인식에서 파생된 문제로 보았다. 그 이유는 이미 1856년에 페리의 『일본 원정기』에 첨부된 「일본 근역도」에 아르고노트 섬이 존재하지 않는다는 사실이 명시되었을 뿐만 아니라, 섬의 형체도 그려지지 않았기 때문이었다. 그리고 이렇게 잘못 된 지도가 영토의 편입과 같은 국가의 중대사에 이용될 수 없다는 것은 너무도 자명한 이치라는 것을 지적하였다.

셋째 일본인들이 울릉도를 송도라고 부른 것은 상당히 의도적인 것이었다. 이러한 사실은 1836년 아이즈야 하치에몽會津屋八右衛門 사건에서 그 단서를 찾을 수 있었다. 아이즈야는 막부의 도해 금지령을 위반하고 울릉도에 건너와 밀무역을 한 혐의로 체포되어 사형에 처해졌다. 이렇게 사형에 처해진 그는 심문과정의 공술에서 예정에 없는 송도(독도)에 간다는 핑계를 대고 실제로는 죽도(울릉도)에 갔었다고 하였다. 이 과정에서 일어난 섬 이름의 전도는 죽도라고 부르던 울릉도에 건너왔다가 발각이 되는 경우에, 받을 가능성이 있는 처벌을 피하기 위한 수단이었음이 분명하다는 것을 밝혔다.

넷째 아니즈야의 이러한 의도적인 명칭 전도는 그 후에 죽도라고 하던 울릉도를 송도로 바꾸어 부르는 단초가 되었을 것으로 상정하였다. 실제로 1876년 무토 헤이가쿠武藤平學란 자는 「송도 개척에 대한 안건」을 외무성에 제출하였는데, 그가 여기에서 말한 송도는 분명하게 울릉도였다. 그런데도 이것을 송도라고 한 것은 개척의 허가를 받기 위한 수단이었다는 점에서, 아이즈야 하치에몽의 발상과 같은 것이었다는 간주를 하였다. 특히 그의 이 안건에는 자신이 울릉도에 상륙을 했던 것 같은 표현을 한 곳이 있었다. 따라서 그가 개척에 대한 안건을 제출한 것은 자신에게 내려질지도 모르는 처벌을 면하기 위한 방안이었을 가능성도 있다는 것을 지적하였다.

다섯째 일본 정부는 1881년까지 울릉도에 죽도란 공식적인 명칭을 사용하고 있었다. 그러다가 나카이 요사부로中井養三郎가 영토 편입 및 대여원을 제출할 때에는 양코도라는 이름으로 바꾸게 하였다는 점의 유의하였다. 나카이의 이 원서 제출은 당시 해외 영토의 확장에 앞장서고 있던 관리들, 곧 농상무성 수산국장 마키 나오마사牧朴眞와 해군 수로국장 기모쯔키 가네유키肝付兼行, 외무성 정무국장 야마자 엔지로山座圓次郎 등의 사주를 받은 것이었으므로, 섬 이름의 변경 역시 이들의 교사에 의한 것이었을 가능성이 있는 것으로 보았다.

여섯째 일본은 독도를 점취하면서, 시마네현 내무국장인 호리 신지堀信次가 오키도사에게 섬 이름을 조회하였고, 오키도사 아즈마 후미스케東文輔는 울릉도를 송도라고 부르고 있다면 새로운 섬은 죽도로 해야 한다는 회신을 하였다. 하지만 이러한 회신은 섬의 역사에 대한 조사를 제대로 하지 않았다는 점에서 문제가 있는 것이었다. 새로운 영토의 취득을 위해서는 그에 대한 역사적 사실을 엄밀하게 조사할 필요가 있었다. 그런데도 그러한 조사가 이루어지지 않았다는 것은 어떤 명분을 충족시키기 위한 절차상의 요건만 갖추는데 그쳤다는 것을 말해주는 것으로 상정하였다.

일곱째 그래서 그들이 찾으려고 했던 명분이 무엇일까 하는 것을 규명하려고 하였다. 여기에서는 그들이 재래의 송도란 이름을 그대로 사용하여 새로운 영토로 편입하는 것은 대한제국의 영토를 빼앗았다는 비판을 받을 우려가 있었다. 이러한 우려를 불식시키기 위한 방법이 송도라고 부르던 독도에 새로운 이름을 붙이는 것이었으며, 그리하여 붙인 이름이 죽도였다는 것이다. 다시 말해 일본인들이 울릉도에 도해했다가 받은 처벌을 피하기 위해서 울릉도를 송도로 불렀다는 것을 감안하여, 울릉도의 이름이었던 죽도를 독도의 이름으로 바꾸었다는 것이다.

마지막으로 이러한 호칭의 전도를 통해, 그들은 마치 동해에 임자가 없이 있었던 섬을 새롭게 자기 나라의 영토로 취득한 것처럼 호도하였던 논리, 곧 무주지 선점론이라는 명분을 충족시킬 수 있다고 보았을 것이라는 상정을 하였다. 이와 같은 일련의 작업을 통해서 일본의 독도 강탈은 역사적으로 결코 용납될 수 없는 것이었음을 증명하려고 하였으나, 자료의 미비로 말미암아 명쾌하게 해명하지 못한 부분이 있다는 것을 솔직하게 인정하면서, 후일에 다시 보완하겠다는 것을 밝혀둔다.

제3장
한·일 양국의 교과서와 독도

제1절 일본 교과서의 독도 기술 실태에 관한 연구
- 중학교 사회 과목 교과서의
독도 기술을 중심으로 한 고찰 -

1. 문제의 제기

일본의 문부과학성은 2008년 7월 14일에 중학교 학습지도 요령 해설서에 북방영토와 함께 죽도竹島를 중학교 교과서에 기술할 것을 공포했다.[1] 이와 같은 결정을 보면서, 우리는 일본에서의 교과서 제작에서 이 학습지도 요령 해설서가 어떠한 역할을 하고 있으며, 또 그들의 교과서 검정제도는 어떻게 되어 있는가 하는 것을 고찰할 필요성을 절감하게 되었다. 그렇지만 한국에서는 이와 같은 근원적인 문제들보다는 왜 문부과학성이 한국의 영토가 명백한 독도를 자기들의 중학교 교과서에 일본의 영토라고 기술하도록 결정하였는가 하는 외양적인 현상에만 관심을 기울였을 뿐이었다.

실제로 지금까지 많은 연구자들이 일본의 역사 교과서에 대해서 관심을 가져왔다 특히 2004년 일본의 "새로운 역사 교과서를 만드는 모임"에서 제작한 중학교 역사 교과서가 문부과학성의 검정을 통과하자, 이것이 외교 문제로까지 비화되기도 하였다. 이와 함께 후소사 扶桑社에서 출판된 이 교과서에 대해 상당히 많은 연구가 이루어졌다.[2] 그리하여 한국사 연구회에서는 2005년에 『한국사연구』에 '일본

---

1) 文部科學省, 『中學校學習指導要領解說』 社會編(東京, 2008, 文部科學省), 49쪽.

중학교 교과서의 역사서술과 역사인식'이란 특집을 마련하고 5편의 논문을 실어, 이 교과서를 집중적으로 분석한 바 있다.[3] 그 후에도 일본의 역사교과서에 대한 연구는 계속되고 있으나,[4] 일본의 역사

2) 이계황, 「"새로운 역사교과서를 만드는 모임"의 역사교육 전략」,『일본역사연구 I』17(서울, 2003, 일본사학회), 5~21쪽; 정상균, 「근대 이전의 "정한(征韓)" - 새 역사 교과서를 중심으로」,『일본어교육』26(서울, 2003, 한국일본어교육학회), 259~274쪽; 권현주, 「일본의 역사교과서 왜곡문제에 대한 고찰」,『인문과학연구』9(전주, 2003, 전주대 인문과학종합연구소), 153~186쪽; 정효은, 「"새 역사교과서"와 "일본서기"」,『일본학보』57-2(서울, 2003, 한국일본학회), 669~684쪽; 한철호, 「일본 중학교 역사교과서의 한국 근대 관련 내용분석」,『동국사학』40(서울, 2004, 동국사학회), 465~490쪽; 조희승, 「일본의 력사교과서 왜곡책동과 군국주의 부활」,『퇴계학과 한국문화』35-2 (대구, 2004, 경북대 퇴계학연구소), 127~140쪽.

3) 허동현, 「일본 중학교 역사교과서(후소샤판) 문제의 배경과 특징 - 역사 기억의 왜곡과 성찰」,『한국사연구』129(서울, 2005, 한국사연구회), 147~171쪽; 연민수, 「일본 중학교 역사교과서의 고대사 서술과 역사인식」,『한국사연구』129(서울, 2005, 한국사연구회), 173~210쪽; 박수철, 「일본 중학교 역사교과서의 중·근세사 서술과 역사인식」,『한국사연구』129(서울, 2005, 한국사연구회), 211~241쪽; 한철호, 「일본 중학교 역사교과서의 한국 근대사 서술과 역사인식」,『한국사연구』129(서울, 2005, 한국사연구회), 243~273쪽; 박찬승, 「일본 중학교 역사교과서 한국 근현대사(1910년 이후) 서술과 역사인식」,『한국사연구』129(서울, 2005, 한국사연구회), 275~310쪽.

4) 嶺井正也, 「日本の歷史敎育の基本的問題」,『일본학』24(서울, 2005, 동국대 일본학연구소), 85~100쪽; 김인화·김명섭, 「기억의 국제정치학: 일본 역사교과서 문제와 동북아시아」,『사회과학논집』38-1(서울, 2007, 연세대 사회과학연구소), 66~89쪽; 권오현, 「일본 중학교 역사교과서의 구성 틀과 구성요소」,『역사교육논집』41(서울, 2008, 역사교육학회), 121~163쪽; 박삼현, 「일본 중학교 후소샤(扶桑社)판 역사교과서의 삽화분석」,『일본역사연구』27 (서울, 2008, 일본사학회), 155~177쪽; 大森直樹, 「일본의 교육현장과 역사교과서 문제 - "전쟁을 지지하는 의식의 형성」,『일본역사연구』27(서울, 2008, 일본사학회), 51~88쪽; 방수영, 「"일본의 왜곡역사교과서 검정통과 (2009.4.9.)"와 우리의 대처방안」,『한국논단』236(서울, 2009, 한국논단), 178~187쪽.

교과서 속에 왜 독도 문제가 취급되지 않고 있는가 하는 문제는 지적조차 되지 않고 있다.

단지 2005년 3월 시마네현島根縣 의회가 일본이 독도를 강점한 1905년 2월 22일을 기념하기 위하여 이 날을 "죽도의 날"로 정하는 조례안을 통과시키고 동 현의 지사知事가 이것을 공표하자, 한국의 학자들도 일본의 교과서 내에서 독도가 어떻게 기술되고 있는가 하는 문제에 관심을 가지기 시작했다. 그리하여 김찬수의 「학생들에게 '일본'을 어떻게 가르칠 것인가? – 일본의 독도 영유권 주장과 역사교과서 왜곡 문제」5)를 비롯하여, 손용택의 「일본 교과서에 나타난 '독도(다케시마)' 표기 실태와 대응」6) 및 손주백의 「교과서와 독도문제」7) 등의 논고가 발표되기에 이르렀다.

특히 김찬수는 "1904년경의 일본은 독도를 탈취해야 할 필요성을 느끼게 된다. 러일전쟁을 시작한 일본은 일본 본토와 한반도, 그리고 만주를 연결하는 보급로를 안정적으로 확보하는 것이 무엇보다도 중요했다. 러시아는 극동함대를 남하시켜 일본과 조선을 연결하는 일본 해군의 수송선을 격침시켰다. 일본은 러시아 함대의 움직임을 감시해야 할 필요가 절실해졌고, 독도는 조선과 일본 사이 바다 가운데 떠있는 천연의 망루와 같은 존재였다."8)라는 지적을 하여, 일본의 독도 강탈이 전략상의 필요에 의해서 이루어졌다는 것을 지적하였다.

그리고 손용택은 일본의 교과서 및 지도에 보이는 '독도' 표기의

---

5) 김찬수, 「학생들에게 '일본"을 어떻게 가르칠 것인가? 일본의 독도 영유권 주장과 역사교과서 왜곡 문제」, 『수원문화사연구』 7(수원, 2005, 수원문화사연구회), 175~208쪽.
6) 손용택, 「일본 교과서에 나타난 '독도(다케시마)' 표기 실태와 대응」, 『한국지리환경교육학회지』 13-3(서울, 2005, 한국지리환경교육학회), 363~373쪽.
7) 손주백, 「교과서와 독도문제」, 『독도연구』 2(경산, 2006, 영남대 독도연구소), 87~108쪽.
8) 김찬수, 앞의 글, 180쪽.

현황을 분석한 다음에, 아래와 같은 네 가지 대응방안을 제시하고 있어 주목을 끌었다.

> 첫째 그들의 주장이 억지가 되었던, 약간은 설득력을 지녔던 간에 일본의 교과서와 지리부도地理附圖 상에 현재 양측에서 쟁점화되고 있는 지역이라는 사실을 게재하도록 압력을 가해야 한다.
> 둘째 외교적으로 부단히 노력하여 독도가 한국 영토임을 국제사회에 확인시키는 홍보작업과 일본의 양심 있는 학자들의 목소리가 나오도록 유도해야 한다.
> 셋째 국내의 학자들은 독도가 우리의 영토임을 학문적으로 연구하여 연구물을 축적하고, 논리적으로 무장할 수 있도록 꾸준히 노력하고 발표하여야 한다.
> 넷째 정부 측에서도 취해야 할 태도가 분명히 있다. 즉 잘못된 신한일 어업협정에 대한 보완협상을 재개해야 한다. 나아가 독도를 기점으로 한 배타적 경제수역을 선포하고, 우리 국민이 우리 영토에 자유롭게 드나들 수 있도록 입도 허가제入島許可制를 폐지해야 하며, 어업 전진기지로 개발하는 것은 당연하다.[9]

또 손주백은 "독도 문제의 해결 접근법은 2국 간 대화와 더불어 다자간 협력 시스템을 구축하는 방향에서 이루어져야 한다. 장기 지속의 대화법을 터득하고 추진할 수 있는 의지와 전문성을 갖추어야 한다. 그리고 통일문제를 해결할 수 있는 디딤돌이어야 한다. 이를 위해서는 분쟁을 유도하지 않고 동아시아의 안정과 협력에 기여하는 국가로서의 한국 이미지를 회득해야 하며, 분단을 극복해도 이러한 특징이 계속 유지될 것이라는 신뢰감을 국제사회에 심어주어야 한다."[10]는 구체적인 방안을 제시하기도 하였다.

그러나 일본의 문부과학성이 중학교 사회 교과서의 학습지도요령

---

9) 손용택, 앞의 글, 369~370쪽.
10) 손주백, 앞의 글, 108쪽.

해설서에 독도를 러시아와 분쟁을 벌이고 있는 북방 영토와 같이 기술해야 한다는 것을 공표한 2008년 7월 이후에 이런 조처에 대해 각 단체들의 일본 규탄과 주일본 한국대사의 소환, 일본과의 교류 단절[11] 등과 같은 일련의 사건들이 연이어 벌어졌다. 그렇지만 이 문제에 대한 학술적인 검토와 분석은 행해지지 않고 있다.

그런데 이 학습지도요령 해설서는 2012년부터 전면적으로 실시되게끔 되어 있다. 그래서 이것에 대한 검토에 앞서, 본 연구에서는 이런 학습지도요령 해설서가 나오기 이전인, 현재 사용되고 있는 일본 중학교의 사회 교과서에서 독도가 어떻게 기술되고 있는가 하는 문제를 살펴보기로 한다. 그리고 이 연구를 위해서 그들의 학습지도요령이 일본의 교과서 검증제도에서 어떤 기능을 하고 있는가 하는 것도 아울러 고찰하기로 한다. 다시 말해 일본의 학교 교과서 검정제도에서 요체가 되는 학습지도요령과 여기에 따라 집필을 한 사회과목 교과서에 기술된 독도에 대한 실태를 고찰하는 것을 본 연구의 목적으로 한다는 것이다.

2. 일본의 교과서 검정제도

일본에서 초등학교와 중·고등학교 교육에서 교과서[12]의 검정제도

---

11) 각 단체의 일본 규탄이 이어졌을 뿐만 아니라, 한·일간에 존속되어 오던 교류도 102건이나 중단되는 사태가 발생하였다고 한다(한국일보, 2008년 7월 28일 보도)

12) 1948년 7월 10일 법률 제32호로 제정된 「교과서의 발행에 관한 임시조치법」에서는 교과서를, "소학교, 중학교, 고등학교 및 이것들에 준하는 학교에 있어서, 교과과정의 구성에 응하여 조직 배열된 교과의 주된 교재로, 교수용敎授用으로 제공되는 아동 또는 생도용 도서이며, 문부대신의 검정을 거

가 확립된 것은 1947년이었다. 당시에 일본을 통치하고 있던 미국 군
정청은 제2차 세계대전 이전에 획일화되었던 군국주의의 교육제도를
개선하기 위하여 "학교 교육법"을 제정하면서, 이전의 교과서 국정
제도를 모두 검정제도로 전환하였다.[13] 말하자면 획일화를 지향해왔
던 군국주의 교육을 다원화하여 학생들에게 다양화한 교과서가 사용
되도록 하여야 한다는 취지에서 새로운 교과서 검정제도를 도입했던
것이다.

이렇게 확립된 교과서 검정제도에 있어서는, 일본의 문부과학성은
발행자[14]들로부터 제출된 책들을 교과서로서 사용 가부만을 판정해
주는, 지극히 민주적인 제도인 것처럼 보인다. 그리하여 외양상으로
는 일본의 교과서 검정제도는 주관부서인 문부과학성이 '도서 검정
조사위원회'의 심사를 거친 내용을 중심으로 교과서로서의 적정성
여부만을 결정하는 합리적인 형태를 취하고 있다. 게다가 교과서를
제작하고 배포하는 주체가 모두 민간이기 때문에 국가에서는 거의

친 것 또는 문부대신에게 있어서 저작권을 가진 것을 말한다."고 규정하고
있다(文部省大臣官房總務課 編, 『文部法令要領』(東京, 1962, 帝國地方行政學
會), 141쪽). 이 규정은 2007년 법률 제90호로 개정되어 마지막 부분에 "문
부대신에게 있어서 저작권을 가진 것"이란 표현을. "문부과학성이 저작의
명의名義를 가진 것"으로 바뀌었다(解說敎育六法編修委員會 編, 『解說敎育
六法』(東京, 2008, 三省堂), 316쪽).

13) '학교교육법' 제21조에서 "소학교에 있어서는, 문부대신의 검정을 거친 교
과서용 도서 또는 문부대신에 있어서 저작권을 가진 교과서용 도서를 사용
하지 않으면 안 된다."라고 규정한 다음, 동법 40조에서는 중학교에서도 이
규정을 준용하며, 동법 51조에서는 고등학교에서도 이 규정을 다 같이 준
용한다고 규정하고 있다(文部省大臣官房總務課 編, 위의 책, 17·18·20쪽).

14) 「교과서의 발행에 관한 임시조치법」 제2조 2항에 의하면, "본 법률에 있어
서 '발행'이란, 교과서를 제작 공급하는 것을 말하며, '발행자'란 발행을 담
당하는 자를 말한다."고 규정하고 있다(文部省大臣官房總務課 編, 앞의 책,
141쪽).

개입이 불가능한 것 같이 되어 있는 것도 사실이다.

그러나 실제는 정반대이다. 발행자는 문부과학성에서 만든 「학습지도요령」15)과 「교과서용 도서 검정규칙」에 의거하여 교과서를 제작하여야만 한다. 이렇게 하여 제작한 교과서의 검정을 신청하면, 문부과학성의 교과서 조사관이 문부과학대신文部科學大臣의 자문기관인 '교과서용 도서 검정 위원회'의 이에 대한 심의 결과를 통보받아 그 검정 통과 여부를 알려준다.16) 그리고 교과서의 선정은 이와 같은 절차를 거친 검정 교과서와 문부과학성 저작 교과서 중에서 채택하게 되는데, 공립학교에서의 경우는 담당 교육위원회에서 그것을 결정하게 되어 있다.

그렇지만 문제는 바로 검정과정에 있다. 초·중·고등학교의 학습지도요령을 제정하는 주체가 문부과학성이라는 점에 유의해야 한다. 교과서의 검정은 대개 교과서 별로 4년을 주기로 실시되고 있으며, 문부과학대신은 검정 실시시기의 전년도에 검정 선정과목 및 시기 등을 고시하여야 하는 것으로 되어 있다. 그리고 '교과서용 도서 검정

---

15) 1947년 5월 23일 문부성령文部省令 제11호로 제정된 「학교교육법 시행규칙」 제25조에서 "소학교의 교육과정에 관해서는, 이 절(이 규칙의 제2장 소학교 제2절 교과를 가리킨다. 인용자 주)에서 정하는 것 이외, 교육과정의 기준으로서 문부대신이 별도로 고시하는 소학교 학습지도요령에 의한 것으로 한다."고 규정하고 난 다음 중학교의 경우는 동 규칙 제54조의 2에서, 고등학교의 경우는 동 규칙 제57조의 2에서 이와 같은 규정을 하고 있다(文部省大臣官房總務課 編, 앞의 책, 42~45쪽).

16) 1948년 4월 30일 문부성령 제4호로 제정된 「교과서용 도서 검정규칙」의 제1조에서는 "교과용 도서의 검정은 그 도서가 교육기본법 및 학교 교육법의 위지에 부합하고, 교과용으로 합당한 것을 인정하는 것으로 한다."고 규정하고 있으며, 제2조에 의하면, "도서의 검정은, 교과서용 도서 검정위원회의 답신에 바탕에 두고, 문부대신이 이것을 행한다."고 규정하고 있어, 문부과학성이 직접 개입할 수 있는 여지를 마련하고 있다(文部省大臣官房總務課 編, 앞의 책, 150쪽).

위원회'의 심사가 이 학습지도요령에 따라 실시된다. 그러니 쉽게 말한다면 문부과학성의 입맛에 맞는 교과서를 만들어야 한다는 것이다. 여기에 일본 교과서의 검정제도에 정부의 입김이 작용할 수 있는 여지가 있다고 볼 수밖에 없게 된다.

이처럼 겉으로는 대단히 민주적인 형태를 취하면서도 실질적으로는 정부의 구미에 맞는 교과서 검정 제도를 갖춘 일본에 있어서 저자나 발행자들이 문부과학성에서 규정한 학습지도요령에 따라 제작한 중학교 사회과목 교과서에 독도와 관련된 내용이 어떻게 기술되어 있는가 하는 문제를 살펴보는 것은 일본 정부의 독도에 대한 인식을 파악하는데 매우 중요한 작업이 될 수 있을 것이다.

3. 「학습지도요령」과 중학교의 사회과목 교과서

1) 지리 교과서에서의 독도 기술 실태

일본의 중학교 교과서에서 독도에 관한 문제를 다루는 곳은 사회과목이다. 현재 사용되고 있는 사회과목 학습지도요령의 목표는 "넓은 시야에 서서, 사회에 대한 관심을 높이어, 제 자료에 기초를 두고 다면적·다각적으로 고찰하여, 우리나라의 국토와 역사에 대한 애정을 심화하고, 공민公民으로서의 기초적 교양을 배양하여, 국제사회에 살아가는 민주적·평화적인 국가·사회의 구성원으로서 필요한 자질의 기초를 기른다."[17]고 규정하고 있어, 이른 바 "애국교육"의 강화를 노골화하고 있다.[18]

---

17) 文部科學省, 「中學校學習指導要領」(東京, 2009, 文部科學省ホ-ムペ-ジ), 第2節 社會編.

그러면서 사회과목을 지리와 역사, 공민으로 나누어 각각의 목표와 그 내용을 기술하고 있다. 본 연구에서는 학습지도요령에서 기술하고 있는 지리 분야의 교육목표부터 살펴보기로 한다. 여기에서는 4항목의 목표를 제시하고 있는데, 그들의 국토와 관련을 가지는 1항에서, "일본과 세계의 지리적 사실과 사상事象에 대한 관심을 높이어, 넓은 시야에 서서 우리나라 국토의 지역적 특색을 고찰하여 이해시키고, 지리적인 관심과 사고방식의 기초를 함양하여, 우리나라에 대한 인식을 기른다."[19)고 하고 있다. 이와 같은 교육목표 아래에서 기술되는 '일본의 지역 구성' 항에서의 내용은 아래와 같다.

지구의地球儀와 지도를 활용하여, 우리나라 국토의 위치, 영역의 특색, 지역 구분 등을 다루어, 일본의 지역 구성을 대관大觀하게 한다.

㉮ 일본의 위치와 영역

우리나라 국토의 위치 및 영역의 특색과 변화를 넓은 시야로부터 고찰하여, 일본의 현상을 위치와 영역 면에서 대관하게 한다.

㉯ 도도부현都道府縣의 구성과 지역 구분

현대의 일본은 도도부현을 기본으로 하여 대소大小 여러 가지로 지역 구분을 할 수 있다는 것 등을 이해시키고, 일본의 지역 구성을 지도상에서 대관하게 하는 것과 함께, 지명과 지도에의 관심을 고양한다.[20)

그리고 실제적인 내용의 취급에 있어서는

---

18) 1989년에 제정된 구「중학교 학습지도요령」의 사회과목의 목표는 "넓은 시야에 서서, 우리나라의 국토와 역사에 대한 이해를 심화하고, 공민으로서의 기초적 교양을 배양하여, 국제사회에 살아가는 민주적, 평화적인 국가·사회의 형성자로서 필요한 공민적 자질의 기초를 배양한다."고 규정하여, "애국교육"에 대한 부분이 없었음을 확인할 수 있다(文部科學省,「舊中學校學習指導要領」(東京, 2009, 文部科學省ホ-ムペ-ジ), 1쪽).
19) 文部科學省,「中學校學習指導要領」(東京, 2009, 文部科學省ホ-ムペ-ジ), 1쪽.
20) 文部科學省,「中學校學習指導要領」(東京, 2009, 文部科學省ホ-ムペ-ジ), 2쪽.

㉠ 지리적인 관점과 사고방식 및 지도의 독도讀圖와 작도作圖, 경관 사진의 이해 등 지리적인 기능을 익히는 것이 가능하도록 계통성에 유의하여 계획적으로 지도할 것.
또 지역에 관한 정보의 수집, 처리에 대해서는, 컴퓨터와 정보통신 네트워크 등을 적극적으로 활용하는 등을 궁리할 것.
㉡ 지역의 특색과 변화를 파악함에 대해서는, 역사적 분야와의 제휴를 근거로 하고, 역사적인 배경에 유의하여 지역적 특색을 추구하도록 생각하는 것과 함께, 공민적 분야와의 관련에도 배려할 것.21)

등과 같이 구체적으로 집필의 원칙을 명시하고 있다.

기술해야 할 이상과 같은 내용과 그 구체적 지시를 보면, 지리적인 현상을 역사 및 공민과 관련시켜 교육하려고 한다는 것을 알 수 있다. 그렇지만 실제로 중학교 교과서에 기술된 독도에 관한 부분을 보면 이러한 원론적인 규정과 지시들이 역으로 이용되고 있다는 것을 알 수 있다.

일본의 중학교 지리 교과서는 6종이 있는데, 이들 가운데에서 2종은 독도를 "죽도"라고 하여 자기네 영역에 넣고 있으나, 나머지 4종은 "죽도"라는 지명은 넣지 않고, 일본의 배타적 경제수역만을 그려 넣고 있다.

(1) 『사회과 중학생의 지리(세계 속의 일본)』
　　　1부 우리들의 세계 그리고 일본
　　　2장 일본의 모습을 이해하자

「일본의 범위는 어디까지?」라는 항목을 설정하고, 지도를 삽입하여 독도를 넣은 일본의 배타적 경제수역을 표시하고 있다. 그러면서

---

21) 文部科學省, 「中學校學習指導要領」(東京, 2009, 文部科學省ホ-ムペ-ジ), 3쪽.

주注 2로 "선의 일부에 관해서는
대한민국·중국과 교섭중이다."라
고 기술하고 있으며, '스텝 업(step
up)'에서 "동서남북의 끝 이외에
도, 일본에는 죽도竹島와 센가쿠
제도尖閣諸島 등의 이도離島가 있습
니다. 지도책에서 위치를 조사해
봅시다."22)라고 하면서, 오른쪽
과 같은 지도를 싣고 있다.

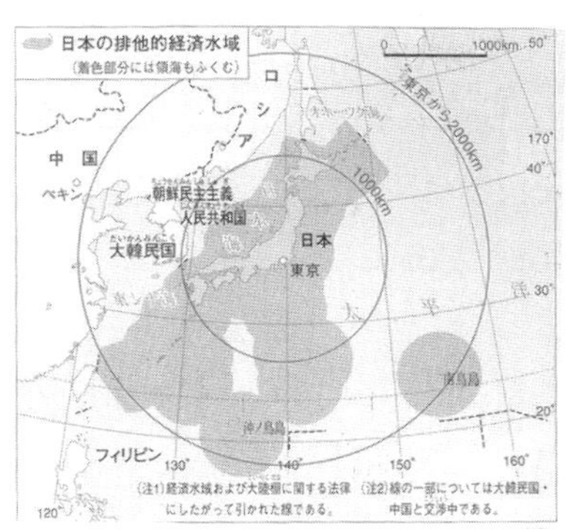

(2) 『우리들의 중학사회(지리분야)』

제2장 일본의 국토와 각지의 모습

제1절 일본의 국토는 어떠한 특색을 가지고 있는 것일까?

「바다에 둘러싸인 일본」의 200해리 시대의 일본의 해역이란 항목
을 마련하여, "일본의 영역은, 육지인 영토와 주변의 영해, 그것들의
상공 부분의 영공領空으로 된다. 그 가운데 영해는, 해안선으로부터
12해리(약 22km)까지의 범위를 말하지만, 해양자원의 관리와 이용을 국
제적으로 이전하고 있는 연안 200해리(약 370km)까지의 수역(배타적 경제
수역)을 포함하면, 광대한 면적이 된다. 단지 200해리 수역을 설정할
때에, 이웃 나라와의 사이에 영토문제가 있으면, 양국 사이에 문제가
일어난다. 일본과 한국의 사이에는, 일본해日本海(한국 이름은 동해東海임)
의 죽도를 둘러싼 문제가 있다. 일본 정부는 한국 정부와 교섭하여,
죽도 주변의 수역은, 우선 양국에서 공동 관리하는 잠정어업수역으

---

22) 谷內達 共著, 『社會科中學生の地理(世界なかの日本』 新改版(東京, 2008, 帝國
　　書院, 2005年檢定畢), 30쪽.

로 한 새로운 어업협정을 맺었다. 또 일본과 중국과의 사이에도, 동지나해에 잠정어업수역을 설정하고 있다. 역시 러시아와의 사이의 북방영토의 해역은, 북방영토가 일본 고유의 영토이기 때문에, 이전부터 200해리의 선을 긋고 있으나, 실제로는 러시아의 지배 아래 있다.”[23]라고 기술하고 있어, 독도를 잠정어업수역에 넣음으로써 교섭 중이기는 하지만 마치 자기 나라의 영토인 것처럼 인식하도록 하고 있다. 그러면서 이 교과서에는 아래와 같은 지도를 삽입하고 있다.

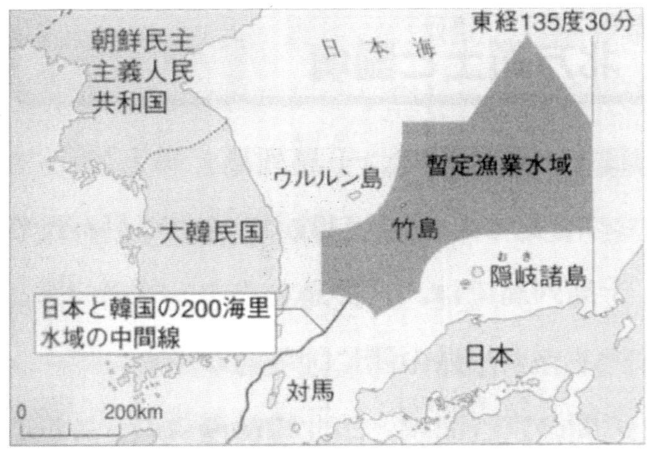

(3) 『중학사회 지리의 분야』

제1편 여러 지역의 성립

제3장 일본의 지역의 구분

「일본의 모습」이란 항에서 일본의 영역에 관해서는 북방영토의 문제만 언급하고 있으나, 지도「일본의 영역과 경제수역」에서는 독도

---

23) 海津正倫 共著, 『わたしたちの中學社會(地理的分野)』(東京, 2008, 日本書籍新社, 2005年檢定畢), 43쪽.

를 표시하지 않은 채 자기네 경제수역에 넣으면서, "일본의 경제수역의 범위는 유엔 해양법 조약에 바탕을 두고 있는데, 범위의 일부에 관해서는, 현재 관계국과 교섭중입니다."[24)라고 기술하고 있다.

(4) 『중학생의 사회과 지리(세계와 일본의 국토)』
　　제2장 일본의 지역 구성
　　　1. 일본의 위치와 영역

「일본의 경계를 조사해봅시다.」라는 항목을 마련하여 북방영토는 언급하고 있지만, 독도에 대한 것은 언급하지 않고 있다. 단지 「일본 국토의 범위」란 지도에서 독도를 표시하지 않은 채 자기네 200해리 수역 안에 넣고, "일본해의 중앙부로부터, 동지나해, 남서 제도 남서부에 걸쳐서는, 외국과의 사이에 200해리의 범위는 협의 중"[25)이라고 적고 있어, 비교적 중립적인 기술태도를 보이고 있다.

(5) 『신편 새로운 사회 지리』
　　제1편 세계와 일본의 지역 구성
　　　제3장 일본의 모습과 여러 지역

「일본의 넓이를 조사하자.」라는 항목의 '영역을 둘러싼 문제'에서 북방영토는 언급하고 있으나, 독도문제에 대해서는 아무런 언급도 하지 않고 있다. 그렇지만 「일본의 영역과 경제수역」이란 지도에서

---

24) 金田章裕 共著, 『中學社會地理的分野』(大阪, 2008, 大阪書籍, 2005年檢定畢), 28쪽.
25) 山本正三 共著, 『中學生の社會科地理(世界と日本の國土』(大阪, 2008, 日本文敎出版, 2005年檢定畢), 40쪽.

"경제수역의 경계선은 일본의 법령에 근거한다. 경계선의 일부는 관계국과 협의 중"[26]이라고 기술하고 있다.

(6) 『중학사회 지리』

화보 의복 란에 한국의 정월에 윷놀이하는 모습과 서울의 번화가와 같은 거리의 모습을 사진으로 소개하면서, 전통적인 의상과 현대의 일상적인 의상이라는 설명을 붙이고 있다.

제1편 지구, 세계 그리고 일본
3. 일본의 구성은
2) 일본의 국토의 넓이는?

「북방영토의 문제」란 항에서 북방영토에 대해서는 자세히 언급하고 있으나, 독도문제는 언급하지 않고 있다. 다만 「일본의 경제수역」이란 지도에 독도를 표시하지 않은 채 자기네 영역 안에 넣고, "수역

---

26) 荒井正剛 共著, 『新編新しい地理』(東京, 2008, 東京書籍, 2005年檢定畢), 34쪽.

의 일부는 관계국과 교섭하고 있습니다."27)라고 적고 있다.

그런데 지리 교과서에는 그에 따른 지도책이 있다. 일본의 중학교 지도책으로는 데이고쿠 서원帝國書院에서 발행한 2종류와 도쿄 서적東京書籍에서 발행한 1종이 있다. 그렇지만 데이고쿠서원의 2종은 거의 비슷하기 때문에 본고에서는 그 중의 하나만을 살펴보는데 그치기로 한다.

(7) 『신편 중학교 사회과 지도』

이 지도책에서는 17쪽에 '아시아·오스트레일리아·북극'의 지도를 싣고, 18쪽에서 20쪽에 걸쳐 '동아시아'의 지도를 싣고 있다. 여시에서는 중국과 한국, 일본의 지도를 그리면서 타이완臺灣을 확대하여 싣고 있는 것이 특이하다고 하겠다. 그리고 23쪽에 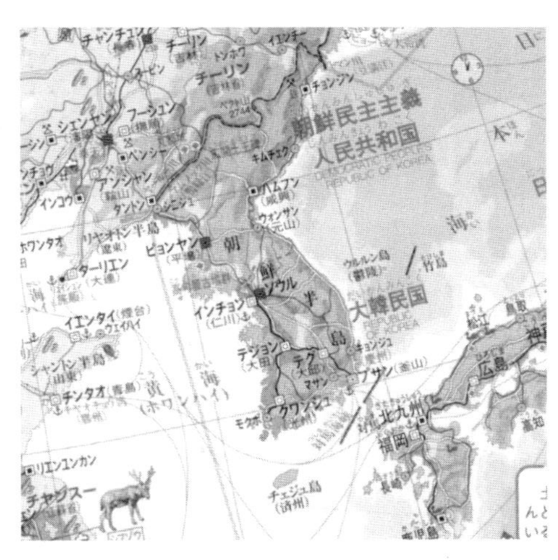

'조선반도'라고 하여 남북으로 분단된 한국의 지도를 싣고 있으나, 한국과 일본 사이의 바다 국경의 문제는 20쪽에 실으면서, 독도를 자기들 영토로 표시하고 있으므로, 그 부분을 소개한다면 위와 같다.28)

---

27) 竹內啓一 共著, 『中學社會地理』 地域にまなぶ(東京, 2008, 敎育出版, 2005年檢定畢), 32~33쪽.

28) 帝國書院編輯部編, 『新編中學校社會科地圖』(東京, 2008, 帝國書院, 2005年檢

(8) 『신편 새로운 사회과 지도』(東京, 2008, 東京書籍) 2005년 3월 검정

이 지도책은 11쪽과 12쪽에 유라시아에 대한 지도를 싣고, 13쪽과 14쪽에 걸쳐 동아시아와 서아시아를 실으면서, 한국과 일본 간의 바다 국경을 표시하였는데, 독도를 자기들의 영토로 다루고 있다.[29]

그런데 이 지도를 통해서 일본 사람들의 영토 팽창의 야욕이 어느 정도인가 하는 것을 엿볼 수 있다. 현재 엄연히 러시아 영토로 되어 있는 사하린樺太의 일부까지도 일본의 영토로 표시하고 있는 것이 그런 야욕을 증명하는 것이 아닐까 한다.

이상과 같은 중학교 사회과목의 지리 교과서에 기술된 독도에 대한 부분을 보면, 정부의 음성적인 작용이 교과서의 저자들이나 발행자들에게 어느 정도의 영향을 미치고 있는가 하는 것을 짐작할 수 있게 한다. 다시 말해 학습지도요령의 교육목표나 그 내용, 혹은 내용의 취급 그 어디에도 독도에 대한 언급이 없었다. 그럼에도 불구하

定畢), 20쪽.

29) 小泉武榮 共編, 『新編新しい社會科地圖』(東京, 2008, 東京書籍, 2005年檢定畢), 14쪽

고 지리 교과서나 지도책에서 직접적으로 죽도竹島는 자기네 영토라 거나 아니면 독도를 자기들의 배타적 경제수역 안에 그려 넣고 한국 과 협의 중이라는 표현을 사용함으로써, 학생들로 하여금 은연중에 독도를 일본의 영토라고 가르치고 있다는 것이다.

그러나 표현의 수준으로 보아 아직은 그렇게 우려할 만한 상태에 있는 것 같지는 않다. 하지만 신 학습지도요령 해설서에 입각한 교과 서의 검정이 이루어져, 이에 따른 교과서들이 사용되는 2012년부터 는 매우 적극적으로 독도 문제를 언급할 가능이 있어, 상당한 우려를 자아내게 한다. 그러므로 이 문제에 대해서는 매우 치밀한 관찰과 철 저한 분석에 입각한 연구자들의 연구와 정부 당국의 종합적인 대책 이 필요하다는 것을 지적해둔다.

2) 역사 교과서에서의 한국 침략 문제

일본 중학교의 사회과목 역사교과서의 경우는 전혀 독도에 대한 기술을 하지 않고 있다. 그러나 그들의 교육목표와 그 내용의 개관概 觀을 고찰하는 것은 일본의 중학교 역사 교육이 무엇을 지향하고 있 는가 하는 것을 아는데 적지 않은 도움이 될 것 같아, 학습지도요령 의 순서에 따라 간단하게 살펴보기로 한다.

일본 중학교의 학습지도요령에 명시된 역사교육의 목표는 아래와 같다.

(1) 역사적인 사상事象에 대한 관심을 높이고, 우리나라 역사의 커다란 흐름 과 각 시대의 특색을 세계의 역사를 통해 이해시키어, 그것을 통해서 우 리나라의 문화와 전통의 특색을 넓은 시야에 서서 생각하게 하는 것과 함께, 우리나라의 역사에 대한 애정을 심화시키어, 국민으로서의 자각을 키운다.

(2) 국가·사회 및 문화의 발전과 사람들의 생활 향상에 진력한 역사상의 인물과 현재에 전해지는 문화유산을, 그 시대랑 지역과의 관련에 있어서 이해하게 하고, 존중하는 태도를 기른다.

(3) 역사에 보이는 국제관계와 문화교류의 개략을 이해시키고, 우리나라와 제 외국의 역사와 문화가 상호 깊이 관련되어 있다는 것을 생각하게 하는 것과 함께, 다른 민족의 문화, 생활 등에 관심을 가지게 하여, 국제협력의 정신을 기른다.

(4) 가까운 지역의 역사와 구체적인 사상事象의 학습을 통해서 역사에 대한 흥미와 관심을 고양하고, 여러 가지 자료를 활용하여 역사적 사상事象을 다면적·다각적으로 고찰하여 공정하게 판단하는 것과 함께 적절하게 표현하는 능력과 태도를 기른다.[30]

그러나 1998년 일부 개정된 중학교 학습지도요령의 사회과목에서는 앞에서 고찰한 지리 분야에서와 마찬가지로, (1)항에서 보는 것처럼 애국주의적인 국사 교육을 권장함으로써 일본의 보수화 내지는 우경화의 흐름을 그대로 반영하고 있다.

이에 비해 1989년에 만들어졌던 학습지도요령의 역사 교육의 목표 (1)항에서는, "우리나라의 역사를, 세계의 역사를 배경으로 이해시키고, 그것을 통해서 우리나라의 문화와 전통의 특색을 넓은 시야에 서서 생각하게 하는 것과 함께, 국민으로서의 자각을 키운다."[31]라고 되어 있었다. 이와 같은 기술은 현재의 그것이 지향하는 애국교육보다는 역사를 비교적 객관적으로 가르치려고 했었다는 것을 알 수 있게 한다.

어쨌든 개정된 애국교육의 학습지도요령에서 다루려고 하는 내용들 가운데에서 독도 문제의 발생과 밀접한 관련을 가지는 「근현대의 일본과 세계」란 항목에서 가르쳐야 할 내용들이 아래와 같이 나열되어 있다.

---

30) 文部科學省, 「中學校學習指導要領」(東京, 2009, 文部科學省ホ-ムペ-ジ), 5쪽.
31) 文部科學省, 「舊中學校學習指導要領」(東京, 2009, 文部科學省ホ-ムペ-ジ), 12쪽.

㉠ 시민혁명과 산업혁명을 거친 구미 제국(歐美諸國)의 아시아에의 진출을 배경으로 하여, 개국과 그 영향에 관해서 이해하게 한다.

㉡ 메이지 유신 경위의 대강을 이해하게 하고, 신정부의 제 개혁에 의해 근대 국가의 기초가 정비되었다는 것을 알게 하는 것과 함께, 사람들의 커다란 변화에 관해서 생각하게 한다.

㉢ 급속하게 근대화를 추진한 우리나라의 국제적 지위의 향상과 대륙과의 관계의 대강을, 자유민권운동과 대제국헌법의 제정, 청일·러일전쟁, 조약 개정을 통해서 이해하게 한다.

㉣ 정부의 부국강병·식산흥업 정책 아래서 진전한 우리나라의 근대산업이 산업혁명을 거쳐 발전했다는 것과, 그 중에서의 국민생활의 변화에 관해서 이해하게 한다. 또 이 시기에 근대문화가 형성되고, 도시를 중심으로 문화의 대중화가 진행되었다는 것을 알게 한다.[32]

이와 같은 교육 내용들 가운데에서 실제로 독도 문제가 언급되어야 하는 곳은 러일전쟁이나 조선의 식민지화 과정이다. 하지만 그 어떤 교과서도 이 부분에서 독도 문제를 기술하지 않고 있다. 특히 러일전쟁이 개전되기 이전에 대한제국 정부가 영세중립永世中立을 선포했음에도 불구하고 일본의 군대가 임의로 한국의 국토를 전쟁터로 삼았다는 사실은 전혀 언급되지 않았다. 그렇지만 이 부분에 대한 기술의 실태를 파악하는 것이 앞으로의 대응에 도움이 된다고 판단되기 때문에, 8종의 역사 교과서들 중에서 특색을 가지는 4종을 살펴보기로 한다.

(1) 『중학생의 사회과 역사(일본의 변천과 세계)』
제5장 근대 일본과 국제관계
 1. 청일淸淸·러일露日 전쟁과 동아시아

「러일전쟁」의 아래에, '식민지 획득의 경쟁' 항목을 마련하고, "19세

---

32) 文部科學省, 「中學校學習指導要領」(東京, 2009, 文部科學省ホ-ムペ-ジ), 6쪽.

기의 말이 되자, 자본주의에 의해 경제력을 강화한 구미歐美의 나라들은, 제품의 시장과 자원을 확보하기 위해, 아프리카와 아시아 등의 경제발전이 뒤떨어진 지역에 자금을 투자하고, 무력을 배경으로, 식민지로 지배하려고 했다. 이러한 움직임을 제국주의라고 한다."[33]라고 하여, 그들의 러일전쟁을 통한 한국 침략이 체국주의의 산물이었음을 은연중에 들어내고 있다.

그런 다음에 '러일전쟁' 항에서 "1904년 2월, 일본은 러시아에 선전 포고하여, 러일전쟁을 시작하였다. 일본군은, 만주에서 고전을 거듭하면서 승리하고, 일본해(동해)의 해전에서는 러시아의 함대를 무찔렀다."라고 서술한 다음, 이어서 '포츠머스 조약(Treaty of Portsmouth)'에서 "한국에 있어서 일본의 지배권을, 러시아에게 인정하게 했다."라고 서술하였다.

(2) 『우리들의 중학사회 ─역사적 분야』
제4장 근대국가의 성립과 아시아
4. 조선 침략과 산업혁명

「일본과 러시아가 전쟁을 하다.」에서 '제국주의 세계' 항을 설정하고, 위의 일본 문교출판에서 만든 『중학생의 사회과 역사』에서와 비슷한 내용의 제국주의를 설명하고 있다. 그렇게 한 다음에, '러일전쟁'에서 "1904년, 드디어 일본은 러시아에게 선전을 포고하고, 러일전쟁을 시작하였다. 일본군은 여순旅順을 점령하고, 봉천奉天 교외의 전투에서 승리했다. 해군은 일본해(동해)에서 러시아 함대를 전멸시켰다."[34]고 기술하면서, 러일전쟁에서의 일본군의 진로를 위와 같은 지

---

33) 大濱徹也 共著, 『中學生の社會科 歷史』日本の步みと世界(大阪, 2008, 日本文教出版, 2005年檢定畢), 138쪽.

도로 표시하였다.

그리고 「일본이 대륙 침략을 진척시키다.」의 '포츠머스 조약' 항에서, "1905년, 아메리카의 포츠머스에서 일본과 러시아의 강화회의講和會議가 열려, 포츠머스 조약이 체결되었다. 이 조약에서, 러시아는 한국에 대한 일본의 지배권을 인정하고"35)라고 하

여, 러일전쟁에서 승리함으로써 한국의 지배권을 확립했다는 사실을 밝혔다. 그리고 뒤이어 '한국 병합'이란 항을 설정하여 한국의 완전한 식민지화를 서술하고 있다.

(3) 『신중학교 역사 개정판 일본의 역사와 세계』
제4장 근대화로 나아가는 세계와 일본
4. 일본의 움직임과 국제관계

「청일·러일전쟁」의 '청일전쟁' 항목에서, "19세기로부터 20세기로 변할 무렵, 일본은, 정치·경제·교육 등 여러 가지 면에서 국력이 눈부시게 발전했다. 또한 같은 무렵에 러시아도 시베리아 철도를 착공하여, 동아시아에의 관심을 깊게 하였다. 그 결과 일본에게 있어서

---

34) 峯岸賢太郎 共著, 『わたしたちの中學社會 — 歷史的分野』(東京, 2008, 日本書籍新社, 2005年1檢定畢), 161쪽.
35) 峯岸賢太郎 共著, 앞의 책, 162쪽.

조선 문제가 중요하게 되었다.")36)라고 하여, 한국의 중요성을 부각하였다.

그리고 '러일전쟁'의 항에서, "일본은, 일영동맹(1902년)을 맺어 러시아를 견제하는 한편, 러시아에 대하여 만주를 러시아, 한국을 일본의 세력권으로 하려고 제안하였다. 러시아가 이것을 거부하자, 1904년 일본은 개전을 단행했다. … 러일전쟁은, 일본의 한국 지배를 확보하게 하고, 중국·러시아로부터도 영토를 빼앗았다."37)라고 하여, 다른 교과서들에 비해, 러일전쟁 중에 벌어졌던 동해의 해전에 대한 언급을 하지 않고 있다.

(4) 『새로운 역사 교과서』
제4장 근대 일본의 건설
제3절 입헌국가의 출발

「러일전쟁」에서 '일로 개전과 전투의 행방' 항을 마련하고, "일본의 10배의 국가 예산과 군사력을 가지고 있던 러시아는, 만주의 병력을 증가하고, 조선 북부에 군사기지를 건설했다. 이대로 묵시한다면, 러시아의 극동에 있어서 군사력이 일본이 맞겨룰 수 없을 만큼 증강되는 것은 분명했다. 정부는 때를 놓치게 될 것을 두려워하여, 러시아와의 전쟁을 시작할 결의를 굳혔다. 1904년 2월, 일본은 러시아에 국교 단절을 통고하고, 러일전쟁을 시작하였다. 전쟁터가 되었던 것은 조선과 만주였다. 1905년, 일본 육군은 고전 끝에, 여순을 점령하고, 봉천 회전會戰에서 승리했다. 러시아는 열세를 만회하기 위해, 본

---

36) 大口勇太郎 共著, 『新中學校歷史 改訂版 日本の歷史と世界』(東京, 2008, 清水書院, 2005年檢定畢), 166쪽.
37) 大口勇太郎 共著, 앞의 책, 167쪽.

국으로부터 발틱 함대를 파견하였다. 함대는 인도양을 횡단하여, 동지나해를 거쳐, 1905년 5월, 일본해에 도착했다. 이것을 맞이하여 싸운 일본의 연합함대는, 도고 헤이하치로東鄕平八郞 사령 장관의 지휘 아래, 군인들의 높은 사기와 교묘한 전술로 발틱 함대를 전멸시키고,

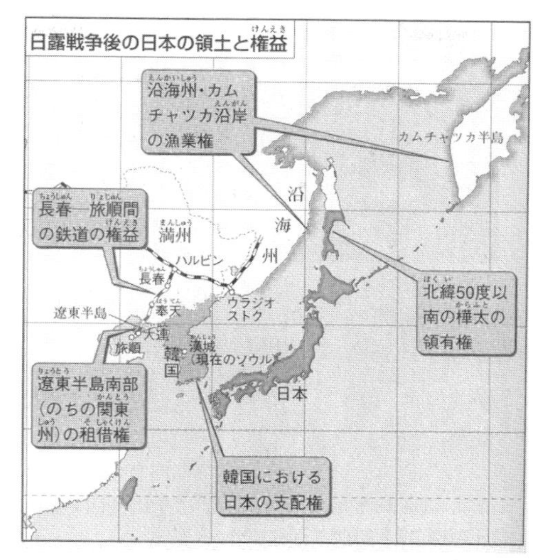

세계의 해전사에 남는 경이적인 승리를 거두었다.”38)라고 하여, 일본의 승리에 자부심을 느끼도록 표현하고 있다.

그런 다음에 ‘러일전쟁 후의 일본의 영토와 권익’이라는 위와 같은 지도를 싣고 있다.

그리고 역사의 명장면으로 「일본해 해전」이란 항을 별도로 설정하고, ‘발틱 함대가 다가오다.’에서, “(1905년) 5월 27일 미명, 적 발견의 무전을 받은 도고 헤이하치로 사령 장관은, 도쿄의 대본영大本營에 ‘적함이 보인다는 경보를 접하고, 연합함대는 즉각 출동, 이것을 격멸시키려고 한다. 오늘 날씨는 청명하지만 파고波高는 높다.’고 하는 전보를 쳤다. 작전 참모인 아키야마 마네유키秋山眞之가 기초한 이 전문은, 그 후에도 오래도록 국민의 기억에 새겨져 역사적 문장으로 되었다.”라고 하여, 전범戰犯으로 처형된 도고東鄕의 작전 능력을 높이 평가하는 표현을 하고 있다.

---

38) 九里幾久雄 共著, 『改訂版 新しい歴史教科書』(東京, 2008, 扶桑社, 2005年檢定畢), 166~167쪽.

또 '일본의 대승리'에서는 "승부는 40분에 결정되었다. 기함旗艦 스와로프는 다수의 명중탄을 맞아, 대화재를 일으켰다. 이어서, 4척의 전함이 격침되었다. 러시아의 사령 장관은 부상하여, 뒤에 항복했던 것이다."[39]라고 하여, 동해에서의 승리를 자랑스럽게 기술하고 있다. 이러한 후소사扶桑社의 역사 교과서는 "새로운 역사 교과서를 만드는 모임"이란 것을 결성하여 제작된 것으로, 일본의 보수화 내지는 우경화를 잘 반영하고 있어 많은 비판을 받고 있다.

이제까지 살펴본 것처럼, 정작 독도 문제를 다루어야 할 역사교과서에는 이것에 대한 언급이 전혀 없다는 것을 확인하였다. 그러므로 일본 문부과학성의 역사 교과서에 대한 학습지도요령은, 그들의 근대화 과정에 있어서 한국과 대만을 희생으로 하여 자본주의가 발전되었다는 사실은 숨기고 일본 민족의 독자적인 산업화에 대한 내용들만을 가르치겠다는 속내를 드러내고 있다고 하겠다. 특히 독도의 강탈이 러일전쟁의 과정에서 전략상의 필요에 의해 불법적으로 이루어졌다는 사실을 인정하지 않고 있으며, 또 이런 사실을 기술한 교과서도 없었다. 그리고 이러한 그들의 역사 인식은 주변국가에 대한 배려나 식민지 지배에 대한 반성과 사죄보다는 자국 역사의 미화에 치중하려고 하고 있다는 사실도 아울러 엿볼 수 있다고 하겠다.

그러므로 일본의 교과서에서 굳이 독도 문제를 다루어야 하는 경우, 한국으로서는 당연히 역사 교과서 안에서 이 문제가 기술되어야 한다는 것을 요구하지 않으면 안 된다. 왜냐하면 일본의 독도 강탈은 러일전쟁의 승리를 위한 수단의 하나였고, 이 전쟁의 승리로 말미암아 한국을 그들의 완전 식민지로 만들었기 때문이다. 따라서 이 사실은 한국의 역사교과서 속에서도 상당히 심도 깊게 다루어져야 할 뿐

---

39) 九里幾久雄 共著, 앞의 책, 169쪽.

만 아니라, 일본의 역사교과서 속에서도 다루어지지 않을 수 없게끔 하는데 많은 노력을 기울여야 할 것이다. 이런 의미에서 다와라 요시후미俵義文의 다음과 같은 지적에 귀를 기울여야 한다는 것을 지적해 둔다.

아무리해도 교과서에 쓰는 것이라면, 현재와 같이, '지리' '공민'(중학교), '지리' '현대사회' '정치·경제'(고등학교, 인용자 주)에서가 아니라, 다음과 같은 내용을 역사교과서의 '일본에 의한 한국 병합=식민지화'라는 곳에 써야만 할 것이다.

일본 정부는, 1876년에 죽도竹島(당시는 송도松島라고 호칭)는 일본의 영토가 아니라고 인정하고 있었다가, 1905년 1월에 일본의 영토로 시마네현에 편입하였다. 일본 정부는 1904년 2월에 개전한 러일전쟁에서 일본해(동해를 가리킴: 인용자 주) 해전(1905년 5월)을 예상하고, 해전의 군사적 요소로서 죽도를 일본 영토로 하였다. 일본 정부는 1904년 러일전쟁(2월) 개전 직후, 한국 정부의 중립 선언을 무시하고, 한일협정서韓日協定書를 강요하여, 전쟁 수행에 필요한 토지를 접수하고, 일본군의 주둔 등 군사행동의 자유를 획득했다. 더욱이 무력을 배경으로 하여, 같은 해에 불평등조약인 제1차 한일협약, 1905년 제2차 한일협약을 한국에 강압해서, 한국의 외교권과 내정권內政權을 사실상 빼앗아, 한국 통감부(초대 통감은 이토 히로부미伊藤博文)를 한성漢城(지금의 서울)에 설치하고, 보호국으로 만들었다.[40]

3) 공민 교과서에서의 독도 기술 실태

일본 중학교의 공민 교과서는 8종이 있다. 이 가운데에서 독도를 "죽도竹島"라고 하여 자기네 영토로 기술하고 있는 것은 3종에 불과하다. 하지만 공민 교과의 목표가 무엇이고 그 내용이 어떤 것이었기에 이들 교과서에서 독도 문제를 다루고 있는가 하는 것을 알아보기

---

40) 俵義文,「竹島/獨島は日本の敎科書にどう書かれているか」,『戰爭責任硏究』64 (東京, 2008, 戰爭責任硏究), 81~82쪽.

위해 우선 그 목표의 일단부터 소개하기로 한다.

> (1) 국제적인 상호 의존관계가 깊어가는 가운데, 세계 평화의 실현과 인류 복지의 증대를 위해, 각국이 서로 주권을 존중하고, 각 국민이 서로 협력하는 것이 중요하다는 것을 인식하게 함과 동시에, 자기 나라를 사랑하고, 그 평화와 번영을 기하는 것이 대단히 중요하다는 것을 자각하게 한다.
> (2) 현대 사회의 사상事象에 대한 관심을 높이고, 여러 가지 자료를 적절하게 수집, 선택하여 다면적·다각적으로 고찰하여, 사실을 정확하게 파악하고, 공정하게 판단함과 동시에 적절하게 표현하는 능력과 태도를 기른다.41)

이와 같은 공민 교과의 교육 목표 역시 "자기 나라를 사랑하고, 그 평화와 번영을 기하는 것을 자각"하게 하겠다는 표현으로 미루어 보아, 1998년에 개정된 학습지도요령이 애국교육을 지향하고 있다는 것을 확인할 수 있다. 하지만 공민 교과에 있어서의 애국교육 지향은 1989년에 만들어진 구 학습지도요령에도 이미 포함되어 있었다는 데 주목하지 않으면 안 된다.42) 곧 공민 교과서에서는 지리교과서나 역사교과서에 애국교육이 명시되기 이전부터 그것을 지향해왔다고 할 수 있다.

여하간 이러한 교육 목표 아래에서 일본의 문부과학성이 공민 교과서를 통해 가르치려고 한 내용은 「현대의 민주정치와 지금으로부터의 과제」에 '세계 평화와 인류의 복지 증대' 항목에서, "세계 평화의 실현과 인류 복지의 증대를 위해서는, 국가 간의 상호 주권의 존중과 협력, 각 국민의 상호 이해와 협력이 대단히 중요하다는 것을

---

41) 文部科學省, 「中學校學習指導要領」(東京, 2009, 文部科學省ホ－ムペ-ジ), 9~10쪽.
42) 文部科學省, 「舊中學校學習指導要領」(東京, 2009, 文部科學省ホ-ムペ-ジ), 16쪽.

이해하게 한다. 그 때에 일본국 헌법의 평화주의에 관한 이해를 심화하고, 우리나라의 안전과 방위의 문제에도 생각하게 하는 것과 함께, 핵무기의 위협에 착안하여, 전쟁을 방지하고, 세계 평화를 확립하기 위해서의 열의와 협력의 태도를 기른다. 또 인류 복지의 증대를 도모하고, 보다 나은 사회를 만들어가기 위해서 해결해야만 하는 과제로서, 지구 환경, 자원, 에너지 문제 등에 대해서도 생각하게 한다."[43]고 규정하고 있다.

이러한 공민 교과서의 기술 내용 지도에 있어서, 특별히 관심을 끄는 것은 "핵무기의 위협에 착안하여, 전쟁을 방지하고, 세계 평화를 확립하기 위해서의 열의와 협력의 태도를 기른다."라고 하는 부분이다. 이것은 북한의 핵무기 개발을 의식한 것으로, 일본의 자위대를 해외에 파견하여 전쟁의 억제력을 키운다는 것을 의미하는 것 같다. 만약에 이런 추정이 사실이라고 한다면, 일본의 재무장再武裝이 당연하다는 것을 중학생들에 교육하겠다는 것을 말해주고 있다고 하겠다.

그리고 이와 같은 내용을 구체적으로 어떻게 기술할 것인가에 대해서는 아래와 같이 서술하고 있다.

> ㉠ '세계 평화의 실현'에 관해서는, 영토(영해, 영공을 포함한다.), 국가 주권, 주권의 상호존중, 국제연합의 역할 등 기본적인 사항을 기초로 하여 이해하게 하도록 유의할 것. 또한 국제연합 등을 다룰 때에는, 주요한 조직과 그 역할 등의 기본적인 이해에 머물게 할 것.
> ㉡ '국제간의 상호 주권의 존중과 협력'과의 관련에서, 국기國旗 및 국가國歌의 의의와 병행하여 그것들을 상호 존중하는 것이 국제적인 의례인 것을 이해시키고, 그것들을 존중하는 태도를 기르도록 배려할 것.[44]

---

43) 文部科學省, 「中學校學習指導要領」(東京, 2009, 文部科學省ホ-ムペ-ジ), 11쪽.
44) 文部科學省, 「中學校學習指導要領」(東京, 2009, 文部科學省ホ-ムペ-ジ), 12쪽.

이상과 같은 구체적인 내용의 서술은 일본이 중학교에서 다른 나라의 영토와 주권을 존중하는 교육을 지향할 뿐만 아니라, 국기와 국가의 의의 및 다른 나라의 그것들을 상호 존중하는 교육을 하겠다는 표방하고 있는 것처럼 보인다. 그렇지만 그 속내를 들여다보면, 제2차 세계대전에서 패한 다음에 국기와 국가에 대한 군국주의적인 교육을 지양해왔었다. 그러던 것을 다시 국제적인 의례라는 구실을 앞세워 '일장기日章旗'와 '기미가요君が代'에 대한 교육을 하겠다는 저의를 공공연하게 드러낸 것이라고 볼 수 있다.

이 문제는 어찌되었든 이와 같은 교육목적과 내용에 따라, 실제로 공민 교과서에서는 독도를 어떻게 기술하고 있는가 하는 문제를 고찰하기로 하겠다. 그런데 일본 중학교의 공민 교과서는 8종이 있다. 이 가운데에서 독도를 "죽도竹島"라고 하여 자기네 영토로 기술하고 있는 것은 3종이므로, 이들 교과서의 기술 내용을 살펴본다면 다음과 같다.

(1) 『중학사회 공민적 분야』
　　제4편 현대의 국제사회
　　제1장 국제사회와 인류의 과제
　　　1. 국가와 국제사회

「정해지지 않은 영토와 국경」에서, "주위가 바다로 둘러싸인 섬나라인 일본에는, 국경을 둘러싼 문제가 있습니다. 홋카이도北海道 네무로 앞바다根實沖의 하보마이 제도齒舞諸島·시코단도色丹島·구나시리도國後島·에토로후도擇捉島는, 북방 영토라고 불리는데, 역사적으로 일본의 영토였습니다. 제2차 세계대전 후, 구소련(러시아)에게 점령되어, 지금에도 반환 교섭이 계속되고 있습니다. 시마네현 앞 바다의 죽도竹島

는, 한국도 그 영유를 주장하고 있습니다. 오키나와현沖繩縣 서쪽의 센가쿠 제도尖閣諸島는, 제2차 세계대전 후, 아메리카의 통치 아래 놓여 있었습니다만, 오키나와 반환과 함께 일본의 영토로 되돌아왔습니다. 그러나 중국도 그 영유를 주장하고 있습니다. 국경선은 인접하는 나라들의 커다란 관심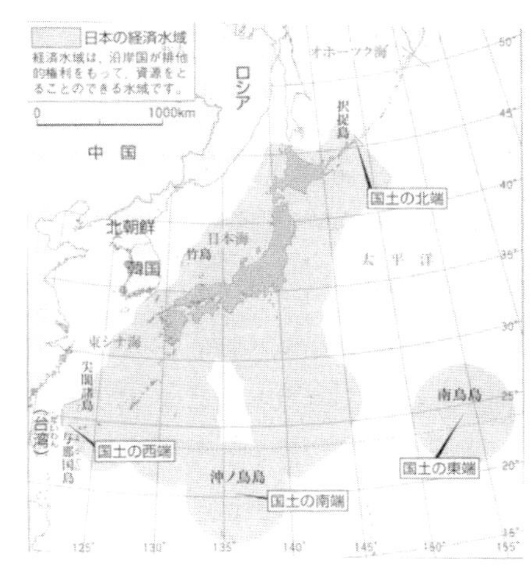

사이며, 실제의 이익도 연루됩니다. 특히 경제수역의 설정으로, 조그마한 섬 하나의 영유도 중요하게 되었습니다. 북방영토, 죽도, 센가쿠 제도 주변도, 수산자원과 광업자원이 풍부하여, 주목되고 있습니다.“라고 기술하고 있다.”45)라고 하면서, 위와 같은 일본의 경제수역, 국경을 표시하고 있다.

(2) 『신편 새로운 사회 공민』

제5장 지구 사회와 우리들

2. 국제사회와 세계평화에서, "시마네현島根縣 오키 제도隱岐諸島의 서북에 위치하는 죽도竹島, 오키나와현沖繩縣 사키시마 제도先島諸島의 북방에 위치하는 센가쿠 제도尖閣諸島는, 모두 일본 고유의 영토입니다."라고 기술하고 있다.46)

---

45) 佐藤幸治 共著, 『中學社會公民的分野』(大阪, 2008, 大阪書籍, 2005年檢定畢), 159쪽.
46) 荒井正剛 共著, 『新編新しい社會公民』(東京, 2008, 東京書籍, 2005年檢定畢), 155쪽.

(3) 『신 개정 새로운 공민 교과서』(東京, 2008, 扶桑社)

  권두 화보畵報에 우리나라 주변의 문제라는 항목을 설정하여, 북한의 일본인 납치 문제에 얽힌 사진과 함께, 영토 문제가 제기되고 있는 북방영토와 센가쿠 제도, 독도의 사진을 싣고 있다. 그런 다음에 "우리나라 고유의 영토이지만, 중국이 영유를 주장하고 있는 센가쿠 제도尖閣諸島, 및 한국이 불법점거하고 있는 죽도"라는 설명을 붙이고 있다.[47]

  제4장 세계평화와 인류복지의 증대

  44. 주권국가(국기國旗와 국가國歌)에서, "영역은 제각기 나라의 역사적 산물이며, 영역의 획정은 영토를 둘러싼 주권의 대립을 불러일으켜, 국제분쟁의 원인이 되는 것이 많다. 우리나라도 근린 제국과의 사이에서 영토문제를 안고 있다. 구나시리도國後島, 에토로후도擇

---

47) 遠藤浩一 共著, 『新改定新しい公民敎科書』(東京, 2008, 扶桑社, 2005年檢定畢), 화보.

捉島, 시코단도色丹島, 하보마이 제도齒舞諸島의 북방영토, 일본해日本海
상의 죽도竹島, 동지나해상의 센가쿠 제도尖閣諸島에 관해서는, 제각기
러시아, 한국, 중국이 그 영유를 주장하면서, 일부를 지배하고 있지
만, 이들 영토는 역사적으로도 국제법상으로도 우리나라의 고유의
영토이다."라고 기술하고 있다.[48]

이렇게 독도 문제를 다루고 있는 3종의 공민 교과서들을 내용을
보면, 후소사扶桑社의 교과서를 제외한 도쿄서적東京書籍과 오사카서적
大阪書籍의 교과서에서는 이 문제를 적극적으로 다루지 않고, 검증을
통과하기 위해 간단하게 기술하고 있는 듯한 인상을 준다. 이에 반해
후소사의 교과서는 독도에 대한 기술을 하면서, 앞의 화보에서 일본
인 납치와 연루된 사진을 싣고 있다는 것은, 혐한의식嫌韓意識을 조장
하려는 의도가 아닌가 하여, 상당한 주의가 요망된다고 하겠다.

4. 고찰의 의의

본 연구는 현재 일본의 중학교에서 사용되고 있는 사회과목 교과
서가 문부과학성의 학습지도요령에 입각해서 독도 문제를 어떻게 기
술하고 있는가 하는 것을 살펴보기 위해서 마련되었다. 2008년 7월
에 확정된 「학습지도요령 해설서」에 의거한 검정이 이루어져, 이 교
과서들이 전면적으로 사용되는 것은 2012년부터이다. 그러므로 현재
로서는 이 해설서에 따라 어떤 교과서들이 제작될 것인가 하는 문제
에 관심을 가지지 않을 수 없다. 그런데도 한국에서는 이 문제에 대
한 연구가 거의 이루어지지 않고 있다는 점에 착안하여 본 연구를 수

---

48) 遠藤浩一 共著, 앞의 책, 128쪽.

행하게 되었다.

그래서 우선 일본의 교과서 검정제도가 어떻게 이루어지고 있는가 하는 것부터 살펴보았다. 일본의 교과서 검정제도는 학생들에게 다양한 교과서의 선택권을 부여하는, 상당히 민주적인 것 같은 겉모습을 지니고 있다. 그렇지만 관보에 고시하여 법률적 구속력을 지니는 학습지도요령을 통해서 일본의 문부과학성은 교과서의 저술과 제작에 음성적인 간섭을 계속하고 있어, 실제로는 전근대적인 형태를 벗어나지 못하고 있는 비민주적인 제도라는 사실을 확인하였다.

이러한 사실은 현재 사용되고 있는 교과서들을 통해서도 증명되었다. 이들 교과서는 1998년에 만든 중학교 학습지도요령에 바탕을 둔 것들이다. 그런데 중학교 학습지도요령 그 어디에도 독도에 대한 기술은 없었다. 그럼에도 불구하고 지리나 공민 교과서에서 독도 문제를 언급한 교과서들이 상당히 존재한다는 사실은, 실제로 문부과학성이 교과서 문제에 깊이 개입을 하고 있음을 드러내는 증거라고 보지 않을 수 없다.

이런 의미에서 일본의 중학생들에게 독도 문제를 가르쳐야 한다면, 그것은 바로 역사교과서이지 않으면 안 된다는 것이다. 왜냐하면 주인이 없는 땅을 먼저 점령한 것이 아니라, 영토 팽창의 일환으로 한국을 식민지로 만들기에 앞서 강탈한 것이 독도였다. 특히 독도는 일본의 해군이 러시아의 발틱 함대를 궤멸시키는데 중요한 역할을 한 전략적 요충지였기 때문에 일본이 강제로 빼앗은 곳이다. 하지만 그들이 말하는 일본해, 곧 동해에서 발틱 함대를 격파한 해전에 대해서는 서술을 하면서도, 이를 위해서 그들이 독도를 강제로 점령했다는 사실은 어떤 역사 교과서에서도 찾아볼 수가 없었다.

그러나 그 가운데에는 제국주의에 대한 기술을 함으로써 일본의 한국 침략이 제국주의적인 영토 침략이었다는 것을 솔직하게 인정한 것들도 있어, 사실을 가르치려고 노력하는 저자들과 교과서 제작자들이 존재한다는 사실을 확인할 수 있었다. 이에 반해 '새로운 역사 교과서를 만드는 모임'에서 저술한 『새로운 역사 교과서』의 경우는 매우 우려할 정도로 극우·보수화되어 있어, 앞으로 이것의 채택 여부에 상당한 신경을 써야할 것으로 생각되었다.

다음으로 지리교과서에서의 독도 기술 실태에 있어서는 6종의 교과서들 가운데에서 데이고쿠 서원帝國書院과 니혼쇼세키신사日本書籍新社에서 출판된 2종만 독도 문제를 언급하고 있었다. 그렇지만 나머지 4종의 교과서에서도 일본의 지도를 삽입하면서, "외국과의 사이에 200해리의 범위는 협의 중"이라거나, "경제수역의 경계선은 일본의 법령에 근거한다. 경계선의 일부는 관계국과 협의 중" 등의 표현을 사용하면서, 독도를 그들의 경제 수역 안에 표시하고 있었다.

그리고 지도책에서는 2종의 교과서들이 다 독도를 일본의 영토로 표시하고 있었다. 특히 데이고쿠 서원의 『신편 사회과 지도』에서는 독도는 말할 것도 없이 사하린樺太의 일부까지도 자기들의 국경 안에 넣고 있어, 과거 군국주의 시대에 자기들이 점령했던 영역에 대한 짙은 향수를 가지고 있다는 것도 알아냈다.

또 일본 중학교의 공민 교과서 8종 가운데에서, 독도 문제를 언급하고 있는 것은 3종이었다. 후소사扶桑社의 교과서가 한국이 독도를 점유하고 있으나, "이들 영토는 역사적으로도 국제법상으로도 우리나라의 고유한 영토이다;"라고 기술하고 있어 다소 우려는 되지만, 다른 2종의 교과서 기술은 그렇게 우려할 정도는 아니었다.

이상과 같이 지금까지 고찰한 중학교 사회과목 교과서들의 분석을 통해, 문부과학성의 사회과 학습지도요령에 독도에 대한 언급이 없음에도 불구하고 저자와 제작자들이 검정을 위해 독도에 대해 어떤 형태로든 기술을 하고 있다는 사실을 확인하였다. 그리고 그 가운데에는 과거 군국주의에의 향수로 인해 상당히 보수적이고 우익적인 기술을 하고 있는 것들도 있어, 앞으로 체계적으로 대응하여야 한다는 것을 절감하게 되었다. 하지만 근래에 들어선 민주당 정부는 자민당 정부보다는 진보적인 성격을 지니고 있어, 한국의 외교적 역량 여하에 따라 이와 같은 보수화를 어느 정도 완화시킬 수도 있지 않을까 한다. 그러므로 연구자들은 보다 철저한 연구로 일본의 논리를 극복하여야 하고, 정부 당국은 철저한 대책을 세워 대응하는 것이, 2008년 7월에 만들어진 중학교 학습지도요령 해설서에 명기된 독도에 대한 기술의 대비책이 된다는 것을 거듭 지적해둔다.

제2절 독도 교육의 내용과
방향 설정을 위한 제언

1. 문제의 제기

독도는 명백하게 대한민국의 영토이다. 그런데도 일본 측은 독도가 자국의 영토라는 주장을 굽히지 않고 있다. 2005년 3월 16일 시마네현島根縣 의회가 2월 22일을 '죽도竹島의 날'로 정하는 조례안을 제정하면서, 일본 측의 독도에 대한 도발은 한층 더 노골화되었다.

이와 같은 일본 측의 도발에 대응하기 위해, 한국의 교육과학기술부에서도 독도에 대한 교육을 강화하려고 하고 있다. 이렇게 독도 교육을 강화하기 위해서는, 우선 초등학교와 중학교, 고등학교 교과서의 어떤 과목에 어느 수준의 기술을 할 것인가 하는 문제가 결정되어야 마땅하다.

이러한 기준의 설정에는 일본 측의 태도와 이론을 분석하여 타산지석他山之石으로 삼지 않으면 안 된다. 다시 말해 일본 정부가 무엇을 근거로 하여, 독도를 자기네 영토라고 가르치겠다고 하는 것인가 하는 문제를 검토할 필요가 있다는 것이다. 이런 의미에서 일본 외무성이 「죽도 영유를 둘러싼 일한 양국의 역사상의 견해」란 문서에서 다음과 같은 요건을 제시한 것은 좋은 참고가 되지 않을까 한다.

죽도 영유의 정당성을 결정하는 가장 기본적인 문제는, 일한 양국의 어느 쪽이 죽도에 대하여 일찍부터 정확한 지식을 가졌었고, 그것을 그 영토의 일부로 생각했었으며, 또 실제로 이것을 경영하여 왔는가? 특히 그 어느 쪽의 정부가 죽도에 대해서 국제법상 필요로 하는 영토 취득의 요건을 충족시켜 오고 있는가 하는 점을 명확하게 하는 데 있다.[1]

이와 같은 일본 외무성의 견해를 보면, 그들이 노리고 있는 것이 무엇인가 하는 것을 어느 정도 유추할 수 있다. 곧 그들은 역사적으로 어느 나라가 독도를 먼저 인지하였고, 또 언제부터 독도를 자국의 영토로 생각하였으며, 어느 쪽이 국제법상 영토 취득의 요건을 충족시켰는가 하는 것이 독도 영유권을 결정하는 요인으로 보고 있다. 그리하여 궁극적으로 그들이 지향하는 것은 국제사법재판소에 제소하여, 국제적으로 독도가 일본의 영토란 사실을 인정받겠다는 것이다.

이러한 일본의 목표에는 그 뒤에 엄청난 음모가 숨어 있다는 사실에 유념하지 않으면 안 된다. 보다 자세하게 말한다면, 그들은 러일전쟁의 전략적 가치 때문에 강탈한 독도를 국제법적인 문제로 비화시켜, 분쟁의 대상으로 만들겠다는 저의를 감추고 있음이 분명하다고 하겠다. 이러한 저의는 제국주의 침략의 희생양이었던 독도 강탈을 영토 문제로 전환시킬 수도 있다는 점에서, 한국 측으로서는 매우 경계하지 않으면 안 된다.

따라서 한국 측에서는 당연히 이러한 일본의 전략에 말려들지 말아야 한다. 그러기 위해서는 독도가 러일전쟁에 있어서 전략상의 가치 때문에 빼앗겼다는 것을 부각시켜야 한다. 이와 같은 피탈의 논리를 확립하기 위해서는 역사적으로 독도가 한국의 영토였음을 증명해

---

1) 山辺健太郎,「竹島問題の歴史的考察」,『コリア評論』7-52(東京, 1965, 民族問題研究所), 8쪽.

야 하는 것은 두 말할 나위도 없다. 그리고 그것이 일제의 제국주의
적인 영토 팽창 과정에서 한국의 식민지화에 앞서 실행에 옮겨졌다
는 것을 구명해야 한다. 그래서 본고에서는 이런 명제들을 충족시키
는 교육을 실시해야 한다는 전제 아래서, 현재 사용되고 있는 교과서
에서 독도에 대한 기술이 지니고 있는 문제점을 검토하고, 나아가서
는 앞으로 기술해야 할 내용들을 살펴보고자 한다.

2. 일본 정부의 독도 전략

앞에서 일본 외무성이 작성한 「죽도 영유를 둘러싼 일한 양국의
역사상의 견해」를 통해서 그들이 지향하는 것이 무엇인가 하는 문제
를 살펴보았다. 그들은 이와 같은 전제를 충족시키기 위한 작업의 일
환으로 외무성 홈페이지에 '죽도문제'라는 사이트를 개설하고, 「죽도
의 영유권에 관한 우리나라의 일관된 입장」이란 제목 아래 다음과
같은 기술을 하고 있다.

> 1. 죽도는, 역사적 사실에 비추어 보더라도, 또 국제법상으로도 분명하게
>   우리나라의 고유의 영토입니다.
> 2. 한국에 의한 죽도의 점거는, 국제법상 아무런 근거가 없이 행해지고 있
>   는 불법 점거이며, 한국이 이러한 불법 점거에 근거를 두고 죽도에 대하
>   여 행하는 어떠한 조처도 법적인 정당성을 가지는 것은 아닙니다.
> ※ 한국 측에서는, 우리나라가 죽도를 실효적으로 지배하고, 영유권을 확립
>   한 이전에, 한국이 동 섬을 실효적으로 지배하고 있었다는 것을 나타내
>   는 명확한 근거는 제시되지 않았습니다.[2]

---

2) www.mofa.go.jp/mofaj/area/takeshima/index.html

독도에 대한 정확한 지식을 가지고 있지 않는 일본인이나 외국인들은 일본 정부 당국의 이와 같은 언급이 사실이라고 믿지 않을 수 없을 것이다. 하지만 독도가 조선의 영토란 사실은 이미 메이지 정부 明治政府에서도 인정한 바 있었다.[3] 그런데도 자기 조상들이 인정했던 사실을 부정하면서, 한국 측에 자료를 제시하라고 요구하는 것 그 자체가 온당하지 못한 처사라고 보지 않을 수 없다. 그렇지만 그들은 여기에서 끝나지 않고,『죽도, 죽도문제를 이해하기 위한 10의 포인트』라는 팸플릿을 만들어 일본어를 비롯한 9개 외국어로 번역을 하여 자기들 주장의 정당성을 강조하고 있다.

1. 일본은 옛날부터 죽도의 존재를 인식하고 있었습니다.
2. 한국이 옛날부터 죽도를 인식하고 있었다는 근거는 없습니다.
3. 일본은 울릉도에 건너갈 때의 정박장으로 또한 어채지漁採地로 죽도를 이용하여, 늦어도 17세기 중엽에는 죽도의 영유권을 확립했습니다.
4. 일본은 17세기 말 울릉도 도항은 금지했습니다만, 죽도 도항은 금지하지 않았습니다.
5. 한국이 자국 주장의 근거로 인용하는 안용복의 진술 내용에는 많은 의문점이 있습니다.
6. 일본 정부는 1905년 죽도를 시마네현에 편입하여, 죽도 영유 의사를 재확인했습니다.
7. 샌프란시스코 평화조약 기초과정에서 한국은 일본이 포기해야 할 영토에 죽도를 포함시키도록 요구했습니다만, 미국은 죽도가 일본의 관할 하에 있다고 해서 이 요구를 거절했습니다.
8. 죽도는 1952년 주일미군의 폭격 훈련구역으로 지정되었으며, 일본

---

3) 메이지 정부가 독도를 조선의 영토로 인정했던 중요한 자료로는 외무성에서 1869년에 작성되었던「조선국 교제 시말 내탐서」와, 1877년에 내무성의「일본해(동해) 내 죽도(울릉도) 외 1도 지적 편찬에 대한 질의」에 대해 하달되었던 태정관의「지령안」등을 들 수 있다(신용하,『독도의 민족 영토사 연구』(서울, 1996, 지식산업사), 156~171쪽).

영토로 취급되었음은 분명합니다.
  9. 한국은 죽도를 불법점거하고 있으며, 일본은 엄중하게 항의하고 있습니다.
  10. 일본은 죽도 영유권에 관한 문제를 국제사법재판소에 회부할 것을 제안하고 있습니다만, 한국이 이를 거부하고 있습니다.

일본 외무성이 이상과 같은 10개항의 문제를 제기한 데 대해서는 나이토 세이쮸(內藤正中)의 비판이 있었고,[4] 영남대학교 독도연구소도 2009년도 추계 학술대회에서 이것을 테마로 하여 그 부당성을 집중적으로 조명한 바 있었다.[5]

이러한 일련의 작업들이 아니더라도, 3항에서 17세기에 영유권을 확립했다고 한 독도를 6항에서 1905년 시마네현에 편입하여 영유의사를 재확인했다고 하는 주장이 앞뒤가 맞지 않는 억지라는 사실은 너무도 명백하다고 하겠다. 영유권이 확립되었으면 그들의 국토가 분명한데, 다시 그것을 재확립할 하등의 이유가 없었기 때문이다.

그런데 이러한 외무성의 주장이 모두 앞에서 제시한 「죽도 영유를 둘러싼 일한 양국의 역사상의 견해」를 뒷받침하기 위한 것이라는 데 주목할 필요가 있다. 곧 일본 외무성은 독도문제가 국제사법재판소에 제소되었을 때를 대비한 일련의 작업을 준비하고 있다는 것이 명백해졌다고 할 수 있다. 그리고 문부과학성에서 사회과목 교과서에 이 문제를 다루기로 한 것도 이러한 조처에 정당성을 부여하기 위한 작업임은 두 말할 나위도 없다.

---

4) 內藤正中, 「죽도문제의 문제점」, 『독도연구』 4(경산, 2008, 영남대 독도연구소), 35~66쪽.
5) 영남대 독도연구소, 『일본 외무성의 「죽도문제를 이해하기 위한 10의 포인트」에 대한 철저 해부』(경산, 2009, 영남대 독도연구소).

3. 현행 교과서에서의 독도 관련 기술 내용

일본이 이처럼 치밀하게 독도문제에 대한 대처방안을 마련하고 있는데 반해, 한국은 어떤 방식으로 대응하고 있는가? 이 문제를 해명하기 위해서는 교육과학기술부가 주도하는 역사 교과서에서 독도에 대한 기술이 어떤 내용으로 되어 있는가 하는 것을 살펴보아야 할 것이다. 두루 알다시피 한국의 교과서는 두 종류로 구분된다. 하나는 국가에서 그 내용의 기술과 제작을 책임지는 국정교과서이고, 다른 하나는 개인이 저술하여 제작한 것을 검정하는 검인정 교과서가 그 것이다. 우선 현재 국정교과서로 되어 있는『중학교 국사』에 기술되어 있는 독도에 대한 기술의 내용부터 고찰하기로 한다.

<자료 1>

독도는 울릉도에 딸린 섬으로서, 우리나라의 영토로 이어져 내려왔다. 조선 초기에 유민流民을 막기 위해 울릉 도민들을 본토로 옮겨 살게 하여 한때 정부의 관리가 소홀하였으나, 우리 어민들은 고기잡이를 하는 거점으로 줄곧 활용해 왔다.

특히 조선 숙종 때에 동래에 살던 안용복이 이곳을 왕래하는 일본 어부들을 쫓아내고, 일본에 건너가서 우리나라의 영토임을 확인시킨 일도 있었다.

그 후에도 일본 어민들이 자주 울릉도 부근에서 불법으로 고기를 잡아갔다. 이에 정부(대한제국을 가리킴: 인용자 주)는 울릉도에 관청을 두어 주민의 이주를 장려하고, 독도를 관할하였다. 그 후 일본은 러·일 전쟁 중에 일방적으로 독도를 그들의 영토로 편입시켜 버렸으나, 광복과 함께 되찾았다.[6]

여기에서는 독도가 울릉도에 부속된 섬이라는 것과, 조선 조정에서 울릉도에 사람들의 거주를 금지하였으나 어부들은 줄곧 이곳을

---

6) 교육과학기술부, 『중학교 국사』(서울, 2009, 두산), 240쪽.

고기잡이의 거점으로 이용하였다는 것, 그리고 숙종 때에 안용복이 일본에 건너가서 조선의 영토라는 사실을 확인시켰다는 것이 서술의 주된 내용을 이루고 있다. 그런 다음에 대한제국 정부의 영토 선언과 일본의 강탈, 또 광복 후의 영토 주권의 회복을 아주 간략하게 기술되는데 그쳤다.

　이와 같은 중학교 국사 교과서의 기술 내용은 국정으로 되어 있는 『고등학교 국사』에서도 그대로 이어지고 있다.

　　　<자료 2>
　울릉도와 독도는 삼국시대 이래 우리의 영토였으나 일본 어민들이 자주 이곳을 침범하여 충돌이 빚어지기도 하였다. 숙종 때 안용복은 울릉도에 출몰하는 일본 어민들을 쫓아내고, 일본에 건너가 울릉도와 독도가 조선의 영토임을 확약 받고 돌아왔다. 그 후에도 일본 어민들의 침범이 계속되자 19세기 말에 조선 정부에서는 적극적으로 울릉도 경영에 나서 주민의 이주를 장려하였고, 울릉도에 군을 설치하여 관리를 파견하고 독도까지 관할하게 하였다.[7]

　이것은 울릉도 경영에 초점을 맞춘 것으로, 중학교 국사 교과서보다 독도에 대한 기술이 그렇게 적극적이지 않다는 특색을 드러내고 있다.

　그런데 위에서 살펴본 것들은 전부 국정 교과서이다. 이처럼 국정 교과서가 아니라 검인정 교과서로 출판된 『고등학교 한국 근·현대사』 교과서에도 그 정도에는 차이가 있을지 모르지만, 이와 비슷한 내용이 기술되어 있으므로 그 내용도 아울러 검토하기로 한다.

　　　<자료 3>
　『삼국사기』에 따르면 6세기 초 신라 지증왕 때 이사부가 현재의 울릉도와 독도 일대에 있던 우산국을 점령하여 신라에 복속시켰다. 『고려사』에는

____

7) 교육과학기술부, 『고등학교 국사』(서울, 2009, 두산), 104쪽.

우산국 사람들이 고려에 토산물을 바친 기록이 나온다.『세종실록지리지』
에서는 울릉도와 독도를 강원도 울진현 소속으로 구분하고 있으며, 중종 때
편찬된『신증동국여지승람』과 이 책에 덧붙어 있는「팔도총도」에서도 독도
를 확인할 수 있다.

　17세기 말 조선과 일본 사이에 독도에서 분쟁이 일어나자, 안용복은 일
본에 두 차례 건너가 울릉도와 독도가 조선 땅임을 확인하였다. 그 결과 일
본 막부는 1699년에는 다케시마竹島(당시 일본에서 울릉도를 일컫던 말)와 부속
도서를 조선 영토로 인정하는 문서를 조선 조정에 넘겼다. 조선의 문헌뿐만
아니라 일본의 여러 옛 지도들에서도 독도를 조선 땅으로 표시하고 있다.
또한 1876년 강화도 조약 체결 이후 일본은 울릉도와 독도가 조선 부속임
을 인정하였으며, 대한제국 정부도 1900년 10월 27일 관보를 통해 울릉도
와 독도를 울진군에서 분리한 뒤 울도군으로 독립시켰음을 내외에 고시하
고 있다.[8]

　이것은 김한종 외에 다섯 사람이 집필한 교과서의 해당 부분인데,
앞에서 고찰한 국정 교과서에서의 기술 범위를 크게 벗어나지 않는
다는 것을 확인할 수 있다. 하지만 안용복에 대해서는 보다 구체적인
서술을 하고 있으며, 독도를 강탈하기 이전에는 일본도 이것을 조선
의 부속 도서로 인정했다는 사실도 아울러 지적하고 있다.

　이에 비해, 김광남 외 네 사람에 의해 저술된 교과서에서는 일본의
독도 강탈에 대하여 한층 더 구체적으로 그 문제점을 부각시키고 있
어 주목을 끈다.

　<자료 4>
　한편 일제는 러·일 전쟁 도발 후에 군사적으로 한국을 점령하고, 시마네현縣
의 고시告示에 의하여 독도를 일방적으로 그들의 영토로 편입하였다(1905.2.).
이 사실은 1년 뒤 시마네현의 사무관이 독도 조사를 마치고 울릉도 군수에게
통고함으로써 한국에 처음으로 알려졌다(1906.3.). 울릉도 군수의 보고에 접한

---

8) 김한종 공저,『고등학교 한국 근·현대사』(서울, 2003, 금성출판사), 89쪽.

한국 정부는 독도의 일본 영토 편입을 인정하지 않았다. 그러나 한국 정부는 이미 을사조약에 의하여 일본에게 외교권을 빼앗겨 항의할 길이 없었다.

독도는 울릉도에 소속된 섬으로서 6세기에 신라가 우산국을 정벌한 이래로 울릉도와 함께 엄연한 우리나라의 영토였다. 각종의 문헌과 지도에 의하면, 일본의 독도 병합 이전에는 한국은 물론 러시아와 일본도 독도를 한국 영토로 인정해 왔다. 일본의 독도 병합은 국제적으로 영토 편입을 공시한 것이 아니고, 일방적으로 탈취해 간 불법적인 것이었다.[9]

위에서 국정 교과서와 검인정 교과서에 기술되어 있는 독도에 대해 기술들을 살펴보았다. 이들 가운데에서 <자료 1>(중학교 국사 교과서)에서는 일본이 "러·일 전쟁 중에 독도를 그들의 영토로 편입시켰다."는 것을, <자료 4>(김광남 공저의 고등학교 검인정 근·대사 교과서)에서는 그것이 불법적인 탈취라는 것을 지적하고 있다. 하지만 국정인 고등학교 국사 교과서에서는 "울릉도에 군을 설치하여 관리를 파견하고 독도까지 관할하게 되었다."라고 하여, 독도가 한국의 영토란 사실만을 강조할 뿐, 일본과의 사이에 영유권 문제를 다투고 있다는 것은 전혀 언급되지 않고 있다는 것을 알 수 있다.

이런 특징들이 있기는 하지만, 이들 국정과 검인정 교과서들에서 공통적으로 기술되고 있는 독도에 대한 기술들은 아래와 같이 정리할 수 있다.

(1) 독도는 삼국시대 이래 우리나라의 영토였다.
(2) 숙종 때 안용복이 일본에 건너가 울릉도와 독도가 조선의 영토란 사실을 확약받고 돌아왔다.
(3) 독도가 한국의 땅이란 사실은 주변 국가들, 특히 일본도 인정하고 있었다.
(4) 일본의 독도 병합은 불법적인 탈취였다.

---

9) 김광남 공저, 『고등학교 한국 근·현대사』(서울, 2006, 두산), 77쪽.

이상과 같은 것들이 현재 사용되고 있는 중·고등학교 국사 교과서의 중요한 내용들이다. 따라서 이들 내용의 타당성 여부를 검토하고, 나아가서는 여기에서 제기되는 문제점들의 보완 방법을 찾아야 할 것이다.

4. 우산국 정벌과 독도

한국의 교과서에서 신라시대부터 독도가 우리의 영토가 되었다고 하는 주장은 『삼국사기』에 실려 있는 이사부異斯夫의 우산국 정벌 기사와 그에 대한 연구에 그 근거를 두고 있다. 그래서 우선 『삼국사기』 신라본기 지증 마립간智證麻立干 13년(A.D. 512) 6월조에 실려 있는 내용부터 살펴보기로 하겠다.

<자료 5>

우산국이 귀복歸服(내속來屬)하여 해마다 토산물로써 세공을 바치기로 하였다. 우산국은 명주溟州(강릉)의 정 동쪽 바다 가운데 있는 섬으로, 혹은 울릉도라고도 한다. 땅 둘레가 100리인데, 험한 것을 믿고 항복하지 아니했다. 이찬 이사부가 하슬라주의 군주가 되어, 우산인들이 미련하고도 사나우므로, 위력으로 복종시키기는 어렵고 계교로써 복속시켜야 하겠다고 생각했다. 이에 나무로 허수아비 사자를 많이 만들어 전선에 나누어 싣고, 그 나라 해안에 다다라 거짓말로 고해 말하기를, "너희들이 만약 항복하지 않는다면 이 맹수들을 풀어놓아 짓밟아 죽이겠다."라고 하였다. 그 나라 사람들이 무서워하여 곧 항복하였다.[10]

---

10) "于山國歸服 歲以土宜爲貢. 于山國在溟州正東海島 或名鬱陵島. 地方一百里 恃嶮不服. 伊湌異斯夫爲何瑟羅州軍主 謂于山人愚悍 難以威來 可以計服. 乃 多造木偶獅子 分載戰船 抵其國海岸. 誑告曰 汝若不服 則放此猛獸踏殺之. 國 人恐懼 則降."(김부식, 『三國史記』 卷4, 智證麻立干 13年 6月條)

그런데 이런 내용의 이야기는 여기에만 실려 있는 것이 아니다. 『삼국사기』 권44, 열전 제4 이사부 조에도 실려 있고, 『삼국유사三國遺事』 권1, 기이편紀異編 지철로왕智哲老王 조에도 실려 있다.

이와 같은 『삼국사기』와 『삼국유사』의 기록들을 종합해보면, 고려 때에 명주溟州라고 했던 하(아)슬라주의 동쪽에 섬이 있었는데, 그 섬에 사는 사람들이 사납거나 교만하여 신라에 복속하지 않았다. 그래서 신라에서는 이찬伊飡이란 위계에 있는 이사부를 보내어 그 섬을 정벌할 때에, 그는 나무로 허수아비 사자를 만들어 우산국 사람들을 위협하여 항복을 받아냈다는 것이다.

이와 같은 기록을 바탕으로, 한국의 학자들은 이때부터 독도가 한국의 영토가 되었다고 주장하고 있다. 이러한 주장을 펴고 있는 신용하愼鏞廈의 견해를 소개한다면 아래와 같다.

> 독도가 한국의 고유 영토가 된 것은 삼국시대인 서기 512년에 '우산국于山國)'이 '신라'에 복속돼 그 일부가 된 때부터다. 이 사실은 『삼국사기三國史記』 신라본기新羅本紀 지증왕智證王 13년 조와 열전列傳 이사부 조에 두 차례나 기록되어 있다.
>
> 이때 신라에 병합된 우산국의 영토가 울릉도뿐만 아니라 독도도 포함되었는가를 질문하는 일본 학자가 있다. 이에 대해서는 『세종실록』 지리지 기록과 함께, 1808년 조선 왕조가 편찬한 『만기요람萬機要覽』 군정편軍政編에 "여지지輿地志에 이르기를 울릉도와 우산도는 모두 우산국의 땅이며, 우산도는 왜인들이 말하는 송도松島이다."고 한 기록이 답이 될 수 있다.[11]

신용하의 이와 같은 주장은 언뜻 보기에는 별다른 문제가 없는 것처럼 보일지도 모른다. 하지만 『삼국사기』에 있는 신라의 우산국 정벌 기록과 『세종실록』 지리지(1432년 완성, 1454년 보완)와는 무려 11세기

---

11) 신용하, 『독도의 민족 영토사 연구』(서울, 1996, 지식산업사), 29~30쪽.

라는 시간적인 거리가 있으며, 『만기요람』이 편찬된 19세기와는 13세기라는 간극이 존재한다. 그럼에도 불구하고 한국에서는 신라시대의 우산국을 15세기나 19세기의 기록과 결부시켜, 신라 때부터 독도는 한국의 영토가 되었다고 주장하고 있다.

이러한 논리에 일본 측 학자들이 쉽게 동의하지 않는 것은 너무도 당연하다. 실제로 일본의 가와카미 겐죠川上健三는 울릉도와 독도가 가시거리可視距離 내에 있지 않으며,[12] 『세종실록』 지리지나 『고려사』 지리지에서의 "두 섬은 서로 거리가 멀지 않아 바람이 불어 날씨가 청명하면 가히 바라볼 수 있다(二島相距不遠 風日淸明 則可望見)."[13]라고 한 것은 울릉도·독도에 대한 설명이 될 수 없다고 주장하고 있다.[14] 더욱이 그는 『신증동국여지승람新增東國輿地勝覽』에 일설로 전해지는 "우산·울릉이 본래 한 섬으로서, 지방이 백 리라고 한다."[15]라는 기록을 바탕으로 하여, 우산도와 울릉도를 하나의 섬이라는 주장을 하기도 하였다.[16] 그 때문에 일본의 외무성은 다음과 같이 한국의 독도 인지 사실을 부정하고 있다.

> 한국이 옛날부터 죽도(독도)를 인식하고 있었다는 근거는 없습니다. 예를 들어 한국 측은 고문헌 『삼국사기』(1145년), 『세종실록지리지』(1454년), 『신증동국여지승람』(1531년), 『동국문헌비고』(1770년), 『만기요람』(1808년), 『증보문헌비고』(1908년) 등의 기술을 근거로 '울릉도'와 '우산도'라는 두 개의 섬을 예로부터 인지하고 있었으며, 그 '우산도'가 바로 오늘날의 죽도라고 주장하고 있습니다.

---

12) 川上健三, 『竹島の歷史地理學的硏究』(東京, 1965, 古今書院), 278~280쪽.

13) "于山·武陵二島 在縣正東海中. 二島相去不遠 風日淸明 則可望見."(『世宗實錄』 地理志 三陟都護府 蔚珍縣條).

14) 川上健三, 앞의 책, 94~108쪽.

15) "一說于山·鬱陵本一島 地方百里"(『新增東國輿地勝覽』 卷45, 蔚珍縣條).

16) 川上健三, 앞의 책, 102~106쪽.

　　하지만 『삼국사기』에는 우산국이었던 울릉도가 512년에 신라에 귀속했
다는 기술은 있습니다만, '우산도'에 관한 기술은 없습니다. 또한 조선의 다
른 고문헌 중에 나오는 '우산도'의 기술을 보면 그 섬에는 다수의 사람들이
살고 큰 대나무를 생산한다는 등 죽도의 실상과 맞지 않는 바가 있으며, 오
히려 울릉도를 상시시키는 내용으로 되어 있습니다.

　　또한 한국 측은 『동국문헌비고』『증보문헌비고』『만기요람』에 인용된 『여
지지』(1656년)를 근거로 "우산도는 일본이 말하는 송도(현재의 죽도/독도)"라고
주장하고 있습니다. 이에 대해 『여지지』의 원래 기술은 우산도와 울릉도는
동일의 섬이라고 하고 있으며, 『동국문헌비고』 등의 기술은 『여지지』에서
직접 정확하게 인용된 것이 아니라고 비판하는 연구도 있습니다. 이 연구에
서는 『동국문헌비고』 등의 기술은 안용복의 신빙성이 낮은 진술을 아무런
비판 없이 인용한 다른 문헌(『강계고』) (『강계지』, 1756년)을 원본으로 삼고 있
다고 지적하고 있습니다.[17]

　　이와 같은 외무성의 견해가 사실이라고 한다면, 한국은 독도 영유
권을 주장하지 말아야 한다. 왜냐하면 한국 측의 주장은 사리에 어긋
나는, 억지에 불과하기 때문이다. 그렇지만 일본 정부의 이런 주장이
사실이 아니라면, 그들의 독도 영유권 주장은 허구에 지나지 않는다
는 것을 스스로 증명해주는 꼴이 되고 말 것이다.

　　이미 이 문제에 대해서는 앞에서도 언급한 바가 있지만,[18] 여기에
서 이러한 주장의 정당성 여부를 검토하기 위해서 신경준申景濬의 『강
계지疆界誌』에서 이와 관련을 가지는 부분을 살펴본다면 아래와 같다.

　　<자료 6>
　　내가 살피건대, 여지지에 이르기를, "일설에는 우산과 울릉은 본래 1도라
고 하나, 여러 지도와 책[圖志]를 상고하면 두 섬이다. 하나는 왜倭가 이른

---

17) 外務省アジア大洋州局ア東北ジア課, 『竹島問題を理解するための10のポイント』(東
　　京, 2008, 外務省), 3~4쪽.
18) 이 책의 제1장 제1절 시모죠 마사오의 비판에서 자세하게 논한 바 있다.

바 송도인데, 대개 이 두 섬은 다 우산국(의 땅)이다."라고 하였다.[19)]

이것을 보면, 신경준이 일설로 전해지는 유형원의 『동국여지지』를 살펴본 것은 사실이다. 그렇지만 이와 같은 일설, 곧 "우산과 울릉은 본래 1도"라고 한 것에 의문을 가지게 되어, "여러 지도와 책들을 상고하면 두 섬"이었다는 것이고, 그 중의 하나는 "왜가 이른 바 송도인데, 대개 이 두 섬은 다 우산국(의 땅)이다."라는 것이다. 이렇게 본다면 신경준이 유형원의 잘못된 생각을 바로잡았다고 보는 것이 타당하다.

그런데도 시마네현 죽도 문제 연구회의 좌장을 맡고 있는 시모죠마사오下條正男는 『강계지』의 "여지지에 이르기를, 일설에 우산·울릉 본래 한 섬"이라고 한 부분만 인용하고,[20)] 그 다음의 "여러 지도와 책들을 상고하면 두 섬이다. 하나는 왜가 이른 바 송도인데, 대개 이 두 섬은 다 우산국(의 땅)이다."라고 했다는 부분은 인용하지 않은 채, 『동국문헌비고』의 문장과 다르다는 것을 지적하였다.

여기에서 더욱 더 가관인 것은 이와 같은 시모죠의 잘못 된 연구를 근거로 하여, 일본의 외무성이 위에서와 같은 지적을 한 것은 이제 일본 정부마저도 다시 독도를 점취하겠다는 마각을 드러낸 것이라고 보지 않을 수 없다. 그렇지 않고는 검증도 되지 않은, 허구의 논리를 근거로 하여 이런 주장을 할 수는 없다는 것이다.

특히 기록에 남아 있지 않다고 하여, 울릉도의 코앞에 보이는 섬을 한국 사람들이 인지하지 못했었다고 하는 주장을 펴고 있는 일본의 학자들이야말로 제정신을 가진 사람들인가 하는 것을 되묻지 않을

---

19) 이 부분의 원문은 「愚按 輿地志云 一說于山·鬱陵本一島 而考圖志 二島也. 一則倭所謂松島 而蓋二島 俱是于山國也」(송병기 편, 앞의 책, 97쪽)로 되어 있다.
20) 下條正男, 앞의 글(2007), 3쪽.

수 없다. 실재로『삼국사기』나『삼국유사』에 나오는 신라가 우산국을 정복했다고 하는 기록에는 독도에 관한 언급이 존재하지 않는다.

그러나 기록이 남아 있지 않다고 하여, 독도가 울릉도의 속도가 아니라고 단정하는 것도 문제가 아닐 수 없다. 이렇게 말하는 이유는 기록으로는 비록 남아 있지 않다고 하더라도, 울릉도에서 독도가 가시거리可視距離 내에 위치하고 있다는 것은 이 문제의 해결에 매우 중요한 단서를 제공해주고 있기 때문이다.

사실 국경 개념은 근대에 접어들어 제국주의 세력들이 식민지를 개척하면서 만들어낸 영토 확장주의의 부산물이었다. 이와 같은 영토의 개념이 성립되지 않았던 시대의 사회에서는 시야에 들어오는 섬을 생활공간, 곧 삶의 터전으로 인정하고 있었다는 것은 여러 기록을 통해서도 증명이 되고 있다. 그 가운데에 하나가 숙종肅宗 때에 장한상張漢相이 지은『울릉도사적鬱陵島事蹟』이다. 여기에는 장한상이 직접 목격한 독도를 아래와 같이 표현하였다.

　　　<자료 7>
　　섬 주위를 이틀 만에 다 돌아보니, 그 이수里數는 150~160리에 불과하고, 남쪽 해안에는 황죽篁竹밭이 있었다. 그리고 동쪽으로 5리쯤 되는 곳에 작은 섬이 하나 있는데, 그리 높고 크지는 않으나 해장죽海長竹이 한쪽에 무더기로 자라고 있었다. 비가 개이고 구름 걷힌 날, 산에 들어가 중봉中峰에 올라보니, 남쪽과 북쪽의 두 봉우리가 우뚝하게 마주하고 있었으니, 이것이 이른바 삼봉이다. 서쪽으로는 구불구불한 대관령의 모습이 보이고, <u>동쪽으로 바다를 바라보니 동남쪽에 섬 하나가 희미하게 있는데 크기는 울릉도의 3분의 1이 안 되고 거리는 300여 리에 지나지 않았다.</u>[21)]

---

21) "其周回二日方窮 則其聞道里不過百五六十里. 旀南濱海邊有篁 所田土處是遣. 東方五里通許有一小島不甚高大 海長竹所叢生於一. 面霽雨霾捲之日 入山登中峰 則南北兩峰岌業相面 此所謂三峰也. 西望大關嶺逶迤之狀 東望海中有一島杳在辰方 而其大未滿蔚島三分之一 不過三百餘里."(張漢相,『鬱陵島事蹟』)

이런 기록을 남긴 장한상은 1694년(숙종 20)에 삼척첨사三陟僉使로 임명되어 울릉도를 수토搜討한 인물이었다. 그런 그가 울릉도에 가서 본 것 가운데 하나가, 바로 밑줄을 그은 "동쪽으로 바다를 바라보니 동남쪽에 섬 하나가 희미하게 있는데 크기는 울릉도의 3분의 1이 안 되고 거리는 300여 리에 지나지 않았다."는 것이었다.

그가 여기에서 언급한, 동쪽에 희미하게 보인다고 한 것은 독도가 분명하다. 비록 그 크기가 울릉도의 3분의 1이었다고 하여 실제와는 맞지 않으나, 거리가 300여 리라는 것은 거의 정확한 목측目測이었다고 할 수 있다. 왜냐하면 현재 울릉도의 동남쪽에서 87.4㎞ 지점에 독도가 위치하고 있기 때문이다.

이렇게 울릉도를 수토한 장한상이 독도가 보인다는 기록을 남긴 것은 이 섬이 울릉도에서 갈 수 있는 곳임을 나타낸 것이다. 이 당시에는 쇄환정책刷還政策을 시행하고 있었으므로 동해안 주민들의 왕래가 자유롭지 못한 때였다. 그런데도 이와 같은 목격담을 적은 것은 이곳이 동해안 사람들의 어장이었음을 말해준다고 보아도 좋을 것이다.

그런데 이처럼 가시거리 내에 존재하는 섬이 자국의 영토로 인식되고 있었던 것은 한국뿐만이 아니었다. 일본에도 역시 이와 같은 인식이 존재했었다는 것을 확인할 수 있는 자료가 있다. 그것은 바로 사이토 후센齋藤豊宣22)이 저술한 『인슈시청합기隱州視聽合記』의 아래와 같은 기록이다.

<자료 8>
인슈隱州는 바다(북해) 한가운데 있으므로 섬 이름을 오키도隱岐嶋라고 한

---

22) 가와카미 겐죠川上健三 이후 이 책의 저자로 사이토 후센齋藤豊仙으로 일반화 되었으나, 이케우치 사토시池內敏에 의해 사이토와 부자父子 관계에 있는 사이토 후센齋藤豊宣이란 사실이 밝혀지게 되었다(池內敏, 『大君外交と武威』 (名古屋, 2006, 名古屋大學出版部), 398쪽 주 1) 참조).

다. 아마 왜훈倭訓에서 바다 가운데를 오키遠幾라고 하기 때문에 명칭이 붙여진 것 같다. 남동방향에 있는 땅을 도젠嶋前이라고 하며, 지부리군知夫郡이 여기에 속한다. 동쪽에 위치하는 땅을 도고島後라고 한다. 시키츠군周吉郡, 오치군穩地郡이 여기에 속한다. 그 관아는 시키츠군 남쪽 해안의 사이고 도요사키西鄕豊崎에 있다. 이곳에서 남쪽으로 35리를 가면 이즈모국 미호노세키美穗關에 이른다. 남동쪽으로 40리를 가면 호키국 아카사키우라赤崎浦에 이른다. 남서쪽으로 58리를 가면 이와미국 유노즈溫泉津이다. (오키도隱岐嶋)로부터 북쪽에서 동쪽으로 가서 왕래할 수 있는 땅은 없다.

술해 간戌亥間(서북 방향)으로 가기를 이튿날 하룻밤에 송도松島가 있고, 또 하루 정도에 죽도竹島가 있다. 세간에서 말하기를 기죽도磯竹島라고 하는데, 대나무와, 물고기, 해록海鹿이 많다. 이 두 섬은 사람이 없는 땅으로, <u>(여기에서) 고려를 보는 것이 마치 운슈雲州(이즈모出雲)에서 오키를 바라보는 것과 같다. 그러한즉 일본 서북[乾]의 땅은 이 주[此州]로써 경계[限]를 이룬다.</u>[23]

이것은 이즈모出雲의 번사藩士였던 그가 번주藩主의 명을 받들어 1677년에 오키도를 순시하면서 얻어들은 것들을 기록한 것이다. 이곳에서 흥미를 불러일으키는 것은 밑줄을 그은 문장이다. 곧 "(여기에서) 고려를 보는 것이 마치 운슈(雲州, 이즈모出雲)에서 오키隱岐를 바라보는 것과 같다. 그러한즉 일본의 서북乾의 땅은 이 주此州로써 경계限를 이룬다."라고 한 것은, 눈에 보이는 것을 그들의 영토로 인정했다는 사실을 말해준다.

따라서 기록에 남아있지 않다고 하여 독도가 우산국이었던 울릉도의 속도가 아니었다고 주장하면서, 한국은 독도를 일본보다 늦게 인

---

23) "隱州在北海中故云隱岐島(按倭訓海中言遠幾故名歟). 其在巽地言嶋前也, 知夫郡海部郡屬焉. 其位震地言嶋後也, 周吉郡穩地郡屬焉. 其府有周吉郡南岸西鄕豊崎也. 從是 南至雲州美穗關三十五里, 辰巳至伯州赤碕浦四十里, 未申至石州溫泉津五十八里, 自子至卯 無可往地. 戌亥間行二日一夜有松島 又一日程有竹島. 俗言竹島多竹漁海鹿. 此二島無人之地. 見高麗如自雲州望隱岐 然則日本之乾地 以此州爲限矣."(市島謙吉 編, 『續々群書類從』9(東京, 1906, 內外印刷), 450쪽)

지했다고 하는 주장은 대단히 잘못 된 것이라고 할 수 있다. 그러므로 교과서에 이 부분을 기술할 때에는 우산국의 정벌로 독도가 우리 땅이 되었다고 할 것이 아니라, 이때부터 울릉도에서 보이는 독도는 고대 우산국 사람들의 생활공간이었으므로, 우산국 정벌과 함께 한국 땅이 되었다고 기술하는 것이 더 설득력을 가지게 될 것이다.

5. 안용복과 독도

다음으로 문제가 되는 것이 안용복 활동이다. 다시 말해 안용복의 활동으로 인해 울릉도와 독도가 조선 땅이란 사실을 에도 막부로부터 인정받았다고 하는 기술이 사실에 바탕을 둔 것인가 하는 문제도 검토되어야 마땅하다는 것이다. 그래서 우선 이러한 주장의 근거가 되는 『숙종실록』 숙종 22년 9월 무인戊寅(25일) 조의 기록부터 살펴보기로 한다.

<자료 9>

비변사備邊司에서 안용복安龍福 등을 추문推問하였는데, 안용복이 말하기를, "저는 본래 동래에 사는데, 어머니를 보러 울산에 갔다가 마침 승려 뇌헌雷憲 등을 만나서 근년에 울릉도에 왕래한 일을 자세히 말하고, 또 그 섬에 해산물이 많다는 것을 말하였더니, 뇌헌 등이 이利가 된다고 생각했습니다. (그래서) 드디어 같이 배를 타고 영해에 사는 뱃사공 유일부劉日夫 등과 함께 떠나 그 섬에 이르렀는데, 주산主山인 삼봉三峯은 삼각산三角山보다 높았고, 남에서 북까지는 이틀길이고 동에서 서까지도 그러하였습니다. 산에는 잡목雜木·매[鷹]·까마귀·고양이가 많았고, 왜선倭船도 많이 와서 정박하여 있었으므로 뱃사람들이 다 두려워하였습니다. 제가 앞장서서 '말하기를, 울릉도는 본디 우리 지경地境인데, 왜인이 어찌하여 감히 지경을 넘어 침범하였는가? 너희들을 모두 포박하여야 하겠다.'라고 하고, 이어서 뱃머리에

나아가 큰소리로 꾸짖었더니, 왜인이 말하기를, '우리들은 본디 송도松島에 사는데 우연히 고기잡이 하러 나왔다. 이제 본소本所로 돌아갈 것이다.'라고 했으므로, '송도는 자산도子山島로서, 그것도 우리나라의 땅인데 너희들이 감히 거기에 사는가?'라고 했습니다. 드디어 이튿날 새벽에 배를 몰아 자산도에 갔는데, 왜인들이 막 가마솥을 벌여 놓고 고기 기름을 다리고 있었습니다. 제가 막대기로 쳐서 깨뜨리고 큰 소리로 꾸짖었더니, 왜인들이 거두어 배에 싣고서 돛을 올리고 돌아가므로, 제가 곧 배를 타고 뒤쫓았습니다. 그런데 갑자기 광풍을 만나 표류하여 옥기도玉岐島에 이르렀는데, 도주島主가 들어온 까닭을 물었으므로, 제가 말하기를, ㉠ '근년에 내가 이곳에 들어와서 울릉도·자산도 등을 조선朝鮮의 지경으로 정하고, 관백關白의 서계書契까지 있는데, 이 나라에서는 정식定式이 없어서 이제 또 우리 지경을 침범하였으니, 이것이 무슨 도리인가?'라고 하자, 마땅히 호키주伯耆州에 전보轉報하겠다고 하였으나, 오랫동안 소식이 없었습니다. 제가 분완憤惋을 금하지 못하여 배를 타고 곧장 호키주로 가서 울릉 자산 양도 감세鬱陵子山兩島監稅라 가칭하고 장차 사람을 시켜 본도에 통고하려 하는데, 그 섬에서 사람과 말을 보내어 맞이하였으므로, 저는 푸른 철릭[帖裏]를 입고 검은 포립布笠을 쓰고 가죽신을 신고 교자轎子를 타고 다른 사람들도 모두 말을 타고서 그 고을로 갔습니다. 저는 도주와 청廳 위에 마주 앉고 다른 사람들은 모두 중계中階에 앉았는데, 도주가 묻기를, '어찌하여 들어왔는가?' 하므로, 답하기를 ㉡ '전일 두 섬의 일로 서계를 받아낸 것이 명백할 뿐만이 아닌데, 대마도주對馬島主가 서계를 빼앗고는 중간에서 위조하여 두세 번 차왜差倭를 보내고 법을 어겨 함부로 침범하였으니, 내가 장차 관백에게 상소하여 죄상을 두루 말하려 한다.' 하였더니, 도주가 허락하였습니다. 드디어 이인성李仁成으로 하여금 소疏를 지어 바치게 하자, 도주의 아비가 호키주에 간청하여 오기를, '이 소를 올리면 내 아들이 반드시 중한 죄를 얻어 죽게 될 것이니 바치지 말기 바란다.'라고 하였으므로, 관백에게 품정稟定하지는 아니하였으나, 전일 지경을 침범한 왜인 15인을 적발하여 처벌하였습니다. 이어서 도주가 저에게 말하기를, ㉢ '두 섬은 이미 너희 나라에 속하였으니, 뒤에 혹 다시 침범하여 넘어가는 자가 있거나 혹 함부로 침범하거든, 모두 국서國書를 만들어 역관譯官을 정하여 들여보내면 엄중히 처벌할 것이다.'라고 하고, 이어서 양식을 주고 차왜를 정하여 호송하려 하였으나, 제가 데려가는 것은 폐단이 있다고 사양하였습니다."라고 하였고, 뇌헌 등 여러 사람의 공사供辭

도 대략 같았다. 비변사에서 아뢰기를, "우선 뒷날 등대登對할 때를 기다려 품처稟處하겠습니다."라고 하니, 윤허하였다.[24]

한국의 교과서에서 "숙종 때 안용복이 일본에 건너가 울릉도와 독도가 조선의 영토란 사실을 확약 받고 돌아왔다."라고 하는 기술을 하게 된 이유는, 비변사에서 행해진 위와 같은 안용복의 진술에서 밑줄을 그은 ㉠과 ㉡에 그 근거를 두고 있다. 그렇다면 그가 ㉠에서 "근년에 내가 이곳에 들어와서 울릉도·자산도 등을 조선朝鮮의 지경으로 정하고, 관백關白의 서계書契까지 있는데"라고 한 것이 사실이냐 아니냐 하는 것부터 따져보아야 한다. 안용복이 여기에서 '근년'이라고 한 것은 1693년 요나고米子의 오야大谷 집안 어부들에게 납치되었던 사건을 가리킨다. 이때에 그는 관백, 곧 에도江戶의 쇼군將軍으로부터 "울릉도와 자산도(독도)가 조선의 지경"이라는 서계를 받았는데, ㉡에서 보는 것처럼 이것을 대마도주에게 빼앗겼다고 하였으나, 현재로서는 그 사실 여부를 확인할 길이 없다.

또 ㉡에서 호키주의 태수가 "두 섬은 이미 너희 나라에 속하였으니, 뒤에 혹 다시 침범하여 넘어가는 자가 있거나 도주가 혹 함부로 침범하거든, 모두 국서國書를 만들어 역관譯官을 정하여 들여보내면 엄중히 처벌할 것이다."라고 했다는 것도 안용복의 진술 이외에는 어디에서도 그 증거가 발견되지 않고 있다. 그렇다고 하여, 이 말까지 믿을 수 없는 것으로 간주하는 것도 문제가 아닐 수 없다. 1696년에 안용복의 2차 도일이 있기 이전인 같은 해 1월에 이미 막부에서 '죽도(울릉도) 도해 금지령"을 내린 바 있으므로, 호키주의 태수가 이런 말을 했을 개연성은 얼마든지 인정할 수 있다.

그러나 일본의 연구자들은 이런 사실 자체를 부정하기 위해서, 안용

---

24)『肅宗實錄』肅宗 22年 9月 戊寅條.

복을 거짓말쟁이 내지는 범죄인으로 몰고 있다. 이런 사람들로는 가와카미 겐죠川上健三[25]와 다가와 고죠田川孝三,[26] 시모죠 마사오下條正男 등을 들 수 있다. 특히 시모죠는 "편년체編年體라고 하지만,『숙종실록肅宗實錄』의 편찬 자세는『죽도기사竹島紀事』와는 근본적으로 달리하고 있다.『죽도기사』가 나라의 문서國書와 서간 등의 사료를 연대순으로 배열하는 것으로, 어디까지나 충실하게 과거의 역사를 재현하려고 하고 있는 데 대해,『숙종실록』은 정치적인 의도에서 사료가 취사선택되고 있다. 편찬에 당시 정권의 정치 자세가 반영되어 있어, 기사 자체를 역사의 사실로 할 수 없는 것이다. 중요한 것은 사실 그 자체보다도, 행위와 발언에 대한 평가인 것이다."[27]라고 하여, 사실을 기록하는 측면에서는 조선의 실록을 일본에서 개인이 편찬한 책보다도 못한 것으로 보았다.

이처럼 사료를 왜곡하는 태도는 현재만 그런 것이 아니다. 그 전에도 그러한 자세를 견지한 흔적을 발견할 수 있다. 이를테면 일본이 독도를 자기 나라의 영토로 편입시킨 다음인 1907년에 출판된『인하쿠기요因伯記要』에서는, "대개 이때까지 우리 울릉도 포기의 사실을 알지 못하고, 사건을 우리의 번청藩廳에 소송하려고 했던 것 같다."[28]라고 하여, 안용복 일행의 도일 목적을 평가 절하한 것도 그러한 예에 속한다고 할 수 있다.

결국 독도 문제에 관한 한, 한국도 그렇지만 일본도 자국의 이익을 위해 자기들에게 유용한 자료들만을 제시하면서 유리한 해석만을 고집해왔다고 보아도 좋을 것이다. 그렇게 하면서도, 상대국의 사료나

---

25) 川上健三,『竹島の歷史地理學的硏究』(東京, 1966, 古今書院), 173쪽.

26) 田川孝三,「竹島領有に關する歷史的考察」,『東洋文庫書報(20)』(東京, 1989, 東洋文庫), 24쪽.

27) 下條正男,『竹島は日韓どちらのものか』(東京, 2004, 文藝春秋), 94쪽.

28) 鳥取縣 編纂,『因伯記要』(1907, 鳥取縣), 197쪽.

연구 성과를 인정하지 않으려는 자세를 견지하고 있는 것도 독도 문제의 해결을 어렵게 만들고 있다.

이런 의미에서 2005년 5월에 일본의 시마네현 오키도의 오치군隱地郡 아마정海士町 무라카미 죠쿠로村上助九郎의 집에서 발견된 「겐로쿠 9년(병자) 조선 배 착안 한 권의 각서」[29]는 많은 시사를 던져주고 있다. 이렇게 말하는 이유는 이 사료가 안용복에 대한 일본에서의 부정적인 시각이 잘못되었다는 것을 구명하는 데 중요한 근거를 제공해 주고 있기 때문이다.

<자료 6>

안용복은 죽도竹島를 대나무의 섬이라고 하였다. 조선국 강원도 동래부 안에 울릉도라는 섬이 있다. 이것을 죽도라고 하는 데, 팔도의 지도八道之圖에 적힌 것을 가지고 왔다.

송도松島는 오른쪽 같은 도(右同道, 강원도) 안에 자산子山이라고 하는 섬이 있다. 이것을 송도라고 하는 데, 이것도 팔도의 지도에 적혀 있다.[30]

---

29) 2005년 5월 17일 시마네현의 마쓰에시에 본사를 둔 「산인츄오신보山陰中央新報」의 보도에 의하면, 이 고문서의 보관자인 무라카미는 시마네현 의회가 '죽도의 날' 조례안을 가결하기 전, 죽도 문제가 의논되고 있던 3월 상순에 '무엇인가 죽도와 관련을 가지는 자료가 있었던 것 같은 생각이 들어'자기 집 창고를 뒤지다가 죽도(울릉도)와 송도(독도)라는 문자가 적힌 것을 발견했다는 것이다. 그래서 그는 고문서에 정통한 마쓰에시 사이카정雜賀町에 거주하는 히노 다카기요樋野俊晴를 찾아가서 해독解讀을 하였는데, 이것은 둘이 서로 얼굴을 마주보며 '공표를 해도 좋을 것인가'하고, 놀랄 정도의 내용이었다고 한다. 그 이유는 죽도(독도)의 영유권을 다투고 있는 한·일 두 나라에서 한국에 유리하게 작용할 수도 있는 자료였기 때문이라고 한다. 이러한 내용은 그 후에 한국의 언론에도 그대로 소개되었고, 그 후에 이 자료에 대한 연구도 상당히 축적되어 가고 있다는 것을 밝혀둔다.

30) "安龍福申候ハ竹島ヲ竹ノ島と申候. 朝鮮國江原道東萊府ノ内ニ鬱陵島ト申島御座候. 是ヲ竹ノ島と申由申候. 則八道ノ圖ニ記之所持仕候. 松島ハ右同道之内子山(ソウサソ)と申島御座候. 是ヲ松島と申由. 是も八道之圖ニ記申候."(樋野俊晴, 「元

이 자료를 통해서 안용복이 일본에 가서 송사訟事를 하려고 했던 것이 오늘날의 울릉도와 독도, 곧 일본에서 죽도竹島와 송도松島라고 부르는 섬의 귀속 문제였다는 것을 알 수 있다. 이런 상정은 안용복이 팔도의 지도를 지참하고 있었다는 데 근거를 두고 있다. 다시 말해 그가 소지하고 있던 지도에 울릉도와 독도가 강원도에 속하는 섬으로 표시되어 있다는 것은 이들 섬이 조선의 영토라는 사실을 밝히려고 했다는 것을 말해준다고 하겠다.

그리고 이 기록은 안용복이 자산도라고 불렀던 독도에 대해 정확한 인식을 가지고 있었다는 사실도 분명하게 드러내고 있다. 그런데도 시모죠 마사오는 안용복이 독도에 대해 정확한 인식을 가지고 있지 않다고 강변하고 있다.[31] 하지만 이런 주장이야말로 탁상 위에서의 자기들에게 유리한 추정에 불과하다고 하겠다. 안용복이 틀림없이 자산이라고 했던 독도에 대한 정확한 지식을 가지고 있었다는 것은 아마정의 무라카미 집에서 나온 문서의 다음과 같은 기록을 통해서 증명할 수 있다.

<자료 7>

"5월 15일 죽도竹島에서 출선하여 같은 날 송도(松島)에 도착하였고, 16일 송도를 출발하여 18일 아침에 오키섬의 서쪽 마을 물가에 이르렀다. …중략… 죽도와 조선 사이는 30리이고, 죽도와 송도 사이는 50리라고 말했다."[32]

이 자료에서 보는 것처럼, 안용복은 조선 본토와 울릉도 사이가 30리

禄九丙子年朝鮮舟着岸一卷之覺書」, 『독도연구』 창간호(경산, 2005, 영남대독도연구소), 254~255쪽).

31) 下條正男, 앞의 책, 69~70쪽.

32) "五月十五日竹嶋出船 同日松嶋江着 同十六日松嶋ヲ出 十八日之朝隱伎嶋之內西村之磯ヘ着. …中略… 竹嶋と朝鮮之間三十里 竹嶋と松嶋之間五十里在之由申候."(樋野俊晴, 앞의 책, 256쪽)

의 거리에 있고, 울릉도와 자산도가 50리의 거리에 있다는 정확한 지리적 지식을 가지고 있었다. 이와 같은 지식을 가지게 된 것에 대해서도 일본 사람들은 그가 1693년에 일본에 끌려가면서 직접 보았던 경험에 바탕을 둔 것이라고 비하할지도 모른다.

그러나 그렇지가 않았던 것 같다. 왜냐하면 <자료 5>에서 인용한 『숙종실록』의 기록에서 보는 것처럼, 1696년에 안용복이 일본에 건너간 것은 상당히 의도적이었던 같은 인상을 받기 때문이다. 환언하면 그는 울산에 사는 승려 뇌헌雷憲에게 "근년에 울릉도에 왕래한 일을 자세히 말하고, 또 그 섬에 해물海物이 많다는 것을 말하였더니, 뇌헌 등이 이利가 된다고 생각했습니다. 드디어 같이 배를 타고 영해寧海에 사는 뱃사공 유일부劉日夫 등과 함께 떠나 그 섬에 이르렀다."고 한 것에서, 뇌헌으로부터 필요한 자금을 지원받아서 뱃사공을 데리고 울릉도로 도항하였음을 알 수 있다. 여기에서 안용복은 일본에 건너가서 울릉도와 자산도 문제를 해결하기 위한 수단으로 뇌헌을 이용하였다는 것이 명백하게 드러난다.

그러므로 안용복의 진술을 근거로 독도가 한국의 영토라고 하는 주장이 틀렸다고는 볼 수 없다. 하지만 이와 같은 상정의 타당성을 확보하기 위해서는 보다 많은 자료를 찾아 그 정당성 여부를 확보할 필요가 있다.

그리고 또 한 가지 지적하고 싶은 것이 있다. 그것은 안용복이 그때까지 우산도라고 부르던 독도에 '자산도子山島'란 이름을 붙였는데, 이 자산도란 명칭 위에 일본의 가다카나로 '소우산ソウサン'이라고 명기되어 있다는 것이다. 이 '소우산'이란 명칭은 작은 우산도란 뜻으로 사용되었을 수도 있지만, 울릉도를 모도母島 곧 어머니 섬이라고 한다면 독도를 '아들 섬'에 해당된다는 의미로 사용되었을 가능성도 배제할 수 없다.[33]

그런데 그가 독도에 자산
도란 명칭을 붙인 지도를 지
참하고 일본에 다녀온 다음
에, 그러한 지도들이 간행되
어 사용되었다는 것은 매우
중요한 의미를 지니고 있다.
이것은 당시에 자산도란 이
름이 그만큼 알려졌었다는
것을 반영하는 것이다. 그래
서 그런 지도 하나를 소개하
기로 한다. 다음의 <지도 1>
은 대구광역시 수성구 파동
에서 고서관古書館을 운영하
고 있는 김정원金正元이 제

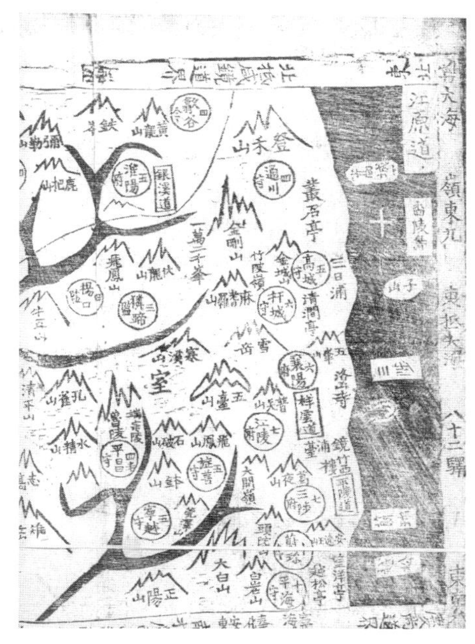

〈지도 1〉『천하도』의 강원도 지도

공한 것인데, 이와 같은 계통의 지도로는 이찬李燦이 편저한『한국의
고지도』에 들어있는『여지도輿地圖』첩의 강원도 지도34)가 있다.

　이와 같은 지도들이 당시에 방각되었다는 사실은 '자산도'란 명칭이
그만큼 일반에게 알려져 있었음을 나타낸다고 보아도 무방하지 않을까
한다. 그리고 이러한 인식의 확산으로 말미암아, 이 섬이 조선의 영토
란 인식이 확실해졌다는 것을『숙종실록』을 통해서도 확인할 수 있다.

　　<자료 8>
　강원도 어사 조석명趙錫命이 영동 지방 바다 방어가 허술한 상황을 논하

---

33) 송병기,『한구민족문화대백과사전』7 독도 조(성남, 1991, 한국정신문화연
　　구원), 49쪽.
34) 이찬은 이 지도를 18세기 후반에 제작된 것으로 보았다(이찬,『한국의 고지
　　도』(서울, 1991, 범우사), 160쪽.『輿地圖』첩의 강원도지도).

였는데, 대략 이르기를, "㉠ 포구 사람들의 말을 상세히 듣건대, '평해平海·울진蔚珍은 울릉도와 거리가 가장 가까워서 뱃길에 조금도 장애가 없으며, 울릉도 동쪽에 섬이 서로 마주 보이는데 (이 섬이) 왜와의 경계에 접해 있다.'라고 했습니다. ㉡ 무자년과 임진년에 모양이 다른 배가 고성高城과 간성杆城 지경에 표류해왔으니 왜선倭船의 왕래가 빈번함을 알 수 있으며, 조가朝家에서는 비록 영해領海를 사이에 두고 있어 걱정할 것이 없다고 하지만, 후일의 변란이 반드시 영남에서 말미암지 않고 영동으로 말미암을지 어떻게 알겠습니까? 방어의 대책을 조금도 늦출 수 없습니다."하니, 묘당廟堂에서 그 말에 따라 강원도에 신칙하여 군보軍保를 단속할 것을 청하였다.35)

이것은 『숙종실록』 보유정오편補遺正誤編에 실려 있는 것으로, 당시 강원도 어사였던 조석명의 위와 같은 보고는 독도가 명확하게 조선의 영토로 인식되었다는 것을 반영하는, 매우 중요한 사료라고 할 수 있다. 우선 밑줄을 그은 ㉠을 통해서 당시에 이미 울릉도 동쪽에 마주 보이는 섬이 왜와 경계를 이루고 있다는 인식이 민간들 사이에 널리 퍼져 있었음은 말할 것도 없이, 조정에서도 그 사실을 인정하고 있었음을 확인할 수 있다. 이런 추정이 가능한 까닭은 포구 사람들이 이와 같은 인식을 가지고 있었다는 것을 조석명이 보고하였고, 그러한 보고를 사관士官들이 실록에 기록하고 있기 때문이다.

다음으로 ㉡에서 일본의 배들이 부단히 조선의 동해안에 나타났었다는 사실도 아울러 알 수가 있다. 일본 측에서는 1696년 막부에서 내려진 오야大谷·무라카와村川 두 집안에 대해 내린 '울릉도 도해 금지령'으로 인해 일본 어부들의 울릉도 연근해 어업이 중지된 것으로

---

35) "江原道御史趙錫命 論嶺東海防疎虞狀. 略曰 詳聞浦人言 平海, 蔚珍 距鬱陵島最近 船路無少礙, 鬱陵之東 島嶼相望 接于倭境. 戊子, 壬辰 異樣帆檣 漂到高 杆境, 倭船往來之頻數 可知. 朝家雖以嶺海之限隔 謂無可憂, 而安知異日生釁之必由嶺南, 而不由嶺東乎. 綢繆之策 不容少緩. 廟堂請依其言 飭江原道 團束軍保."(『肅宗實錄』 補遺正誤編 肅宗 40年(1714, 甲午) 7月 辛酉(22日)條

간주하고 있다. 하지만 ⓛ에서 보는 것처럼, "무자년(숙종 34, 1708)과 임진년(숙종 38, 1712)에 모양이 다른 배가 고성高城과 간성杆城 지경에 표류漂流해 왔으니 왜선倭船의 왕래가 빈번함을 알 수 있으며"라고 한 것으로 보아, 그 후에도 끊임없이 일본 측 배들이 조선의 동해안에 나타났었다는 것을 사실로 받아들일 수밖에 없다. 특히 여기에서 말하는 무자년戊子年은 숙종 34년으로 1708년이고, 임진년은 숙종 38년으로 1712년이다. 그러므로 1696년에 요나고米子의 오야·무라카와 두 집안에 '울릉도 도해 금지령'이 하달되었다는, 단순한 사실 하나만 가지고 일본의 어선들이 조선의 동해안에서 어로를 하지 않았을 것이라고 주장하는 것은 사리에 어긋나는 주장임에 틀림이 없다.

4. 한말의 독도 인식과 그 관할 문제

다음으로 검토되어야 하는 것이 대한제국의 칙령 제41호에 들어 있는 '석도石島' 문제이다. 일본은 지금도 대한제국의 이 칙령을 무시하고 자기네들의 독도 강탈이 국제법적으로 정당했다는 것을 강조하고 있다. 하지만 대한제국 칙령 제41호에서 울도 군수가 관할하기로 한 석도가 독도였다고 한다면, 일본의 이와 같은 주장은 남의 나라 땅을 빼앗기 위한 궤변에 지나지 않는다는 비판을 감수하지 않으면 안 될 것이다. 그래서 우선 이 칙령의 내용부터 살펴보기로 하겠다.

<자료 9>
울릉도를 울도鬱島로 개칭하고 도감島監을 군수郡守로 개정한 건
제1조 울릉도를 울도라 개칭하여 강원도에 부속하고, 도감을 군수로 개정하여 관제官制 중에 편입하고, 군郡 등等은 5등으로 할 것.
제2조 군청郡廳 위치는 태하동台霞洞으로 정하고, 구역은 울릉 전도와 죽도竹

島, 석도石島를 관할할 것.

제3조 개국 504년 8월 16일 관보官報 중 관청 사항란 내 울릉도 이하 19자를
 산거删去하고, 개국 505년 칙령 제36호 제5조 강원도 26군의 6자는 7
 자로 개정하고, 안협군安峽郡 하에 울도군 3자를 첨입添入할 것.

제4조 경비는 5등 군으로 마련磨練하되, 현금간現今間인즉 이액吏額이 미비하고
 서사庶事 초창草創하기로 해도該島 수세收稅 중으로 고선姑先 마련할 것.

제5조 미진한 제 조諸條는 본도 개척을 수隨하여 차제次第 마련할 것.

제6조 본령本令은 반포일부터 시행할 것.

광무光武 4년(1900년) 10월 25일
칙勅 의정부議政府 의정 임시 서리 찬정贊政 내무대신 이건하李乾夏[36]

대한제국이 이러한 칙령을 공포하여 울릉도에 '울도군'을 설치한
것은 일본인들의 울릉도 자원 수탈과 밀접한 관련이 있다. 1900년 일
본인들이 어느 정도 울릉도에 거주하고 있었는가 하는 것은 당시 울
릉도의 시찰위원으로 참여하였던 우용정禹用鼎의 『울도기鬱島記』 후록
後錄에 잘 나타나 있다. 이 기록에 의하면, "일본인은 각 마을에 흩어
져 사는 자를 합하여 초막 57칸이고 인구는 남녀 합해서 144명"이라
고 하면서, "만약 또 (일본인들이) 몇 년을 거주한다면 산에 가득한
수목이 반드시 벌겋게 되고 말 것이다."[37]라고 하였다.

이와 같은 조사 보고는 그 당시에 울릉도에서 일본인들이 자행했
던 자원 탈취의 한 단면을 말해주는 증거가 아닐 수 없다. 그리하여
대한제국 정부는 일본인들의 이러한 자원 수탈을 방지하기 위해서
울릉도에 군을 설치하는, 행정 개편을 단행하였다.

그런데 이때에 울도군이 관할하기로 한 것이 제2조에 있는 "울릉
전도와 죽도, 석도"였다. 여기에서 문제가 되는 것은 '석도'가 과연

---

36) 송병기 편, 앞의 책(2004), 193~195쪽.
37) 신용하 편저, 『독도 영유권자료의 탐구』 3(서울, 2000. 독도연구보존협회),
 88쪽.

독도였는가 하는 것이다. 이 문제에 대해서 일본의 외무성은 『죽도, 죽도 문제를 이해하기 위한 10의 포인트』에서 다음과 같은 의문점을 제시하고 있다.

조선에서는 1900년의 '대한제국 칙령 제41호'에 의해 울릉도를 울도로 개칭함과 동시에 도감을 군수로 한다는 것을 공포한 기록이 있다고 되어 있습니다. 그리고 그 칙령 가운데, 울릉군(울도군의 잘못임: 인용자 주)이 관할하는 지역은 '울릉 전도와 죽도, 석도'로 규정하고 있는데, 여기에서 말하는 죽도는 울릉도 근방에 있는 '죽서竹嶼'라는 작은 섬이지만, '석도'는 바로 지금의 '독도'를 가리킨다고 하는 연구자도 있습니다. 그 이유는 한국의 방언으로 '돌石'을 '독'으로 발음하며, 이를 발음대로 한자로 고치면 '독도獨島'로 이어지기 때문이라는 것입니다.

그러나 '석도'가 오늘날의 죽도(독도)라면, 왜 칙령에서 '독도'를 사용하지 않았는가, 또 한국 측이 죽도竹島의 옛 이름이라고 주장하는 '우산도' 등의 명칭을 사용하지 않았는가, 나아가 '독도'라는 호칭은 언제부터 어떻게 사용하게 되었는가 라는 의문이 생깁니다.

만일 이런 의문이 해소된다고 하더라도, 이 칙령의 공포를 전후하여 조선이 죽도(독도)를 실효적으로 지배했던 사실이 없어 한국에 의한 죽도(독도) 영유권은 확립되지 않았다고 생각됩니다."[38]

그러나 이러한 일본 외무성의 지적은 한국 측의 전후 사정은 전혀 고려하지 않은 것이었다. 왜냐하면 칙령 제41호가 1900년 10월 25일에서 언급한 동해안에 세 섬이 있다고 하는 인식은 이때에 갑자기 만들어진 것이 아니란 사실을 인정하지 않고 있기 때문이다.

실제로 이 칙령이 공포되기 이전에도 동해東海에 세 개의 섬이 존재한다는 사실은 널리 알려져 있었다. 이런 인식은 고종이 울릉도에 일본인들의 자원 수탈 현황과 설읍設邑의 가능성을 조사하기 위해 파견

---

38) 外務省アジア大洋州局ア北東ジア課, 『竹島問題を理解するための10のポイント』(東京, 2008, 外務省アジア大洋州局ア北東ジア課), 9쪽.

하기로 한 울릉도 검찰사檢察使 이규원李奎遠의 소견召見에서 오고간 대화를 통해서 확인할 수 있다.

<자료 10>

초 7일에 검찰사 이규원을 소견하였다. 먼 길을 떠나게 된 사신이 임금에게 하직의 인사를 하게 되었기 때문이다. (임금이) 하교하기를, "울릉도에는 근래에 와서 다른 나라 사람들이 아무 때나 왕래하면서 제멋대로 편리를 도모하는 폐단이 있다고 한다. 또 ① 송죽도松竹島와 우산도芋山島는 울릉도의 곁에 있는데 서로 떨어져 있는 거리가 얼마나 되는지 또 무슨 물건이 나는지 자세히 알 수 없다. 이번에 그대가 가게 된 것은 특별히 가려 차임差任한 것이니 각별히 검찰하여라. 그리고 앞으로 읍邑을 세울 생각이니, 반드시 지도와 함께 별단別單에 자세히 적어 보고하라."라고 하니,

이규원이 아뢰기를, "② 우산도는 바로 울릉도이며 우산芋山이란 바로 옛날 우산국의 국도國都 이름입니다. 송죽도는 하나의 작은 섬인데 울릉도와 떨어진 거리는 30리쯤 됩니다. 여기서 나는 물건은 단향과 간죽이라고 합니다."라고 하였다.

(그러자) 하교하기를, "③ 우산도라고도 하고 송죽도라고도 하는데 다『동국여지승람』에 실려 있다. 그리고 또 혹은 송도·죽도라고도 하는데 우산도와 함께 이 세 섬을 통칭 울릉도라고 하였다. 그 형세에 대하여 함께 알아보아라. 울릉도는 본래 삼척 영장과 월송 만호가 돌려가면서 수검하던 곳인데, 거의 다 소홀히 함을 면하지 못하였다. 그저 외부만 살펴보고 돌아왔기 때문에 이런 폐단이 있었다. 그대는 반드시 상세히 살펴보라."라고 하니,

이규원이 아뢰기를, "삼가 깊이 들어가서 검찰하겠습니다. ④ 어떤 사람들은 송도와 죽도는 울릉도의 동쪽에 있다고 하지만 이것은 송죽도 외에 따로 송도와 죽도가 있는 것은 아닙니다."라고 하였다.

(이에) 하교하기를, "혹시 그전에 가서 수검한 사람의 말을 들은 것이 있는가?"라고 하니, 이규원이 아뢰기를, "그전에 가서 수검한 사람은 만나지 못하였으나, 대체적인 내용을 전해 들었습니다."라고 하였다.[39]

---

39) "初七日　召見檢察使李奎遠　辭陛也. 敎曰　鬱陵島　近有他國人物之無常往來, 任自占便之弊云矣. 且松竹島芋山島, 在於鬱陵島之傍, 而其相距遠近何如, 亦月何物與否未能詳知. 今番爾行　特爲擇差者　各別檢察. 且將設邑爲計　必以圖

고종과 이규원의 이와 같은 대화에서 주목을 끄는 것은 송죽도에 대한 두 사람의 인식의 차이가 있다는 점이다. 우선 고종은 ①에서 보는 것처럼, "송죽도와 우산도는 울릉도의 곁에 있다."고 하였고, 또 ③에서는 "우산도라고도 하고 송죽도라고도 하는데 다 『동국여지승람』에 실려 있다. 그리고 또 혹은 송도·죽도라고도 하는데 우산도와 함께 이 세 섬을 통칭 울릉도라고 하였다."라고 하여 약간의 혼란을 불러일으키는 듯한 표현을 한 것으로 되어 있다. 바꾸어 말하면 송도와 죽도, 우산도, 울릉도의 관계가 확실하지 않다는 것이다.

그러나 이러한 혼란이 있기는 하지만, ③에서 고종이 말한 송도와 죽도, 우산도 이들 세 섬을 통칭하여 울릉도라도 한다는 것은 이규원이 검찰을 하러 가는 울릉도에 세 개의 섬이 존재한다는 것을 정확하게 인식하고 있었다는 것을 나타낸다.

이에 반해 이규원은 ②에서 우산도는 울릉도이고 송죽도는 울릉도에서 30리쯤 떨어진 곳에 있는 섬이라고 하였다가, 또 ④에서는 혹자가 송도와 죽도는 울릉도의 동쪽에 있다고 하지만 송죽도 외에 따로 송도와 죽도가 있는 것은 아니라고 하였다. 이러한 이들의 대화에서 고종은 송도와 죽도, 우산도를 별개의 섬으로 보고 있었는데 반해, 이규원은 송죽도를 하나의 섬으로 보고 있었다는 것을 알 수 있다.

그런데 그때 고종의 이런 인식은 일본인들이 '송도'라고 부르던 울

形與別單 詳細錄達也. 奎遠曰 芋山島卽鬱陵島, 而芋山古之國都名也. 松竹島卽一小島 而與鬱陵島 相距爲三數十里. 其所産卽檀香與簡竹云矣. 敎曰 或稱芋山島 或稱松竹島 皆輿地勝覽所載也. 而又稱松島竹島 與芋山島 爲三島統稱 鬱陵島矣. 其形便一體檢察. 鬱陵島 本以三陟營將 越松萬戶 輪回搜檢者而擧皆未免疎忽. 只以外面探來 故致有此弊. 爾則必詳細察得也. 奎遠曰 謹當深入檢察矣 或稱松島竹島 在於鬱陵島之東 而此非松竹島 以外 別有松島竹島也. 敎曰 或有所得聞於曾往搜檢人之說耶. 奎遠曰 曾往搜檢之人 未得逢著. 而轉聞其梗槪矣."(『高宗實錄』 高宗 19年 4月 壬戌(7日) 條)

〈지도 2〉『해동여지도』의 강원도 지도

릉도와 그 옆에 있는 '죽도', 그리고 '우산도'라고 부르는 오늘날의 '독도' 이 세 섬을 합해서 '울릉도'라고 한다는 정확한 지식을 가지고 있었음을 반영하는 것이었다. 그러므로 고종이 ① 에서 '송죽도'라고 한 것은 송도와 죽도 두 섬을 가리켰다고 보는 것이 좋을 것 같다.[40)

그런데 이러한 인식이 탁상머리에서 끝난 것이 아니란 사실에 유의할 필요가 있다. 다시 말해 동해에 세 섬이 존재하는 지도가 제작된 것을 보면, 이 무렵에 이와 같은 인식은 상당히 널리 퍼져 있었다고 보아도 좋다는 것이다.

위에 제시한 지도는 국립 중앙도서관에 소장되어 있는『해동여지도첩海東輿地圖帖』의 강원도 지도로, 19세기 전기에 제작되었을 것으로 추정되고 있다.[41) 이러한 이 지도에서 울릉도의 북쪽에 분명하게 죽도가 그려져 있고, 또 그 동쪽에 우산도가 그려져 있다. 따라서 이 시기에는 동해에 세 섬이 있다는 명확한 인식이 조선 사회에 널리 퍼져 있었다고 보는 것은 결코 무리한 해석이라고 할 수는 없을 것이다.

그러므로 대한제국 칙령 제41호에 나오는 '울릉전도'와 '죽도', '석도'에서의 석도는 고종이 말한 우산도였고, 이것이 우산도였다는 것은『해동여지도』의 강원도 지도를 통해서도 확인이 된다고 하겠다.

---

40) 김화경,『독도의 역사』(경산, 2011, 영남대출판부), 291쪽.
41) 이찬, 앞의 책, 392~393쪽.

　그럼에도 불구하고 일본 외무성은 그러면 왜 독도라고 표현하지 않고 석도로 표현했는가 하는 의문을 제기했다 이것은 조선시대의 전통을 잘 알지 못한 것이라는 비판을 감내하지 않으면 안 될 것이다. 이런 지적을 하는 것은 이들 두 이름에 관한 서종학徐鐘學의 연구 성과가 이 문제에 대해 명확한 설명을 해주고 있기 때문이다. 그는 「'獨島'·'石島'의 지명 표기에 관한 연구」란 논문을 통해서, 국어학적인 처지에서 이들 두 지명의 관계를 해명하여, 많은 관심을 끌고 있다.

　　'石'과 '獨'은 오래 전부터 사용되어 온 전통적인 차자借字로서, '石'은 '돌, 독'(<돓<돍)을 표기하는 데 사용된 훈訓차자이고, '獨'은 '독'을 표기하는 데 이용된 음차자이다. …중략… '石島'가 표기된 칙령은 고문서의 교서敎書에 해당되는 문서인데, 교서는 한문으로 기록하는 것이 하나의 전통이었다. 따라서 '돌섬', '독섬'을 표기하려면 이를 훈차訓借한 '石島'를 이용하는 것이 자연스러운 관례였다. '獨島'가 기록된 심흥택의 보고서는 고문서의 첩정牒呈에 해당되는 문서인데, 첩정은 이두吏讀로 기록하는 것이 하나의 전통이었다. 따라서 '돌섬, 독섬'을 표기하려면 이를 음차音借하여 '獨島'라고 기록하는 것이 자연스러운 관례였던 것이다. 따라서 '獨島'와 '石島'는 동일한 지물地物을 가리키는 이표기異表記인 것이다.[42]

　이러한 서종학의 연구 성과를 수용한다면, '石'은 '돌, 독'의 훈차자이고 '獨'은 그것의 음차자이며, '獨島'라는 표기는 '石島'의 이두식 표기인데, 이런 이두식 표기는 조선 후기까지 사용된 교서와 첩정의 전통이었다는 것이다. 이와 같은 한국어 표기의 관례를 알지 못하고 한국의 독도 영유권을 인정하지 않으려고 하다 보니, 일본의 외무성은 그런 무리한 주장을 했다고 할 수 있다.

　이제까지 살펴본 사실들을 종합한다면, 대한제국이 칙령 제41호에

---

42) 서종학, 「獨島·石島의 지명표기에 관한 연구」, 『어문연구』 139(서울, 2008, 한국어문교육연구회), 57쪽.

서 울도군이 관할하기로 한 '석도'가 독도라는 사실은 고종의 인식과 『해동여지도』에서의 강원도 지도, 그리고 서종학의 연구를 통해서 입증되었다고 할 수 있다. 그러므로 대한제국이 칙령 제41호로 독도가 울도군의 관할이었음을 공포한 것은 근대 국제법의 영토 선언에 해당된다고 볼 수 있다. 따라서 이러한 연구 성과를 수용하여, "대한제국 정부는 1900년 10월 25일 칙령 41호를 공표함으로써 독도를 국토로 인정하였다."를 교과서에 기술하는 것이 바람직하다고 하겠다.

5. 고찰의 의의

본 논고는 앞으로 강화될 것으로 예상되는 중·고등학교에서의 독도 교육의 방향을 설정하기 위해서 마련되었다. 이러한 연구는 교과서에서의 독도에 대한 기술은 한국만의 문제가 아니라, 일본이라는 상대가 있으므로 철저한 검증을 거친, 명확한 사실을 기술해야 한다는 것을 일깨우는데 그 목적이 있었다. 이러한 목적 아래서 수행된 연구 결과를 간단하게 요약하면 아래와 같다.

첫째 신라 때에 이사부異斯夫가 우산국을 정벌함으로써, 독도가 한국의 고유 영토가 되었다고 하는 주장은 다소 무리가 있을 수 있다. 왜냐하면 『삼국사기』나 『삼국유사』의 기록에는 독도에 관한 직접적인 언급이 없기 때문이다. 하지만 울릉도에서 독도가 가시거리 내에 존재한다는 사실은 독도가 우산국 사람들의 생활공간이었다는 것을 말해주는 것이다. 실제로 이런 인식은 한국에만 존재했던 것이 아니라, 일본에도 존재했었다는 것을 사이토 후센이 지은 『인슈시청합기』의 기록을 통해서 증명하였다. 그러므로 이것을 근거로 하여 독도의 고유 영토설을 주장하는 것이 바람직하다는 제언을 하였다.

둘째 한국의 중·고등학교 국사 교과서에서는 안용복이 일본에 건너가 울릉도와 독도가 조선의 영토란 사실을 확약받고 돌아온 것으로 기술되어 있다. 그렇지만 현재 이것을 사실로 증명할 수 있는 자료는 발견되지 않고 있다. 그래서 한국과 일본에 남아 있는 자료들을 근거로 하여 안용복이 일본에 건너가 울릉도와 독도가 조선의 영토라고 주장하면서, 당시 '우산도'라고 부르던 독도에 '자산도子山島'란 이름을 붙였다는 것을 부각시킬 필요가 있다는 것을 지적하였다. 그러면서 그 후에 자산도라는 이름을 붙인 지도가 제작되었다는 것을 근거로 하여, 18세기에는 자산도라는 이름이 널리 사용되었을 것이라는 추정을 하였다. 그리고 『숙종실록』 보궐 정오편補闕正誤編 숙종 40년(1714) 7월 신유辛酉(22일) 조에 실려 있는 기록, 곧 "울릉도의 동쪽에 섬들이 서로 마주 보이는데, (이것이) 왜의 경계에 접해 있다."라는 기록을 바탕으로 하여, 당시에 독도가 명백하게 조선의 영토로 인식되고 있었다는 것을 교과서에 기술해야 한다는 것을 제안하였다.

셋째 1900년 10월 25일 대한제국 정부가 칙령 제41호로, 울릉도에 울도군을 설치하고 이 군에서 울릉 전도鬱陵全島와 죽도竹島, 석도石島를 관할한다는 것을 공포하였다. 여기에서 석도라고 하는 것은 분명하게 오늘날의 독도를 가리킨다. 그럼에도 불구하고 일본 측은 이것이 독도라는 명확한 증거가 없다고 주장하고 있다. 그래서 본 연구에서는 고종이 송도松島와 죽도, 우산도 이 세 섬이 울릉도를 통칭한다고 했다는 것과 실재로 이들 세 섬이 그려진 『해동여지도海東輿地圖』가 존재한다는 것을 근거로 하여, 석도가 독도를 가리키는 것으로 보았다. 그러면서 서종학徐鐘學의 연구를 수용하여, 독도獨島는 음차자音借字이고 석도石島는 훈차자訓借字이며, 이러한 이두식 표기는 조선 후기까지 사용되었던 교서와 첩정牒呈의 한 형태였기 때문에, 이와 같은 추정이 사실이라는 것을 밝혔다.

이렇게 명확한 증거가 남아 있는 세 가지 사실들을 중심으로 한 내용을 중·고등학교 국사 교과서에 기술한다면, 독도가 한국의 영토라는 것을 합리적으로 설명할 수 있을 뿐만 아니라, 일본 사람들에게도 독도가 한국의 영토라는 증거를 제시할 수 있을 것이라는 제언을 하였다.

참고문헌

『三國史記』

『高麗史』

『太宗實錄』

『世宗實錄』

『世祖實錄』

『宣祖實錄』

『肅宗實錄』

『肅宗實錄』補遺正誤編

『高宗實錄』

『邊禮集要』

『承政院日記』

張漢相, 『鬱陵島事蹟』

「대한제국 관보」 제1726호(1900년 10월 27일)

『公文類聚』

岡嶋正義, 『竹島考』下

김정원 소장 『천하도』

교육과학기술부, 『고등학교 국사』(서울, 2009, 두산)

___________, 『중학교 국사』(서울, 2009, 두산)

국사편찬위원회, 『변례집요』하(서울, 1970, 탐구당)

권오현, 「일본 중학교 역사교과서의 구성 틀과 구성 요소」, 『역사교육논집』
        41(서울, 2008, 역사교육학회)

권현주, 「일본의 역사교과서 왜곡문제에 대한 고찰」, 『인문과학연구』9(전
        주, 2003, 전주대 인문과학종합연구소)

김광남 공저, 『고등학교 한국 근·현대사』(서울, 2006, 두산)

김남일, 「후배 공무원이 본 안용복 장군」(경산, 2007, 대구 한의대 안용복 연구소, 안용복 장군 기년 사업회 경북지부)

김봉철, 「일, 초등교과서 독도 영유권 표기 확대 파문」, 『독립신문』(2010.3. 31.) 기사

김병열·나이토 세이쮸, 『한일 전문가가 본 독도』(서울, 다다미디어, 2006)

김원룡, 『울릉도』(서울, 1963, 국립박물관)

김인화·김명섭, 「기억의 국제정치학: 일본 역사교과서 문제와 동북아시아」, 『사회과학논집』 38-1(서울, 2007, 연세대 사회과학연구소)

김찬수, 「학생들에게 '일본"을 어떻게 가르칠 것인가? 일본의 독도 영유권 주장과 역사교과서 왜곡 문제」, 『수원문화사연구』 7(수원, 2005, 수원문화사연구회)

김정원 역, 「겐로쿠(元禄) 9(병자)년 조선 배 착안 한 권의 각서」, 『독도연구』 1(경산, 2005, 영남대독도연구소)

김한종 공저, 『고등학교 한국 근·현대사』(서울, 2003, 금성출판사)

김화경, 「기죽도사략의 해설」, 『독도연구』 2(경산, 2006, 영남대독도연구소)

＿＿＿, 「끝없는 위중의 연속 – 시마네현 죽도문제연구회 최종보고서의 문제점」, 『독도연구』 3(경산, 2007, 영남대학교 독도연구소)

＿＿＿, 「일본의 독도 강탈 정당화론에 대한 비판 – 쯔카모도 다카시의 오쿠하라 헤키운 자료 해석을 중심으로」, 『인문연구』 57(경산, 2009, 영남대 인문과학연구소)

＿＿＿, 「섬의 소유를 둘러싼 한·일 관습에 관한 연구」, 『독도연구』 7(경산, 2009, 영남대독도연구소)

＿＿＿, 「동해 해전과 독도의 전략적 가치」, 『대구사학』 103(대구, 2011, 대구사학회)

＿＿＿, 『독도의 역사』(경산, 2011, 영남대출판부)

농상공부 수산국편 ㉠, 『한국수산지』 1(서울, 1908, 일한인쇄주식회사)

＿＿＿＿＿＿＿ ㉡, 『한국수산지』 2(서울, 1910, 인쇄국)

大森直樹, 「일본의 교육현장과 역사교과서 문제 – "전쟁을 지지하는 의식의

형성」,『일본역사연구』 27(서울, 2008, 일본사학회)

박병섭,『안용복 사건에 대한 검증』(서울, 2007, 한국해양수산개발원)

박삼현,「일본 중학교 후소샤(扶桑社)판 역사교과서의 삽화분석」,『일본역사연구』 27(서울, 2008, 일본사학회)

박수철,「일본 중학교 역사교과서의 중·근세사 서술과 역사인식」,『한국사연구』 129(서울, 2005, 한국사연구회)

서울대학교 규장각, 고지도「울릉도 도형」

박찬승,「일본 중학교 역사교과서 한국 근현대사(1910년 이후) 서술과 역사인식」,『한국사연구』 129(서울, 2005, 한국사연구회)

방수영,「"일본의 왜곡역사교과서 검정통과(2009.4.9.)"와 우리의 대처방안」,『한국논단』 236(서울, 2009, 한국논단)

서종학,「獨島·石島의 지명표기에 관한 연구」,『어문연구』 139(서울, 2008, 한국어문교육연구회)

손용택,「일본 교과서에 나타난 '독도(다케시마)' 표기 실태와 대응」,『한국지리환경교육학회지』 13-3(서울, 2005, 한국지리환경교육학회)

손주백,「교과서와 독도문제」,『독도연구』 2(경산, 2006, 영남대 독도연구소)

송병기,「독도조」,『복문화대백과사전』 7(성남, 1991, 한국정신문화연구원)

______,『울릉도와 독도』(서울, 1999, 단국대 출판부)

______ 편,『독도영유권자료선』(춘천, 2004, 한림대출판부)

신용하,『독도의 민족영토사 연구』(서울, 지식산업사, 1996)

______ 편,『독도영유권자료의 탐구』 2(서울, 1999, 독도연구보전협회)

연민수,「일본 중학교 역사교과서의 고대사 서술과 역사인식」,『한국사연구』 129(서울, 2005, 한국사연구회)

영남대 독도연구소,『일본 외무성의「죽도문제를 이해하기 위한 10의 포인트」에 대한 철저 해부』(경산, 2009, 영남대 독도연구소)

오상학,「농포자 정상기와 동국지도」,『공간이론의 산책』 26(서울, 1999, 국토지리원)

______,「조선시대 지도에 표시된 울릉도·독도 인식의 변화」,『문화역사지

리』18-1(서울, 2006, 문화역사지리학회)

______, 「조선시대 지도에 표현된 울릉도·독도 인식」, 『가 보고 싶은 우리 땅 독도』(서울, 2006, 국립중앙박물관)

______ 공저, 『울릉도·독도 고지도첩 발간을 위한 기초연구』(서울, 2007, 한국해양수산개발원)

외교통상부 일본과 2005년 12월 25일자 보도자료.

이경직, 「부상록」, 『국역해행총재』 Ⅲ(서울, 1975, 민족문화추진회)

이계황, 「"새로운 역사교과서를 만드는 모임"의 역사교육 전략」, 『일본역사연구 Ⅰ』 17(서울, 2003, 일본사학회)

이상태, 「동여비고 해제」, 『동여비고』(대구, 1998, 경북대출판부)

______, 『사료가 증명하는 독도는 한국 땅』(서울, 2007, 경세원)

이찬, 『한국의 고지도』(서울, 1991, 범우사)

이혜은·이형군, 『만은 이규원의 울릉도 검찰일기』(서울, 2006, 독도연구센터)

정상균, 「근대 이전의 "정한(征韓)" – 새 역사 교과서를 중심으로」, 『일본어교육』 26(서울, 2003, 한국일본어교육학회)

정영미 역, 『죽도고증』(서울, 2006, 바른역사정립기획단)

정원길, 「안용복과 아이젠하워의 리더십 비교」, 『내가 사랑한 안용복』(경산, 2007, 대구 한의대 안용복 연구소, 안용복 장군 기념 사업회 경북지부)

정효은, 「"새 역사교과서"와 "일본서기"」, 『일본학보』 57-2(서울, 2003, 한국일본학회)

이준구, 「17세기 말, 호패·호적이 말하는 울릉도·독도 파수꾼 안용복과 박어둔」, 『조선사연구』 14(경산, 2005, 조선사연구회)

조은아, 「1895년 일본군 지도에도 독도를 한국 땅으로 표기」, 『동아일보』(2005.10.25.) 기사

조희승, 「일본의 력사교과서 왜곡책동과 군국주의 부활」, 『퇴계학과 한국문화』 35-2(대구, 2004, 경북대 퇴계학연구소)

최문형, 「로일전쟁과 일본의 독도 점취」, 『역사학보』 188(서울, 2005, 역사

학회)

______, 『국제관계로 본 러일전쟁과 일본의 한국 합병』(서울, 2004, 지식산
　　　업사)

______, 「독도 영유권의 일본적 논리 계발의 유형 - 죽도문제연구회를 사례
　　　로」, 『일어일본학』36(서울, 2007, 일본어일본문학회)

한철호, 「일본 중학교 역사교과서의 한국 근대 관련 내용분석」, 『동국사학』
　　　40(서울, 2004, 동국사학회)

______, 「일본 중학교 역사교과서의 한국 근대사 서술과 역사인식」, 『한국
　　　사연구』129(서울, 2005, 한국사연구회)

허동현, 「일본 중학교 역사교과서(후소사판) 문제의 배경과 특징 - 역사 기
　　　억의 왜곡과 성찰」, 『한국사연구』129(서울, 2005, 한국사연구회)

호사카 유지, 「다케시마 문제연구회 최종보고서의 문제점」, 『독도=다케시
　　　마 논쟁』(서울, 2008, 보고사)

谷內達 共著, 『社會科中學生の地理(世界なかの日本(新改版))』(東京, 2008, 帝
　　　國書院, 2005年檢定畢)

九里幾久雄 共著, 『改訂版 新しい歷史敎科書』(東京, 2008, 扶桑社, 2005年檢
　　　定畢)

堀和生, 「1905年日本の竹島領土編入」, 『朝鮮史硏究會論文集』24(東京, 1987,
　　　綠蔭書房)

金贊龍, 『外交文書で語る日韓合倂』(東京, 1996, 合同出版)

金田章裕 共著, 『中學社會地理的分野』(大阪, 2008, 大阪書籍, 2005年檢定畢)

內藤正中, 『竹島(鬱陵島)をめぐる日朝關係史』(東京, 2000, 多賀出版)

______, 「島根縣竹島報告書に異議あり」, 『鄕土石見』71(石見, 2006, 石見
　　　鄕土硏究懇談會)

______, 「竹島の領土編入は無主地先占といえるのか」, 『鄕土石見』74(石
　　　見, 2007, 石見鄕土硏究懇談會)

______, 「竹島問題補遺 - 島根縣竹島問題硏究會最終報告書批判」, 『北東アジ
　　　ア文化硏究』26(松江, 2007, 鳥取短期大學北東アジア文化總合硏究)

大口勇太郎 共著,『新中學校歷史 改訂版 日本の歷史と世界』(東京, 2008, 淸水書院, 2005年檢定畢)

大濱徹也 共著,『中學生の社會科 歷史』日本の步みと世界(大阪, 2008, 日本文敎出版, 2005年檢定畢)

藤原芳男 編,『竹島事件史, 會津屋八右衛門』(浜田, 1968, 浜田市觀光協會)

文部科學省,『中學校學習指導要領解說』社會編(東京, 2008, 文部科學省)

__________,「中學校學習指導要領」(東京, 2009, 文部科學省ホ-ムぺ-ジ)

__________,『高等學校學習指導要領解說』社會編(東京, 2009, 文部科學省)

__________,「舊中學校學習指導要領」(東京, 2009, 文部科學省ホ-ムぺ-ジ)

文部省大臣官房總務課 編,『文部法令要領』(東京, 1962, 帝國地方行政學會)

梶村秀樹,「竹島＝獨島問題と日本國家」,『朝鮮人と日本人』梶村秀樹著作集 1 (東京, 1992, 明石書店)

峯岸賢太郎 共著,『わたしたちの中學社會－歷史的分野』(東京, 2008, 日本書籍新社, 2005年1檢定畢)

北澤正誠 編,『竹島考證』(東京, 1996, エムティ出版)

山辺健太郎,「竹島問題の歷史的展望」,『コリア評論』7-2(東京, 1965, コリア評論社)

山本正三 共著,『中學生の社會科地理』世界と日本の國土(大阪, 2008, 日本文敎出版, 2005年檢定畢)

森須和男,『八右衛門とその時代』(浜田, 2002, 浜田市敎育委員會)

三田淸人,「鳥取縣立博物館所藏竹島(鬱陵島)·松島(竹島/獨島)關係資料」,『竹島問題に關する調査硏究－最終報告書』(松江, 2007, 竹島問題硏究會)

船杉力修,「繪圖·地圖からみる竹島－韓國側の史料を事例として－」,『竹島問題に關する調査硏究.中間報告書』(松江, 2006, 竹島問題硏究會)

小泉武榮 共編,『新編新しい社會科地圖』(東京, 2008, 東京書籍, 2005年檢定畢)

船杉力修,「繪圖·地圖からみる竹島(Ⅱ)」,『竹島問題に關する調査硏究－最終報告書』(松江, 2007, 竹島問題硏究會)

松村明 監修,『大辭泉』(東京, 1995, 小學館)

松田十刻, 『日本海海戰』(東京, 光人社, 2005)

水路部, 『朝鮮水路誌』 全(1894, 東京, 水路部)

______, 『朝鮮水路誌』 全 再版(東京, 1895, 水路部)

市島謙吉 編, 『續々群書類從』 9(東京, 1906, 內外印刷)

新村出, 『廣辭苑』(東京, 1983, 岩波書店)

野村實, 『日本海海戰の眞實』(東京, 1999, 講談社)

奧原碧雲, 『竹島及鬱陵島』(松江, 1907. 報光社)(復刊: 2005, ハーベスト出版)

________, 「竹島經營者中井養三郎立志傳」, 『竹島問題に關する調査研究－最
    終報告書』(松江, 2007, 竹島問題研究會)

越常右衛門, 「竹島紀事」, 『독도연구』 4(경산, 2008, 영남대독도연구소)

栗本長質, 『民法』(東京, 1896, 一二三館)

________, 『改正徵兵令』(東京, 1904, 一二三館)

________, 『在鄕軍人の心得』(東京, 1905, 一二三館)

日高友四郎, 『新編朝鮮地誌』(京城, 1924, 朝鮮弘文社)

嶺井正也, 「日本の歷史敎育の基本的問題」, 『일본학』 24(서울, 2005, 동국대
    일본학연구소)

外務省, 『竹島問題を理解するため10のポイント』(東京, 2008, 外務省アジア
    大洋州局北東アジア課)

遠藤浩一 共著, 『新改定新しい公民敎科書』(東京, 2008, 扶桑社, 2005年檢定畢)

伊藤正德, 『大海軍を想う』(東京, 1956, 文藝春秋社)

田保橋潔, 「鬱陵島 その發見と領有」, 『靑丘學叢』 3(東京, 1931, 靑丘學會)

田川孝三, 「于山島について」, 『竹島資料』 10(松江, 1953, 島根縣圖書館所藏)

________, 「竹島領有に關する歷史的考察」, 『東洋文庫書報』 20(東京, 1988, 東
    洋文庫)

帝國書院編輯部編, 『新編中學校社會科地圖』(東京, 2008, 帝國書院, 2005年檢
    定畢)

帝國陸海測量部 編纂, 「日露淸韓明細新圖」, 東京日本橋 栗本長質 明治37年
    (1904)

早川純三郎 編, 『通航一覽』 卷137, 朝鮮國部 竹島條(大阪, 1913, 淸文堂出版)
鳥取縣 編纂, 『因伯記要』(1907, 鳥取縣)
______ 總務課, '日本海內竹島外一島地籍編纂方伺' 添附 <磯竹島略圖>, 『公
        文錄』
______ 編集部, 『鳥取藩史』 6(鳥取, 1971, 鳥取縣立鳥取圖書館)
佐藤侊, 「陸地測量部條」, 『國史大辭典』 14(東京, 1993, 吉川弘文館)
佐藤幸治 共著, 中學社會公民的分野』(大阪, 2008, 大阪書籍, 2005年檢定畢)
佐世保海軍勳功表彰會 編, 『日露海戰記』(東京, 1906, 佐世保海軍勳功表彰會)
佐佐木茂, 「領土編入に關わる諸問題と資·史料」, 『竹島問題に關わる調査研究－
        最終報告書』(松江, 2007, 竹島問題研究會)
竹島問題研究會, 「竹島問題研究會設置要綱」, 『竹島問題に關する調査研究－
        中間報告書』(松江, 2007, 竹島問題研究會)
竹內啓一 共著, 『中學社會地理』 地域にまなぶ(東京, 2008, 敎育出版, 2005年
        檢定畢)
中村元起, 『磯竹島事略』(松江, 2007, 竹島問題研究會)
池內敏, 『大君外交と武威』(名古屋, 2006, 名古屋大學出版部)
川上健三, 『竹島の歷史地理學的研究』(東京, 1966, 古今書院)
塚本孝, 「サンフランシスコ條約と竹島」, 『レファレンス』389(東京, 1983, 國
        立國會圖書館調査立法考査局)
______, 「竹島關係旧鳥取藩文書および繪圖(上)」, 『レファレンス』411(東京,
        1985, 國立國會圖書館調査立法考査局)
______, 「竹島關係旧鳥取藩文書および繪圖(下)」, 『レファレンス』518(東京,
        1985, 國立國會圖書館調査立法考査局)
______, 「平和條約と竹島(再論)」, 『レファレンス』411(東京, 1994, 國立國會
        圖書館調査立法考査局)
______, 「竹島領有權問題の經緯」, 『調査と情報』244(東京, 1994, 國立國會圖
        書館調査及び立法考査局)
______, 「奧原碧雲竹島關係資(奧原秀夫所藏)をめぐって」, 『竹島問題に關す

る調査研究, 最終報告書』(松江, 2007, 竹島問題研究會)

秋岡武次郎, 「日本海西南の松島と竹島」, 『社會地理』 27(東京, 1940, 日本社會地理協會)

樋野俊晴, 「元祿九丙子年朝鮮舟着岸一卷之覺書」, 『독도연구』 창간호(경산, 2005, 영남대독도연구소)

俵義文, 「竹島/獨島は日本の教科書にどう書かれているか」, 『戰爭責任研究』 64(東京, 2008, 戰爭責任研究

下條正男, 『竹島は日韓どちらのものか』(東京, 2004, 文藝春秋)

________, 「竹島の日條例から二年」, 『竹島問題に關する調査研究-最終報告書』 (松江, 2007, 竹島問題研究會)

________, 「東北アジア歷史財團の主催の東海獨島古地圖展について」, 『實事求是』 26, 2010, 研究情報 http://www.pref.shimane.lg.jp/soumu/takesima/

恒藤恭, 『羅馬法に於ける慣習法の歷史及理論』(東京, 1924, 弘文堂書房)

海軍軍令部 編, 『明治三十七八海戰史』 2(東京, 1909, 春陽堂)

海上保安廳水路部 編, 『日本水路史』(東京, 1981, 日本水路協會)

解說教育六法編修委員會 編, 『解說教育六法』(東京, 2008, 三省堂)

海津正倫 共著, 『わたしたちの中學社會』 地理的分野(東京, 2008, 日本書籍新社, 2005年檢定畢)

荒井正剛 共著, 『新編新しい地理』(東京, 2008, 東京書籍, 2005年檢定畢)

________ 共著, 『新編新しい社會公民』(東京, 2008, 東京書籍, 2005年檢定畢)

稻葉千晴 譯, 『日本海海戰, 悲劇への航海』(東京, 2010, 日本放送出版協會)

妹尾作太郎·三谷庸雄 共譯, 『日露戰爭史』(東京, 1978, 時事通信社)

http//www.occidetalism.org

http://ja.wikipedia.org/wiki

http://www.mofa.go.jp/mofaj/area/takeshima/index.html

찾아보기

나

다

● 김화경

서울대학교 문리과대학 국어국문학과를 졸업하고 일본 쯔쿠바대학筑波大學 대학원에서 석사과정과 박사과정을 이수하였으며,『한국 설화의 형태론적 연구』로 박사학위를 받았다. 전주 우석대학을 거쳐 영남대학교에서 재직하고 있으며, 현재는 독도연구소장을 맡고 있다.

저서로는『한국 설화의 연구』와『북한 설화의 연구』,『한국의 설화』,『일본의 신화』,『한국 신화의 원류』(제25회 두계 학술상 수상)가 있으며,『독도의 역사』를 저술하여 독도가 역사적으로 한국의 영토임을 밝힌 바가 있다.

독도의 역사지리학적 연구

초판 인쇄 : 2011년 9월 1일
초판 발행 : 2011년 9월 10일

지은이 : 김화경
펴낸이 : 한정희
편　집 : 신학태, 김송이, 김우리, 김지선, 맹수지, 문영주, 안상준
영　업 : 이화표
관　리 : 하재일, 서보라
펴낸곳 : 경인문화사

주　소 : 서울특별시 마포구 마포동 324-3
전　화 : 02-718-4831~2
팩　스 : 02-703-9711
이메일 : kyunginp@chol.com
홈페이지 : 한국학서적.kr
　　http://www.kyunginp.co.kr

값 25,000원
ISBN : 978-89-499-0805-2 93910
© 2011, Kyung-in Publishing Co, Printed in Korea
* 파본 및 훼손된 책은 교환해 드립니다.

▌ 하 ▐

▌라▌

▌마▌